ENCYCLOPÉDIE-RORET

EXPLOITATION

DES MINES

SECONDE PARTIE

MÉTAUX PRÉCIEUX ET INDUSTRIELS
Soufre, Sel, Diamant

PARIS

LIBRAIRIE ENCYCLOPÉDIQUE DE RORET
RUE HAUTEFEUILLE, 12

ENCYCLOPÉDIE-RORET

EXPLOITATION

DES MINES

(SECONDE PARTIE)

MANUELS-RORET

NOUVEAU MANUEL COMPLET

DE

L'EXPLOITATION DES MINES

SECONDE PARTIE

MÉTAUX PRÉCIEUX ET INDUSTRIELS

traitant de

L'EXPLOITATION DES MINES D'OR,
D'ARGENT, DE PLOMB, D'ÉTAIN, DE MERCURE, DE PLATINE,
DE NICKEL, DE COBALT, DE FER, DE CUIVRE,
DE ZINC, DE MANGANÈSE, D'ANTIMOINE, DE SOUFRE,
DE SEL ET DE DIAMANTS

Par M. L. KNAB

Ingénieur civil, Répétiteur à l'École centrale
des Arts et Manufactures.

Ouvrage accompagné de Planches.

PARIS

LIBRAIRIE ENCYCLOPÉDIQUE DE RORET
RUE HAUTEFEUILLE, 12
1888

AVIS

Le mérite des ouvrages de l'**Encyclopédie-Roret** leur a valu les honneurs de la traduction, de l'imitation et de la contrefaçon. Pour distinguer ce volume, il porte la signature de l'Éditeur, qui se réserve le droit de le faire traduire dans toutes les langues, et de poursuivre, en vertu des lois, décrets et traités internationaux, toutes contrefaçons et toutes traductions faites au mépris de ses droits.

Le dépôt légal de ce Manuel a été fait dans le cours du mois de mars 1888, et toutes les formalités prescrites par les traités ont été remplies dans les divers États avec lesquels la France a conclu des conventions littéraires.

NOUVEAU MANUEL COMPLET

DE

L'EXPLOITATION DES MINES

MINES MÉTALLIQUES

INTRODUCTION

L'exploitation des mines est la source la plus immédiate de la prospérité commerciale, car c'est elle qui fournit à l'industrie la plus grande partie des matières premières ; les richesses minérales réparties avec irrégularité, concentrées généralement dans quelques districts circonscrits, ont amené entre les Etats des échanges nécessaires. Outre l'irrégularité de cette répartition, l'aptitude industrielle des populations influe singulièrement sur les extractions minérales et il y a en quelque sorte une proportion constante entre les éléments de civilisation d'un pays et le parti qu'il sait tirer des richesses du sol. Aussi l'historique des mines ne présente-t-il pas seulement un intérêt de curiosité et les documents conservés par la tradition sont-ils de la plus grande utilité dans l'exploration de certaines contrées où ils ont souvent déterminé des entreprises heureuses. Il est donc utile de connaître les déplacements successifs des centres de production, et d'apprécier autant que possible les causes qui les ont amenés, afin de profiter de ces documents pour reprendre les gîtes dans les conditions qui conviennent encore à l'époque actuelle, et laisser de côté ceux qui n'ont dû leur mise en valeur qu'à des circonstances spéciales qui n'existent plus aujourd'hui.

Si nous laissons de côté les légendes plus ou moins anciennes, nous voyons que l'industrie des mines se développe rapidement sous la domination des Romains et toutes les contrées qui reçurent de leur part une organisation puissante furent appelées à concourir au luxe des métaux qui caractérise cette époque. Pline et Strabon signalent l'Espagne et les Gaules comme les sources principales des métaux; l'étain était fourni par les montagnes de Casis, le mercure provenait des environs de Cordoue; les Gaules, ainsi que la Galice, envoyaient en abondance le plomb. Déjà, d'après Tacite, des mines de cuivre et d'étain avaient été ouvertes sur les côtes d'Angleterre. Le fer était fourni par la Silésie et l'île d'Elbe; enfin l'Italie elle-même produisait abondamment le cuivre, si précieux alors qu'on ne connaissait pas encore l'usage de la fonte. L'emploi du bronze était général dans les arts utiles, car il n'était pas de métier où il ne figurât comme outil; on le retrouve encore aujourd'hui dans les conduites d'eau, les pièces mécaniques et jusque dans les galeries de mines, façonné en marteaux, en coins et en leviers; mais c'était surtout dans l'ornement qu'il était répandu en profusion. Cette richesse paraît d'abord s'accorder difficilement avec le peu d'avancement de l'art des mines, car les mines de ces établissements souterrains sont aussi arrivées jusqu'à nous; ce sont généralement de vastes chambres ou descenderies, réunies entre elles par des galeries sinueuses et d'un parcours difficile, communiquant au jour par des puits rapprochés et irréguliers. Ce qu'il y a de plus frappant dans la disposition de ces travaux, c'est l'ignorance complète des conditions de continuité des gîtes, en direction et en inclinaison, faits qui ont été connus et mis à profit à l'époque du moyen-âge, dont les travaux ont un cachet d'assurance et de régularité qui les distingue complètement. Ainsi, dans ces premiers travaux de mine, les épuisements, les transports intérieurs n'étaient exécutés qu'à bras d'homme, et on ne pouvait, par suite, arriver à de grandes profondeurs. Il fallut donc que la facilité des premières exploitations vînt aider la production et compenser l'insuffisance des procédés ; il fallut surtout que les métaux fussent à un prix très élevé pour rendre fructueux de pareils travaux et l'on trouve en effet que leur valeur, comparée à celle du blé, était en moyenne cinq fois plus grande qu'aujourd'hui. Enfin l'exploitation des mines n'était alors une source de fortune que pour l'État. Elle se faisait par les esclaves, et ces malheureux y étaient traités avec une dureté telle qu'ils s'y suicidaient en grande quantité.

C'est à l'aide de ces moyens d'action que les Romains ont tiré parti de gîtes dont la teneur est tellement faible qu'ils sont aujourd'hui inexploitables, malgré toutes les ressources de l'industrie moderne. Il faut ajouter encore à ces considérations que si les arts métallurgiques ont aujourd'hui des procédés plus simples et plus certains, les Romains ne paraissent pas avoir été aussi inférieurs sous ce rapport que dans l'exploitation proprement dite ; qu'ils disposaient enfin d'un combustible sans aucune valeur et d'une main-d'œuvre active et peu coûteuse. Il existe dans les districts métallifères d'Italie des vallées entièrement remplies de scories qui attestent un traitement intelligent et prolongé pendant plusieurs siècles. La plupart des exploitations créées par la domination romaine périrent successivement aux époques d'invasion *des barbares*. Les générations qui suivirent ne s'occupèrent qu'à dépouiller les villes de l'empire, les monuments furent détruits même quand ils ne pouvaient fournir au *pillage que les liens et les crampons* qui réunissaient les pierres entre elles. Ce n'est plus que vers le vii⁰ siècle qu'on retrouve dans l'histoire quelques données sur la reprise des *travaux des mines*, *reprise imposée par* les besoins d'une civilisation nouvelle. Au viii⁰ siècle, les grandes exploitations se trouvent transportées dans le Tyrol, la Moravie, la Bohême et la *Hongrie ; les mines du Hartz* furent découvertes en 965 et dans le courant du xi⁰ siècle celles de la Saxe furent attaquées. Le domaine de l'exploitation continua à s'agrandir par *la découverte des mines d'argent* en Suède, des mines de cuivre du pays de Mansfeld en 1200 et ce fut en 1240 que les premières mines de houille furent exploitées à Newcastle.

Ainsi les travaux d'exploitation se développaient, comme la civilisation elle-même, du Sud vers le Nord ; aux côtes de l'Afrique avaient succédé l'Espagne et l'Italie, remplacées elles-mêmes par les Gaules et la Germanie ; puis vinrent la Thuringe, l'Angleterre, la Suède, lorsque ce mouvement fut profondément troublé par la *découverte de* l'Amérique en 1492 et l'avilissement des métaux précieux qui s'ensuivit. Mais alors la production européenne trouva dans les mines de l'Allemagne et de la *Hongrie un appui remarquable* et ce fut dans les xvi⁰ et xvii⁰ siècles que ces mines arrivèrent à leur développement par l'étude et l'aménagement régulier des filons, la création des méthodes **principales d'abatage**, le perfectionnement des moyens de transport et d'épuisement. En 1632 la poudre fut appliquée à l'abatage des roches et vers 1700 furent établis les premiers chemins à ornières pour les transports. Ce fut à partir du xve siècle que l'Angleterre commença à établir la prépondérance de ses mines ; les exploitations du Cornwall pour le cuivre et l'étain, celles du Derbyshire et du Cumberland pour le plomb, celles du Straffordshire et du pays de Galles pour le fer, ont placé cette contrée privilégiée en tête de la production. La France eut dans le courant du xviiie siècle, une période de grande activité. A cette époque, les gîtes des environs de Sainte-Marie-aux-Mines, ceux de Giromagny et de Plancher-aux-Mines, ceux de la Bretagne, de l'Oisans, les filons si nombreux de l'Auvergne et des Cévennes donnèrent lieu à des extractions importantes. Mais tous ces premiers travaux, brillants dans leurs débuts, furent conduits sans prévision de l'avenir et lorsque l'approfondissement des travaux au-dessous des eaux ou simplement l'appauvrissement graduel des gîtes eurent rendu les travaux plus difficiles et moins fructueux, ces mines furent successivement abandonnées. C'est à peine si celles de Villefort, Poullaouen, Pontgibaud, rappellent encore cette période de production.

Le xviiie et le xixe siècles ont été marqués par l'extension prodigieuse de la fabrication du fer en Angleterre, en France, en Allemagne et en Belgique. L'activité remarquable des mines de plomb d'Espagne, des mines de zinc de Silésie et du Limbourg, est également un des traits les plus caractéristiques de la production de cette époque.

L'Allemagne, pendant longtemps, a tenu la tête du mouvement ; c'était, c'est encore en partie le pays classique des mines. Celles du Hartz, celles de Freyberg (Saxe) ont été certainement les plus belles exploitations du monde pour l'organisation et la division des travaux, les méthodes, les appareils. C'est là que se

forma, avec Werner, en 1750, la première grande école
minière et géologique. Depuis, l'Angleterre s'est placée
au premier rang pour l'activité et l'étendue des travaux
dans ses immenses houillères; aujourd'hui, le mouvement s'est *généralisé et l'école française* a jeté le plus
vif éclat avec ses grandes théories géologiques et les
importants travaux pratiques dont elle a pris l'initiative.

Dans cette rapide excursion à travers les siècles,
nous nous sommes abstenus de tout détail touchant
les procédés du travail, ceux-ci devant faire la matière
des pages qui suivent; il nous a suffi de tracer la
marche générale du progrès. Il ne nous reste plus
qu'à jeter un coup d'œil sur l'état de l'industrie
mini re dans les contrées du globe encore étrangères
au grand mouvement européen. A part l'Europe et le
nord de l'Amérique, partout on retrouve les méthodes
surannées, les grossières machines qui nous reportent
à une époque *reculée, en faisant bien* entendu une
exception pour de nombreuses exploitations établies au
loin par des ingénieurs européens ou américains. La
Chine, riche en métaux, représente assez *bien, quant*
aux méthodes d'extraction, la période de l'antiquité;
l'Amérique méridionale, l'Afrique, sont à peine au
niveau de l'âge de bronze; les habitants du centre de
l'Afrique et de certaines îles de l'Océanie sont les
represen'ants de l'âge de pierre. Mais il ne faudrait
pas croire que ces races arriérées soient destinées à
parcourir régulièrement les lentes étapes d'un perfectionnement graduel; la puissance d'extension, l'activité
débordante des races supérieures les amèneront rapidement au niveau qu'elles on atteint elles-mêmes.

Les données relatives à la production actuelle du
monde entier sont présentées dans les tableaux suivants :

RÉGIONS	Mines d'or et d'argent.		Mines de plomb.		Mines d'étain.		Mines de mercure, platine nickel et cobalt.	
	Production	Prix.	Production	Prix.	Production	Prix.	Production	Prix.
	Kilog.	Francs	Tonnes.	Franc	Tonnes.	Francs	Tonnes.	Francs
Grande-Bretagne.............	15	4.540	73.329	281	13.944	1.217	5.874	195
États-Unis	»	»	74.000	»	»	»	»	»
Empire d'Allemagne.........	22.302	219	149.100	150	»	»	822	»
France et Algérie	»	»	18.056	209	»	»	200	50
Belgique et Luxembourg....	»	»	5.434	164	»	»	39.198	»
Autriche-Hongrie	19.653	»	19.960	268	508	»	1.561	»
Russie	16.749.260	»	34.375	»	»	»	170.180	»
Océanie...................	»	»	7.990	320	24	»	»	»
Espagne...................	36.380	110	333.058	220	3	1 187	29.484	470
Japon.........	»	»	»	»	»	»	»	»
Suède et Norwège..	»	»	13.588	»	»	»	34 881	»
Italie	41.109	»	41.301	201	2	1.290	132	»
Portugal...................	»	»	2.213	125	»	»	»	»
Grèce........	»	»	34.000	»	»	»	»	»
Pays divers...............	»	»	»	»	»	»	»	»
Le monde entier....	»	»	796.807	»	14.571	»	282.332	»

RÉGIONS	Mines de fer.		Mines de cuivre.		Mines de zinc.		Mines de manganèse.	
	Production	Prix.	Production	Prix.	Production	Prix.	Production	Prix.
	Tonnes.	Francs	Tonnes.	Francs	Tonnes.	Francs	Tonnes.	Francs
Grande-Bretagne..........	18.296.440	9.08	52.900	91	27.961	89	2.882	49
États-Unis...............	»	»	»	»	»	»	»	»
Empire d'Allemagne........	4.245.000	6.81	398.800	32	589.500	17	5.200	40
France et Algérie..........	3.488.409	6.17	18 223	48	13.115	33	9.652	55
Belgique et Luxembourg ...	1.868.299	3.27	»	»	38.805	58	»	»
Autriche-Hongrie	952.312	7.34	109.883	36	20.187	30	»	»
Russie	980.257	»	103.985	»	61.376	»	»	»
Océanie.................	122	»	6.311	»	»	»	»	»
Espagne	520.095	5.37	802.794	37	100.174	52	14.710	80
Japon...................	»	»	»	»	»	»	»	»
Suède et Norwège	781.205	»	66.880	»	43.452	»	1.386	»
Italie..................	186.857	11.25	20.751	54	73.411	53	7.093	27
Portugal	40.372	27.75	7.281	»	»	»	14 226	86
Grèce..................	»	»	»	»	63.000	»	»	»
Pays divers....	»	»	55.590	»	»	»	»	»
Le monde entier....	31.359.363	»	1 643.398	»	1.030.981	»	55.149	»

RÉGIONS	Mines d'antimoine.		Pyrites et soufre.		Sel marin et sel gemme.	
	Production.	Prix.	Production.	Prix.	Production.	Prix.
	Tonnes.	Francs.	Tonnes.	Francs.	Tonnes.	Francs.
Grande-Bretagne..................	»	»	32.184	18.03	2.684.675	12.12
États-Unis......................	»	»	»	»	»	»
Empire d'Allemagne..............	30	153	106.100	13.26	667.200	24.20
France et Algérie................	1 781	260	132.288	15 84	720.610	26.39
Belgique et Luxembourg	»	»	7.913	21.23	»	»
Autriche-Hongrie	2.304	»	64.963	17.10	406.054	»
Russie	»	»	»	»	»	»
Océanie.........................	580	»	»	»	»	»
Espagne	»	»	402.607	20.13	731.382	25.60
Japon...........................	»	»	»	»	»	»
Suède et Norwège...............	»	•	»	«	»	»
Italie...........................	470	212	379.671	»	592.552	21.07
Portugal	19	290	»	»	»	»
Grèce	»	»	»	»	»	»
Pays divers.....................	»	»	»	»	»	»
Le monde entier........	5.184	»	1.030.564	»	5.657.000	»

En comprenant les combustibles, on produit dans le monde entier, par an, 380,657 millions de tonnes, de matières premières, livrées pour 3,109 millions de francs à l'industrie métallurgique, qui en a retiré 29,799 millions de tonnes de produits marchands, vendus eux-mêmes 2,934 millions de francs ; à quoi il faut ajouter la valeur de la force motrice pour les machines fixes, les locomotives ou la navigation, ainsi que celle du chauffage. Ces chiffres s'accroissent chaque année, car les substances mères de matière minérale ont toujours été une des conditions indispensables de la vie sociale. Notre but est d'exposer dans ce traité tous les documents qui peuvent faire connaître les gisements de toutes ces matières utiles, toutes les méthodes et tous les procédés au courant des progrès merveilleux de ces dernières années qui peuvent être appliqués à l'exploitation.

CHAPITRE I.

Gîtes des Minerais.

Les minerais ne se trouvent qu'exceptionnellement à l'état natif ; la nature les présente engagés dans des combinaisons plus ou moins compliquées dont l'art métallurgique doit les extraire. Ces combinaisons ne se trouvent elles-mêmes que bien rarement, sous un volume un peu considérable, à l'état de pureté ; elles sont mélangées d'autres substances, de telle sorte que la dénomination de *minerais* est appliquée à des minéraux complexes dans lesquels une combinaison métallique est en quantité suffisante pour être extraite avec profit par les procédés métallurgiques ; en d'autres termes un minerai est un composé métallifère susceptible d'exploitation fructueuse. On appelle *gangues* les substances qui accompagnent les combinaisons métalliques ; les gangues varient souvent de composition et de caractères, suivant les métaux qu'elles accompagnent. Tantôt elles sont tout à fait distinctes et faciles à séparer des parties métallifères ; tantôt leur mélange est si intime qu'on fond le tout ensemble ; d'autres fois enfin, les deux cas se présentent dans le même gîte. On considère souvent les gangues dont on ne peut se débarrasser par un simple cassage et triage comme faisant partie des minerais ; quant à la dénomination de *roches métallifères*, elle est beaucoup plus étendue et s'applique d'ordinaire au terrain qui contient à la fois les gangues et les minerais.

Les différences les plus prononcées distinguent les *gites particuliers* des *gites généraux*; sous le rapport de la forme ceux-ci sont toujours en couches ou en amas couchés qui doivent être regardés comme contemporains des terrains encaissants: les gîtes particuliers affectent au contraire des formes spéciales indépendantes de la stratification, formes qui leur assignent une origine postérieure aux terrains dans lesquels ils se trouvent enclavés. Sous le rapport minéralogique, beaucoup de substances nouvelles entrent dans la composition des gîtes particuliers, et celles qui sont communes aux deux classes présentent des caractères spéciaux qui peuvent les faire distinguer dans ces deux positions.

Les gîtes particuliers se rapportent à deux types de formes : les *filons* ou gîtes réguliers: les *amas* et *stocwerks* ou gîtes irréguliers. Les filons sont des masses minérales aplaties, comprises sous deux plans à peu près parallèles et coupant la stratification des terrains dans lesquels elles se trouvent. On peut se les représenter comme des cassures ou fentes plus ou moins considérables faites dans l'écorce du globe et postérieurement remplies par diverses substances minérales parmi lesquelles se trouvent souvent les minerais. La masse d'un filon est donc une plaque à parois plus ou moins ondulées (fig. 1) de la dimension de la fente préexistante et dont la position n'a aucun rapport avec la stratification du sol, de même que sa composition est généralement tout à fait distincte.

La dénomination d'amas n'entraine aucune forme déterminée, non plus que celle de stocwerk qui s'applique aux amas dans lesquels le minerai est plutôt disséminé dans les fissures des roches que rassemblé en masses dont on puisse définir les contours (fig. 2). Ces définitions sont d'autant plus vagues qu'il existe des transitions fréquentes entre les gites en filons et ceux en amas, et l'on ne saurait se rendre compte des formes, de leurs variations, de leurs accidents, si l'on n'a d'abord été fixé sur le mode de formation des gites. Nous avons dit que les filons devaient être considérés comme des fentes produites dans la croûte solide du globe ; ces fentes ont été remplies postérieurement par des gangues provenant à la fois des influences extérieures et intérieures, c'est-à-dire par des matières venues de haut en bas et de bas en haut, et ces gangues se sont dans beaucoup de cas pénétrées de combinaisons métallifères, qui toutes paraissent devoir être attribuées à des émanations venues du centre de la circonférence.

L'origine des amas et des stocwerks doit être considérée comme se confondant avec celle des filons sous le rapport du mode de remplissage ; mais sous le rapport des phénomènes qui ont déterminé la forme des gites, il existe des distinctions essentielles. Les amas paraissent en effet liés d'une manière bien plus immédiate aux grandes perturbations géogéniques qui, à des intervalles différents, ont accidenté la surface du globe ; comme gisement, leur connexion avec celui des roches ignées est bien plus intime ; souvent même la sortie directe des amas métallifères paraît avoir été, comme celle des roches ignées elles-mêmes, le résultat direct d'une action expansive agissant énergiquement de bas en haut, soulevant et brisant les dépôts sédimentaires superposés. Nous énonçons ainsi à l'avance le mode de formation des filons et des amas métallifères, afin de faciliter l'appréciation des phénomènes multipliés qu'ils présentent.

Indiquons de suite quelques termes techniques employés dans les mines pour désigner les diverses parties des gites. On appelle *toit* le plan droit ou ondulé

qui forme la limite supérieure d'un gîte ; le plan infé
rieur est le *mur*. Souvent le toit et le mur sont séparés
du gîte par des roches détachées et d'une autre nature
que la masse : ces parties sont les *salbandes*. On
appelle *épontes* les portions de roches encaissantes qui
forment le toit ou le mur. Les points où le gîte perce
à la surface du sol sont les *affleurements* (fig. 1). La
ligne d'intersection d'un plan horizontal avec le plan
d'un filon en détermine la *direction* ; l'*inclinaison*
est l'angle que forme le plan de direction avec l'horizon.

Les filons constituent la plus grande partie des gîtes
métallifères autres que ceux du fer. C'est en vertu de
cette importance et parce que leurs formes sont assujetties à des lois de continuité et de régularité plus
faciles à saisir, qu'ils ont été de tous temps l'objet
d'études particulières. Werner a fourni par ses travaux la base de la géognosie des métaux ; les conclusions qu'il a tirées de ses observations ont, il est
vrai, subi des transformations absolues, mais ses
observations elles-mêmes ont subsisté et ont ouvert la
voie à une théorie plus rationnelle aussitôt que les
progrès de la géognosie purent y conduire. C'est en
étudiant les caractères de composition, de structure et
de forme des gîtes particuliers, leurs relations entre
eux et avec le sol encaissant, qu'on peut fixer ses
idées et arriver à cette conviction qui doit seule
donner naissance aux grands travaux. Le caractère le
plus saillant d'un filon, celui qui le fait distinguer
dans un terrain quelconque, c'est sa *composition*. En
effet les minéraux qui entrent dans la composition des
filons métallifères n'ont en général aucune relation
avec les roches encaissantes, sauf les cas fréquents
où ils contiennent des débris de ces roches de toutes
dimensions et de toutes formes, tels qu'ils paraissent

provenir d'éboulement des épontes pendant le remplissage des filons.

La masse des filons est dans la plupart des cas formée par les gangues qui peuvent être : la silice, soit sous la forme de quartz en tout ou partie cristallin, ordinairement translucide et quelquefois en partie hyalin, soit sous forme de jaspes ou d'agates diversement nuancés, contenant comme dans le cas précédent des poches ou fours à cristaux ; la chaux carbonatée, toujours cristalline ou spathique, qu'elle soit pure ou mélangée et passant souvent à la dolomie cristalline, au spath calcaire ferrugineux, au fer spathique, au spath rose manganésifère ; le spath-fluor, soit pur et cristallisé, avec ses nuances multipliées, blanches, vertes, jaunes, roses, rouges, bleues, violacées et ses belles cristallisations cubiques, soit mélangé avec le quartz ou le spath calcaire ; la baryte sulfatée, blanche, laminaire ou cristallisée, avec ses formes de prismes, de tables biselées, de crêtes striées ; l'argile impure, quelquefois schisteuse, à laquelle il est difficile d'assigner une origine autre que la décomposition. A ces gangues il faut ajouter les oxydes de fer qui jouent souvent le rôle de gangues à l'égard des autres métaux, l'yénite et la plupart des silicates magnésiens qui entrent dans la composition des roches ignées, tels que le talc, la serpentine, et surtout l'amphibole ; enfin les roches du toit et du mur en fragments empâtés qui donnent à la masse un aspect bréchiforme.

Ces diverses gangues remplissent donc les filons concurremment avec les minerais qui s'y trouvent disséminés soit en veines ou petits filons isolés, soit en veinules, paillettes, grains ou rognons cristallins et cristaux disséminés. Il est rare qu'un filon rempli par ses gangues ne soit pas métallifère en partie ; les filons tout à fait *stériles* ne sont remplis dans la plupart des cas que de poudingues, de brèches composées de manière analogue aux roches encaissantes ou de grès et d'argile. Cependant il faut distinguer, dans le cas des filons argileux, ceux qui sont appelés filons *terreux* ou *pourris*, lesquels sont parfois très riches en minerais et qui le plus souvent se distinguent des filons stériles en ce que la matière argileuse qui les remplit est le résultat de la décomposition sur place des roches qui remplissaient les filons. Aussi arrive-t-il fréquemment que ces filons ne sont terreux que dans certaines parties et qu'en les suivant sur une assez grande longueur dans le sens de la direction et surtout de l'inclinaison, on arrive à trouver des parties moins décomposées ou même tout à fait saines.

Toutes les matières qui remplissent les filons sont à l'état cristallin, les roches provenant de l'écroulement des épontes font seules exception à cette règle ; c'est l'exploitation de ces gîtes qui a fourni en grande partie les cristaux isolés ou groupés qui ont servi à l'étude de la minéralogie. Cependant les beaux échantillons conservés dans les collections ne peuvent que donner une idée fausse de l'état cristallin des filons ; ces morceaux de choix viennent des géodes ou cavités dans lesquelles la cristallisation a pu se développer d'une manière complète. Mais dans les minéraux qui remplissent la masse des filons, l'état cristallin est seulement indiqué par une texture fibreuse ou clivable.

La forme est le second caractère distinctif des filons : nous l'avons définie une plaque minérale à parois parallèles coupant la stratification des terrains. A sa surface, un filon se manifeste donc par une série d'affleurements disposés suivant une direction cons-

tante, et si l'on vient à encaver le sol, on ne tarde
pas à reconnaître que le toit et le mur s'enfoncent suivant une inclinaison déterminée. La direction et l'inclinaison une fois constatées, on connait le plan du
filon et l'expérience ayant démontré la continuité de
ce plan, sur des espaces considérables en moyenne, il
est facile de déterminer où peut se rencontrer le filon
en un point du district qu'il traverse. Si donc on vient
à atteindre par des travaux souterrains le plan d'un
filon, il se manifestera par un changement de composition, limité par les lignes du toit et du mur. Lorsque
les filons s'enchevêtrent dans les roches du toit et du
mur, ces appréciations ne peuvent s'obtenir que par
des lignes moyennes, les galeries ayant atteint quelque développement ; la régularité de l'allure d'un filon
est en effet souvent dérangée, non seulement par les
ondulations du toit et du mur, mais, comme nous le
verrons plus loin, par des rameaux, des bifurcations
qui partent du plan principal.

La *structure* des filons est intimement liée à leur
forme, et par suite assujettie à des lois aussi intéres-
santes pour leur théorie que pour leur exploitation.
Lorsque la composition n'éprouve pas de perturbations par le mélange des roches du toit et du mur, et
que les gangues sont de plusieurs espèces, ces gangues
ne sont pas mélangées confusément. Elles affectent
une disposition parallèle aux salbandes, et sont symétriques relativement au toit et au mur ; un filon sera
donc composé de plaques successives, identiques deux
à deux et disposées symétriquement à partir du toit
et du mur ; et comme les ondulations du toit et du
mur ne se correspondent pas dans la plupart des cas,
les deux dernières épaisseurs de gangues ne pouvant
se réunir sans qu'il y ait altération de cette loi de
symétrie, le plus souvent il arrive qu'un nouvel

espace minéral, soit stérile, soit métallique, remplit ces vides intermédiaires. D'autres fois il y reste des espaces vides et c'est dans ces espaces que se rencontrent ces *druses*, ces *fours* ou *poches* à cristaux (fig. 1) qui forment encore un caractère distinctif de la structure des filons.

La *structure symétrique* se manifeste fréquemment par l'existence de salbandes interposées entre le toit et le mur : ces salbandes ordinairement argileuses, isolent le filon et facilitent beaucoup son exploitation, les filons ainsi détachés étant d'un abatage plus facile que les filons adhérents au toit et au mur. Du reste la disposition du filon par strates doubles et symétriques n'est pas générale et absolue ; le mélange de roches provenant du toit et du mur et de galets tombés de la surface a été un obstacle à ce qu'elle pût se développer et nous avons vu que ce mélange était fréquent. D'au're part, il arrive aussi que les filons sont de composition trop simple pour qu'il y ait des distinctions à faire et par suite pour que la symétrie soit visible ; mais toutes les fois que le remplissage du filon a été tranquille et sans mélange hétérogène, toutes les fois qu'il y a variation dans les gangues, la symétrie reparait avec une constance et souvent avec une perfection remarquable. Cette loi est applicable non seulement aux variations de composition des gangues, mais à leurs variations de couleur et de structure. Ainsi on peut considérer la loi de *structure symétrique* non pas comme une nécessité dans les filons, mais comme une circonstance de leur génération, circonstance inhérente à leur origine et qui tendait constamment à se reproduire lorsque rien ne s'y opposait. Il est évident qu'il ne faut pas donner à ces lois de structure une extension absolue ; les diverses parties d'un même filon ont pu être soumises à des influences différentes qui en ont fait varier la composition : les ondulations des parois, la différence de leur position relativement aux éléments de remplissage, constituent encore des éléments nombreux d'irrégularité. Mais ces variations ne portent aucune atteinte aux règles de la structure, pas plus que les perturbations provoquées par les agents de remplissage mécanique.

La *distribution* des minerais dans les filons métallifères n'est jamais régulière, soit qu'on l'étudie suivant le plan de direction et d'inclinaison, soit qu'on la compare dans diverses sections faites perpendiculairement à ce plan et sur des points éloignés. Les variations de la puissance des filons paraissent avoir eu une grande influence sur leur richesse : ainsi les points où les filons se renflent, se bifurquent en plusieurs branches dont la puissance totale dépasse la moyenne, sont presque constamment ceux qui sont le plus avantageux, non seulement en raison de la plus grande masse du minerai, mais en raison de l'élévation de son titre. En ce qui concerne la variation de l'*inclinaison*, on peut énoncer cette règle essentielle : les parties les plus raides sont les plus riches: il va sans dire que cette formule ne doit pas être entendue d'une manière absolue, mais que dans un même filon soumis originairement au même mode de formation les parties les plus redressées ont été plus enrichies. M *Moissenet* a dégagé le premier une importante règle analogue à la précédente mais plus dissimulée sous l'obscurité des observations ; il l'énonce de la manière suivante : les parties riches des filons sont souvent orientées selon la *direction* du système stratigraphique auquel se rapporte la fracture initiale du filon, dans la région soumise à l'observation. De là un élément d'appréciation dans les recherches qui, tout en exigeant des connaissances étendues en géologie, des mesures attentives sur le terrain et des calculs délicats, fournira un guide précieux pour la conduite des explorations. On ne devra pas se contenter d'apprécier la direction générale d'un filon, mais il faudra scruter attentivement les déviations locales qui peuvent être plus ou moins prononcées et qui auront une influence sur la richesse du filon.

Après avoir autant que possible établi la classification probable d'importance des diverses inflexions du filon, il reste à prendre un aperçu de la répartition vraisemblable de la richesse dans l'étendue de chacune d'elles en particulier. On peut formuler, d'après Tregaskis, cette règle d'observation : le minerai affecte en général la forme de bandes ou colonnes riches, plongeant dans le filon suivant le sens de ses lignes d'intersection par la stratification encaissante. Telle est en effet dans les stratifications inclinées, la forme des coulées de minerai des mines de Cornouailles ; lorsque deux galeries de niveau consécutives ont rencontré dans un ordre concordant des alternatives de minerai et de stérile, il y a des chances pour que cette disposition se propage à une certaine profondeur. Dès lors une exploitation attentivement conduite peut espérer une production soutenue et avantageuse. Tel est aussi, quand le terrain et le filon ont la même direction, la coulée de minerai allongée suivant l'horizontale ; si une galerie de niveau se maintient pendant longtemps sans discontinuer dans une telle *bonanza*, suivant l'expression des mineurs espagnols, il y a des chances pour que plusieurs autres niveaux rapprochés se trouvent dans les mêmes conditions en promettant à l'exploitant une récolte rapide et abondante.

Si nous revenons à l'étude de la répartition des minerais suivant les sections transversales des filons, on voit que le minerai y est disposé en veines, en petits amas, en rognons, en grains, en petits cristaux ; ces diverses formes sont d'ailleurs subordonnées à la génération par bandes doubles et symétriques, pour les filons où cette disposition est visible. Ainsi, tantôt le minerai formera des veines continues suivant le plan du filon, soit presque pur ou isolé par des salbandes particulières et distinctes, tantôt il sera disséminé dans les gangues. Les cristaux se trouvent surtout dans les parties cariées et caverneuses de la roche : ils appartiennent presque toujours aux mêmes formes cristallines qui souvent sont particulières à un filon. Dans les nombreux filons en partie remplis par les débris du toit et du mur ou par des roches étrangères, le minerai forme le plus souvent la pâte de ces parties hétérogènes. Dans un grand nombre de cas, les *roches encaissantes* semblent avoir exercé sur la composition des filons une *influence* notable se rattachant à deux ordres de faits différents, les premiers purement mécaniques, les seconds chimiques. Les propriétés mécaniques de la roche ont pu intervenir par sa plus ou moins grande conductibilité pour la chaleur et l'électricité ; mais l'influence la plus nette est celle de la ténacité.

On peut la caractériser par l'énoncé suivant : les parties les plus avantageuses d'un filon sont celles qui sont encaissées dans les roches de dureté moyenne. On les appelle bonnes couches. Celles qui sont ou trop dures ou trop faibles sont désignées sous le nom de mauvaises couches. On comprend en effet que des roches dures ou élastiques cèdent difficilement à l'effort de rupture et que la séparation y manque de netteté. Les terrains friables au contraire obéissent sans résistance, mais les épontes sont dépourvues de solidité, elles tendent à s'ébouler et à refermer la fente, en obstruant les canaux à l'aide desquels les eaux minérales auraient pu la transformer en un filon utile. Des roches poreuses laissent les eaux s'éparpiller au hasard, au lieu de se concentrer dans le laboratoire du filon. Au contraire, quand ces qualités extrêmes sont remplacées par une moyenne convenable, le terrain se fend avec netteté et la fracture persiste ensuite assez longtemps pour pouvoir être avantageusement minéralisée.

Les *influences chimiques* correspondent à deux ordres d'idées différents : d'une part, les épontes en réagissant sur la solution qui les baignait ont pu provoquer des doubles décompositions de nature à amener le dépôt des matières distinctes : en second lieu, l'attaque plus ou moins facile des roches par cette action corrosive a préparé un emplacement plus ou moins large pour l'abondance de ces dépôts. L'influence des *doubles décompositions* est manifeste ; les eaux stannifères, par exemple, en attaquant le granite, y ont trouvé les éléments nécessaires pour saturer les principes minéralisateurs, tels que le fluor qui servaient à charrier l'étain. Dès lors, l'oxyde de ce métal s'est déposé et en même temps la roche, profondément altérée, s'est trouvée imprégnée de minéraux caractéristiques, tels que la tourmaline, laissés sur place comme des témoins de ces réactions. Les solutions plombifères, en dissolvant les calcaires du Derbyshire, ont déposé dans ces skates le sulfure de plomb, tandis que dans le trapp, moins attaquable, le filon disparaît à peu près et meurt. Il en est de même pour la table de pierre dans les mines des Cordillières. A Schladwing (Styrie), un filon assez pauvre en nickel a recoupé quatre couches brûlées imprégnées de mispickel. Le nickel d'un côté, et l'arsenic de l'autre se sont rencontrés sur les intersections rectilignes de ces systèmes de plans et l'exploitation a pu se concentrer sur ces sortes de prismes minéralisés.

Quant à l'influence qu'exerce la roche sur le volume final du gisement, elle est également très évidente. Les filons du Cumberland sont riches dans le calcaire, pauvres dans les grès, stériles dans le schiste; ceux du Cornwall sont riches dans le killas, pauvres dans le granite. Les bancs rebelles à l'action des liquides minéraux ont formé en quelque sorte des barrages qui, en gênant la circulation des eaux, les ont amenées à s'étendre au large au-dessous de cet écran, de manière à développer leur action dans cette région. C'est ainsi que dans la formation du Laurium (Grèce), si les calcaires alternent avec les schistes, le gisement de plomb et de zinc s'épanouit dans le calcaire, à chaque contact de cette roche avec un banc schisteux qui la surmonte.

En général, on doit craindre pour l'avenir d'une affaire industrielle, l'appauvrissement des filons en profondeur; les dépôts n'ayant commencé à s'effectuer que lorsqu'en approchant de la surface, les véhicules voyaient se modifier leur température, leur pression, leur état électrique. Un pareil phénomène pèse sur toute la formation métallifère du Derbyshire et a amené un grand ralentissement dans la prospérité de ce district minier; les cuivres gris argentifères s'appauvrissent presque toujours dans la profondeur. On voit de même des amas très puissants à la surface et de nature à faire concevoir de grandes espérances, tourner court à peu de distance et s'amincir rapidement. Il arrive quelquefois au contraire, quoique beaucoup plus rarement, que des filons s'enrichissent en profondeur, ce qui revient à dire que les eaux de formation s'affaiblissaient en remontant en richesse, par suite des échanges opérés avec les parois. On

observe enfin des modifications, non seulement dans
la teneur, mais dans la nature de cette minéralisation : tel élément commençant à entrer en scène dans
les doubles décompositions, lorsque la solution s'est
suffisamment appauvrie par rapport à un autre réactif
d'affinités plus énergiques. Il est arrivé par exemple
dans le Cornwall que des filons de cuivre passent à
l'étain et réciproquement. Un phénomène de ce genre
se présente avec une certaine constance dans un très
grand nombre de formations métalliques ; il résulte
de l'influence exercée lorsque les eaux minérales arri-
vaient près du jour, par l'oxygène de l'air agissant
soit directement, soit par l'intermédiaire des eaux de
surface. On observe presque toujours, à l'intersection
de la masse par le niveau hydrostatique des eaux de
la région, un changement de nature du minerai qui
est parfois aussi brusque que complet : il donne naissance au chapeau de fer. C'est ainsi qu'au Canigou
(Pyrénées), certains niveaux séparent le minerai rouge
du minerai blanc. A Rio-Tinto et à Tharsis (Huelva),
le cuivre qui manque dans les *chapeaux de fer* se
trouve accumulé sous une teneur sensiblement plus
grande que celle de la masse inférieure, dans la zone
immédiatement subordonnée au plan des eaux topo-
graphiques. Délius avait sans doute connaissance de
faits analogues, car il énonce la formule suivante
comme un proverbe de mineur : « Il n'y a jamais de
si bonnes mines que celles qui ont un chapeau de
fer. » La conclusion à tirer de ces observations est
qu'il sera bon d'apprécier autant que possible la situation probable de ce plan de niveau des eaux et de diriger d'après cela les travaux de recherche de manière
à couper le filon en pleine richesse.

Rien de plus variable que les *allures* et *relations*
des filons métallifères ; le filon argentifère de la Veta-

Madre, près Guanaxuato (Mexique), a une puissance qui varie de 30 à 45 mètres ; d'autres fois, les filons ont à peine quelques décimètres, tels sont les filons stannifères du Limousin qui varient entre 1 et 3 décimètres. On peut dire cependant que la *puissance* la plus ordinaire des filons est comprise entre 1 et 2 mètres et qu'ils peuvent être suivis sur une longueur de 500 à 1.000 mètres. La forme ou allure plus ou moins régulière d'un filon dépend tout à fait des circonstances dans lesquelles la fracture a été formée et des terrains dans lesquels elle se trouve. Lorsque les filons ont été formés par une faille, c'est-à-dire par le soulèvement ou l'affaissement d'une portion de sol fracturé, de telle sorte que sur chacun des côtés de l'écartement, les strates du terrain ne se correspondent plus et n'ont plus le même niveau, la fente ainsi formée sera probablement étendue et régulière. L'allure de ces *filons-failles* est moins accidentée par des bifurcations et ramifications que dans les autres cas, parce que les faces du toit et du mur ayant perdu leur position relative, la fracture a dû être nette et continue. Il est même certains filons de cette classe dans lesquels on a cru remarquer quelques traces de frottement des deux parois l'une contre l'autre ; il est naturel de penser que cet effet a pu se produire par suite de l'inégalité même de ces parois dans la dénivellation qui eut lieu. Les saillies qui accidentent une des faces n'ayant aucune chance de se trouver vis-à-vis d'irrégularités en sens inverse, comme cela aurait lieu si les faces tout en s'écartant avaient conservé leur position relative, les filons-failles sont plus sujets que d'autres aux étranglements et aux renflements.

Les filons qui résultent de fractures sans dénivellations ne présentent pas la même continuité que les filons-failles, parce qu'ils sont liés moins directement avec les grands accidents de la surface du sol : leur allure est aussi moins régulière. En effet, l'écartement ainsi produit par cassure, disjonction ou arrachement, a pu se répartir en un grand nombre de fentes de petites dimensions et parallèles entre elles, ou en quelques fentes inégales ; les plus petites paraissent être les ramifications du filon principal. Il est donc arrivé que, l'écartement s'étant réparti d'une manière égale entre plusieurs fentes voisines et parallèles, il y a eu formation simultanée de filons accolés qui, suivant l'expression des mineurs, marchent ensemble ou se *traînent* (fig. 58) et finissent ordinairement par se rejoindre et se confondre. Il n'est pas d'accidents que l'on puisse prévoir dans les fentes ainsi formées dont on ne trouve que des exemples rares il est vrai, mais qui démontrent bien la connexion intime qui existe entre les filons et les hypothèses faites sur leur mode de formation. L'allure d'un filon dépend donc en grande partie de la nature du sol fracturé.

Ainsi lorsque la masse fendue est compacte et homogène, il n'existe aucune origine d'irrégularité et les fractures ont dû être régulières dans leur puissance et leur allure. Toutefois, cette régularité peut être altérée par les fissures préexistantes ou par les diversités des terrains traversés ; ainsi dans un terrain très fissuré, le plan de fracture, au lieu d'avoir une direction et une inclinaison constantes, peut être ondulé et cette direction doit être prise, non sur un espace circonscrit, mais sur une longueur considérable, et comme moyenne des directions partielles, les parois sont dans ce cas irrégulières, des éboulements intérieurs déterminent des variations dans la puissance, enfin il aura pu se produire quelquefois des bifurcations, des embranchements tels que l'écartement total se trouvant réparti en une multitude de fissures, il en résulte un stocwerk ayant la forme d'un filon.

Lorsque les filons traversent des terrains hétérogènes, la puissance et la direction peuvent varier en passant d'un terrain à un autre. Dans quelques contrées, des fentes ont été produites par le bombement du sol ; de telle sorte que les terrains préexistants, forcés de recouvrir un espace plus considérable, se sont fracturés lorsque la limite de leur élasticité a été dépassée. Les fentes ainsi produites sont plus larges à leur partie supérieure que dans toute autre et leur coupe présente la forme d'un coin, d'où leur est venue la dénomination de *filons cunéiformes*. Il est probable qu'une assez grande quantité des filons, qui ne sont pas des filons-failles, ont une origine analogue ; mais cette forme ne peut devenir appréciable qu'en descendant à de grandes profondeurs.

Il arrive très rarement qu'un filon soit seul et même qu'il n'y en ait que d'une seule et même production dans un district. Lorsque l'on considère les filons d'un district métallifère, on reconnait qu'ils se lient entre eux par certaines relations qui permettent de les classer géognostiquement. Ces relations résultant à la fois de la direction et de la composition, furent d'abord observées en Saxe par Werner qui reconnut que les filons de même composition étaient parallèles entre eux et que les filons de composition différente couraient généralement dans des directions différentes. Lorsque deux filons se coupent, il est facile de voir celui dont la formation est la plus ancienne, puisque ce filon étant rempli lorsque l'autre s'est produit, doit nécessairement présenter une solution de continuité qui n'existe pas dans le second. Le filon le plus récent est le *filon croiseur*. Lors donc qu'il y a faille, les deux parties du filon croisé ne se font plus suite ;

on retrouvera facilement le filon croisé si le *rejet* n'a pas plus que l'épaisseur du filon, autrement on traversera le filon croiseur sans trouver la suite du filon exploité. Il sera donc d'un grand intérêt de savoir de quel côté on devra rechercher la partie rejetée, et à ce sujet l'étude des filons ne fournit que des probabilités, mais l'étude locale du terrain donnera presque toujours des certitudes. L'observation a fait reconnaître que dans le plus grand nombre des cas, la partie rejetée d'un filon se trouvait du côté de l'angle obtus formé par l'intersection des plans. L'étude du terrain encaissant peut fournir en outre des données plus positives, non seulement sur le côté du rejet, mais aussi sur son importance. En effet, si le terrain est hétérogène, il sera facile de constater la faille dans le terrain et de mesurer la différence de niveau des parties correspondantes de chaque côté ; dans un terrain homogène, on peut souvent saisir quelque ligne de repère marquée par une variation de composition ou de texture, et d'après cette ligne de repère reconnaître le sens et l'importance de la faille.

Le grand filon de cuivre de la mine de Cuharack en Cornouailles, dit Dufrénoy, est un des exemples les plus instructifs d'intersection des filons. La puissance de ce filon (fig. 3) est de 2^m50 ; sa direction est presque Est et Ouest et il plonge au Nord ; sa partie supérieure est dans le killas et sa partie inférieure dans le granite. Le filon a subi deux intersections. La première résulte de la rencontre du filon appelé Stevens' Iluckan, qui se dirige du Nord-Ouest au Sud-Est et qui rejette le filon de plusieurs mètres. La deuxième est causée par un autre filon qui est presque à angle droit avec le premier et qui fait éprouver un deuxième rejet de 40 mètres du côté droit. La chute du filon se trouve donc à droite dans ce cas et à gauche dans l'autre ; mais dans les deux cas elle est du côté de l'angle obtus ; *c, c, c* est le filon de cuivre, Est et Ouest ; *f, f* le filon argileux dit fluckan.

Les intersections de filons, les rejets, les changements d'allure qui en résultent, sont d'ailleurs les phénomènes les plus compliqués de l'histoire des filons ; dans les questions qui se présentent, l'expérience du mineur local est d'un grand secours, parce qu'une multitude de détails qui échappent à la théorie peuvent fournir des indices précieux. Mais supposons enfin qu'il s'agisse d'un accident sur lequel on ne possède *a priori* aucune espèce de données spéciales ; on en est alors réduit à la *règle de Schmidt* et qui consiste en ce que, dans la grande majorité des cas, c'est le toit de la fente qui est descendu sur le mur ; c'est bien d'ailleurs le mode le plus naturel à concevoir, quand la pesanteur a eu l'action prépondérante dans ses antagonismes avec les renvois de pression.

Amas et stocwerks.

Les gîtes en amas ou stocwerks sont assez rarement isolés ; le plus souvent ils sont groupés, rassemblés dans un même terrain, de telle sorte que la constitution de ce terrain encaissant, considérée à la fois sous le rapport de la composition et de la forme, est évidemment la condition principale de l'existence et du développement des minerais. Les terrains qui renferment des gîtes métallifères de cette classe satisfont à une condition dont la généralité est un fait important : c'est le voisinage de roches ignées et un état métamorphique très prononcé des roches stratifiées. L'observation démontre non seulement que les minerais ne peuvent se trouver que dans les contrées montagneuses où les roches stratifiées sont accidentées et altérées par des roches ignées : mais elle nous apprend encore que les roches de la période porphyrique sont réellement les seules qui aient eu cette propriété de fécondation, et que dans une contrée géologique déterminée, dans tel groupe ou telle chaine de mon'agnes, il n'y a qu'une ou deux des roches de cette période auxquelles on puisse l'attribuer. Enfin, comme ces roches ignées elles-mêmes sont sorties et se sont groupées suivant certaines lignes géologiques, les recherches doivent être encore concentrées à peu de distance de ces lignes.

La position ordinaire des gites métallifères irréguliers, dans les terrains métamorphiques et vers les plans de contact avec les roches soulevantes, a été signalée depuis longtemps dans presque tous les pays de mines. C'est par suite de ces observations que la dénomination de roches métallifères a été appliquée à des roches ignées, complétement stériles en métaux par elles-mêmes, mais dont le voisinage est très souvent un indice de l'existence des minerais. Les porphyres feldspathiques ou amphiboliques et les roches serpentineuses ou diallagiques sont à peu près les seules de la période porphyrique qui se montrent dans cet état de connexion avec les minerais. La disposition fréquente des minerais, suivant les plans de contact de certaines roches ignées du terrain porphyrique et des roches sédimentaires, parait donc être un fait général, en donnant toutefois cette dénomination de *plans de contact* (fig. 59) à une certaine épaisseur des roches sédimentaires comprenant celles où les phénomènes de relèvement et de métamorphisme ont été très prononcés. Les roches ignées, par le fait de leur sortie, semblent avoir ouvert le passage aux émanations métallifères qui ont suivi ce mouvement du centre vers la circonférence, imprégnant les roches soulevées dans leurs cassures, dans leurs plans de stratification, s'y condensant et s'y accumulant en amas, d'autres fois pénétrant dans les fentes des roches à structure fragmentaire ou feuilletée et y produisant des stocwerks.

Les gîtes que l'on a souvent désignés sous le nom de *filons-couches* (fig. 60), pour indiquer soit leur concordance apparente avec la stratification du terrain, soit leur intercalation entre les deux natures de roches, et par conséquent une concordance réelle avec les formes des masses ignées dont ils suivent les contours, appartiennent presque tous à cette classe des gîtes irréguliers. Ils n'ont en effet ni l'allure déterminée, ni la continuité des véritables filons, vers lesquels ils forment cependant une transition réelle. Comme les filons, ils présentent une direction et une inclinaison déterminée ; mais les irrégularités constantes du toit et du mur qui n'ont aucun parallélisme réel, la nature des gangues, enfin leur structure intérieure très rarement symétrique, les assimilent plutôt au gisement en amas.

Les amas, les stocwerks, les filons-couches se présentent donc comme les résultats plus directs et plus concentrés du principe générateur des filons. Si, d'une part, les combinaisons métalliques sont plus riches, plus puissantes, dans cette classe de gîtes, d'autre part leur étendue en direction et en inclinaison est souvent assez limitée pour qu'il en existe des exemples plus nombreux de gîtes épuisés par l'extraction. Ces gîtes exigent enfin, par suite des irrégularités de leur allure, une étude plus soutenue et plus approfondie des variations d'allure et de composition pour arriver à une exploitation complète et bien aménagée.

Les amas de minerais de fer sont les plus puissants qu'on puisse citer ; celui de fer oxydé de Traversolle en Piémont a été reconnu sur environ 500 mètres de direction et 400 mètres de puissance ; les amas de fer oxydulé et de fer oligiste de l'île d'Elbe ont une puissance au moins égale ; en Suède, des amas analogues atteignent jusqu'à 1,000 mètres de direction. De pareils gîtes peuvent être considérés comme inépuisables, mais sur d'autres points il en est tout autrement. Il importe que nous recherchions les conditions d'allure et de composition que l'on peut supposer aux amas, ou en d'autres termes que nous tâchions d'apprécier dans leur détail les faits qui ont présidé à leur origine, afin d'en tirer des conséquences pratiques pour l'exploitation.

Théorie de la formation des gîtes métallifères.

Nous avons déjà énoncé l'origine probable des substances métallifères cristallines ; mais cet énoncé a besoin d'une démonstration raisonnée qui puisse fixer les idées avec plus de précision et inspirer à l'exploitant la confiance nécessaire pour l'entreprise de travaux qui ont pour but la recherche et l'exploitation des gîtes en profondeur. Les substances métallifères, comme toute espèce de roche constituant l'écorce du globe, doivent se rapporter nécessairement à un des deux principes générateurs : l'un agissant du centre à la surface, et produisant les roches cristallines ; l'autre résultant de l'action superficielle des eaux, et produisant des roches compactes ou terreuses. Si l'on cherche auquel de ces deux principes peuvent être rapportés les minerais et les gangues cristallines, on est d'abord conduit à attribuer les substances des filons au principe igné. La texture ordinairement cristalline des minerais, la structure symétrique des

filons est contraire à toute idée d'action sédimentaire ;
d'autre part, on ne trouve dans les terrains stratifiés
aucune substance métallique, le fer excepté ; dans les
terrains ignés, au contraire, il n'est pas rare de trouver des minerais disséminés ou rassemblés, évidemment contemporains et faisant partie intégrante des
éruptions. Les volcans brûlants eux-mêmes viennent à
l'appui de cette opinion, ils produisent presque tous
des sublimations de fer oligiste ; le cuivre chloruré,
l'arsenic sulfuré furent à certaines époques très abondants dans le cratère du Vésuve.

Si l'on cherche à coordonner cette analogie avec les
formes présentées par les gîtes métallifères, on trouve
encore des concordances remarquables qui confirment
ces premières données. En effet, l'hypothèse de fentes
préexistantes est démontrée par le seul examen des
filons ; ainsi, outre qu'on les voit traverser des terrains
de composition et d'âge différents avec les détails de
division conformes à cette hypothèse, séparant nettement les roches dures et compactes, se bifurquant
dans les roches schisteuses, se changeant en une multitude de fissures dans les roches fendillées ; outre que
ces brusques solutions de continuité ne sauraient
admettre aucune autre explication dans les terrains
stratifiés, on a vu que, dans le cas où deux filons
viennent à se croiser, l'étude des lignes de stratification des terrains encaissants et des relations des
filons entre eux conduisait précisément à cette hypothèse de fentes et de failles produites à des époques
différentes. L'origine de ces fentes et failles ne peut
être attribuée qu'aux effets dynamiques de l'action
expansive intérieure ; cette supposition est confirmée
jusqu'à l'évidence par les relations qui existent entre
les filons et les accidents du sol déterminés par cette
action dynamique. Werner regardait les fentes comme

postérieures au dépôt des roches et causées soit par le
retrait de la masse en se desséchant et se consolidant,
soit par les soulèvements et les affaissements du sol ;
il pensait en outre que ces fentes avaient été remplies,
de haut en bas, par des dissolutions dont la nature a
varié, qui déposaient sur les parois de ces fentes les
principes métalliques, tandis que les causes mécaniques extérieures contribuaient aussi à les remplir. Il
expliquait la différence des matières constituantes par
ceci : que les eaux étant beaucoup plus tranquilles
dans ces fentes profondes qu'à la surface, les dépôts
des filons doivent être purs et cristallins et différents
de ceux de la surface. Ces idées furent longtemps
admises, mais lorsque l'étude des phénomènes actuels,
lorsque la chimie et la minéralogie, appelées à l'aide
du géologue, permirent d'apprécier avec plus de certitude la composition de l'écorce du globe et son mode
de formation, on reconnut qu'une partie des hypothèses
de Werner étaient inconciliables avec les faits géognos-
tiques. En repoussant ainsi l'origine des filons métallifères par voie sédimentaire, on est forcément conduit
par les analogies précitées à admettre qu'ils ont été
produits par voie ignée, puisque ces deux modes
d'origine sont les seuls pour toutes les roches. On ne
peut cependant poser en principe que toutes les roches
soient exclusivement *d'origine ignée;* on y trouve
souvent en grande abondance des fragments de toit
et de mur, des agrégats formés par les roches environnantes et dans lesquels l'action sédimentaire est
évidente. Souvent les substances métallifères n'appa-
raissent dans un filon que comme ciment des roches
du toit et du mur ou d'autres débris fragmentaires
venus d'en haut, de telle sorte que l'ensemble du filon
est une brèche hétérogène à double origine. Mais les
substances métallifères, les gangues à la fois cristal-

lines et caractéristiques, telles que le sulfate de baryte, le spath fluor, le spath calcaire, etc., ne peuvent résulter que d'une action dont le siège est placé au-dessous des couches solidifiées de l'écorce terrestre.

Cette origine est surtout manifeste dans les contrées où le développement des minerais, en gîtes irréguliers, apparaît comme une des conséquences du voisinage des roches ignées et du métamorphisme des terrains de sédiment. La majeure partie des roches stratifiées appartenant aux époques jurassique et crétacée, contrastent d'une manière précise avec les roches ignées qui les ont traversées en une multitude de points. On peut donc, dans ces terrains mieux que dans tout autre, apprécier l'influence métamorphique des serpentines et des roches feldspathiques ; cette influence a été des plus énergiques. Ainsi, près de ces roches ignées, les calcaires sont passés à l'état de marbre et de dolomies, des roches arénacées quartzeuses ont été transformées en jaspes rouges, des schistes arénacés en schistes cristallins.

Il est inutile de faire ressortir l'importance de cette appréciation des origines pour l'application ; les recherches des mines ne doivent-elles pas être dirigées d'après l'allure du gîte ? Ces allures ne peuvent être appréciées que par des études détaillées de ces formes du gîte, de sa composition et de la disposition du terrain encaissant.

CHAPITRE II.

Gisement des substances métalliques.

Or.

L'or cristallise, dans le système cubique, sous forme d'octaèdre, de dodécaèdre rhomboïdal, de trapèzoèdre; les cristaux sont très petits et groupés de manière à former de petites lamelles, des fibres et des filaments. On le rencontre aussi en masses amorphes appelées pépites. C'est un métal reconnaissable à sa grande densité, 19.0 à 19,6: le platine seul a une densité voisine et il est blanc. La couleur de l'or est le jaune, le jaune-verdâtre s'il renferme de l'argent ou du palladium; sa gangue ordinaire est le quartz, parfois la pyrite de fer. Il est toujours à l'état natif et il est parfois répandu dans sa gangue en grains si fins qu'il faut la loupe pour l'apercevoir, ou même traiter la roche, réduite au préalable en poudre, par le mercure; un minerai qui renferme $\dfrac{1}{200.000}$ d'or est exploitable.

En Europe, on trouve l'or répandu dans des pyrites en Hongrie et en Transylvanie, à Chemnitz, Magurka, Vorespatak, Naggag. Mais on va surtout le chercher dans les sables qui proviennent de la désagrégation des gangues; l'Ariége charrie de l'or depuis le VIIe siècle: on exploite les sables du Rhin depuis Bâle jusqu'à Mannheim, et l'on en extrait annuellement un poids d'une valeur de 45,000 francs. En Transylvanie, on le trouve dans le lit de l'Aramjos; il y a des laveries sur les bords du Danube et de la Theiss. En Bavière, les laveries sont peu importantes; mais dans l'Oural, près de Catherinembourg, les laveries produisent 18,000 livres d'or; quelquefois, on a la bonne fortune de trouver des pépites; on en voit au musée du corps des mines, de Saint-Pétersbourg, du poids de quatre et 9 kilogrammes. On a fait de nombreuses expéditions en Russie pour trouver de nouveaux gisements d'or; quelques-unes sont restées sans résultat, d'autres ont réussi, dans le gouvernement de Jéniseisk en particulier. Les gîtes de l'Oural ont été découverts en 1819, ceux de Sibérie en 1829.

La Chine et le Japon sont très riches en or; on en trouve également à Sumatra, à côté des pierres précieuses. On l'a découvert aussi à Bornéo, et il ne serait pas impossible que la richesse du sud de l'Asie égalât celle de l'Amérique. Dans l'antiquité, l'Afrique passait pour un pays essentiellement aurifère, en particulier l'ancienne Ethiopie, l'Abyssinie et la Guinée. De nos jours, les exploitations de la Californie, de l'Australie, ont pris une importance qui efface celle des exploitations du Mexique, du Chili et du Brésil. C'est à un chef d'atelier nommé Marschal que l'on doit la découverte de l'or en Californie (1848); il faisait construire un canal destiné à amener les eaux à une scierie mécanique quand il observa des traces incontestables d'or. Bientôt 5,000 travailleurs étaient réunis sur ce point et une année après, ils étaient 50,000; bien peu d'entre eux se sont enrichis, car les objets de première nécessité avaient pris tout de suite une valeur énorme. La production annuelle est de 50 millions de dollars. A la Guyane, la production d'or dépasse aujourd'hui 2,000 kilogrammes par an.

Les gîtes d'Australie, et en particulier ceux de la colonie de Victoria, sont très riches : on y a trouvé des pépites gigantesques; l'une d'elles pesait 27 livres, une autre 134 livres. La production annuelle est de

80 millions de dollars. M. Zippe estime à 4,000 quintaux le poids de l'or annuellement extrait dans toutes les parties du monde. La disparition de l'or, dans beaucoup de contrées autrefois réputées comme très riches, s'explique par l'avidité avec laquelle il a été recherché partout où il a été rencontré.

L'or graphique, ou *sylvanite*, et le minerai folliacé ou *ragyagite*, sont associés au tellure : on ne les a jamais trouvés qu'en Transylvanie, à Zalathane, à Naggag et à Offenbanya.

Platine.

Il est probable que ce métal a été connu des anciens, car, à côté de l'or, ils font mention d'un métal grisâtre de la densité de l'or ; mais ils l'avaient négligé. C'est un géomètre espagnol, don Ulloa, qui, dans un voyage scientifique qu'il fit sur les bords du fleuve Pinto (Nouvelle-Grenade), a découvert de nouveau ce métal et le nom de platine, de l'espagnol plata (argent), qui lui avait été donné par les mineurs de la Nouvelle-Grenade, lui est resté. Ce métal est plus dur que l'or ; il est toujours à l'état natif, jamais cristallisé. La densité du platine martelé s'élève à 21,4 ; ses gisements sont ceux de l'or ; il se présente en petits grains, petites écailles, quelquefois en fragments isolés d'un poids considérable. Les principaux centres d'exploitation sont ceux de l'Amérique du Sud et de l'Oural, où l'on a trouvé des pépites du poids de 5 et 10 kilogrammes.

Il existe quelques mines de platine à Bornéo ; il y en a des traces en France, dans le département de la Charente ; de même en Espagne. Le platine renferme presque toujours d'autres métaux précieux, l'iridium et l'osmiure d'iridium, le palladium, le rhodium et le ruthenium.

Argent.

Les minerais d'argent se divisent en deux grandes classes : les minerais courants et les minerais relativement rares. Les espèces minérales qui constituent la première catégorie de minerais sont au nombre de six, la galène riche, la blende riche, le cuivre gris et les pyrites de cuivre argentifères, l'argent natif, le sulfure d'argent, le chlorure d'argent. Nous n'avons pas à parler ici des trois premiers minerais, dont les gîtes seront décrits au plomb, au zinc et au cuivre.

L'*argent natif* cristallise dans le système cubique; il vient sous forme de cubes, d'octaèdres, de dendrites, de fils, de lamelles, en écailles, en pépites et en plaquettes massives. Son aspect est brillant ; avec le temps, surtout en présence de l'antimoine dans la roche, le poli et le brillant se ternissent quelque peu. Les gangues sont très variées, le quartz, le trachyte, le carbonate de chaux et les oxydes de fer sont les plus fréquentes. Konsberg, le Hartz, la Saxe, Hiendelaencina, Herrerias (Espagne), jadis Huelgoat, telles sont en Europe les localités où l'on a trouvé les plus grandes quantités d'argent natif. On cite des morceaux d'argent natif et pur de grosseurs extraordinaires, venant principalement de Konsberg, un morceau de 697 kilogrammes (1830), d'autres, trouvés plus récemment, de 107 et 197 kilogrammes.

Au Lac Supérieur, les quantités d'argent natif, mêlées de cuivre natif, trouvées récemment dans les mines de la province de Michigan, ont été et sont encore fort importantes. Les mines de Nevada (Californie), devenues si célèbres par leur production d'argent, puisqu'elles ont fourni des masses tellement abondantes de ce métal que sa valeur intrinsèque a subi une baisse de près de 20 pour 100 (baisse en voie de se corriger), se composent d'un nombre considérable de concessions, dont les principales sont : Comstock, Eureka, Richmond, Savage, Kentuck, etc. Au Mexique, à Batopilas, on a trouvé des masses d'argent natif dépassant 148 kilogrammes : au Pérou, aux mines Coronel et Loyse, on a trouvé des masses de métal pesant 90 et 360 kilogrammes.

Le *sulfure d'argent*, à l'état cristallisé, est composé de 87 pour 100 d'argent et de 13 pour 100 de soufre ; il cristallise en cube octaèdre et quelquefois en dodécaèdre ; il est brillant, de texture vitreuse, et. à l'état amorphe, de couleur gris noirâtre ; il est flexible, à reflets quelquefois assez nets, enfin d'une très faible dureté. Le sulfure d'argent, appelé aussi argentite, argyrose ou argent vitreux, se trouve surtout au Mexique, au Chili, en Hongrie, en Bohême. en Suède, en France (Huelgoat, Giromagny). Il est souvent associé au cuivre et constitue un sulfure double nommé argent aigre ou stromeyerine ; on le trouve cristallisé à Rudolstadt (Silésie), amorphe à Bérézofsk (Sibérie), au Pérou. Il est la base des minerais chiliens, surtout des mines de Catemo et de San-Pedro Nolasco. On trouve encore le sulfure d'argent associé à un grand nombre de métaux autres que le cuivre : au bismuth et au plomb, formant la schirmerite ; au fer, formant la sternbergite ; au cuivre, plomb, zinc et fer, donnant la castillite.

Le *chlorure d'argent* est facile à reconnaître ; il est mou comme la cire et se raye à l'ongle ; il est incolore quand il est fraîchement coupé au couteau, mais il prend rapidement sa couleur ordinaire, le gris-perle ; on lui donne aussi le nom d'argent corné. On trouve abondamment ce minerai en France (Huelgoat jadis, Allemont), en Angleterre (Huel-Mexico, Huel-Saint-Vincent), en Espagne (Herrerias, Horrajo, Hiendelaencina), en Allemagne (districts de Freiberg et du Hartz), en Russie (Berezofsk), aux États-Unis (Nevada ; à Arizona, à Ydaho), au Mexique et au Pérou (mines de Zacatecas et Catorce), au Chili et en Bolivie (Potosi, Tres Puntas). On a trouvé le chlorure d'argent associé au chlorure de sodium à Huantaya, d'où le nom de Huantajaïte.

Les minerais, relativement rares, renferment les antimoniure, arséniure, séléniure, tellurure, iodure et bromure d'argent, et enfin l'amalgame d'argent. Sauf les deux premiers, ces minerais sont très rares ; *l'antimoniure d'argent* est rarement isolé ; on le trouve à Guadegottes (Hartz), à Altivolfach (Baden), à Allemont (Isère), en Espagne, en Bolivie, au Mexique. Pur, on l'appelle dysirasite ; associé au soufre, miarzyrite.

L'arséniure d'argent simple forme la base des minerais de l'île d'Argent (Lac Supérieur) ; il renferme 5 pour 100 d'arsenic et 78,30 d'argent. On donne au Chili, à Copiapo, le nom d'arséniure d'argent à un alliage d'argent et d'arsenic natif, le premier métal formant un tissu très fin dans la masse d'arsenic.

L'amalgame d'argent naturel se trouve à Rosenan (Hongrie), Sala (Suède), Allemont (France), au Chili, en Bolivie. Le minerai principal d'Arqueros (Chili) est fréquemment associé à la cobaltine, ce qui lui donne alors une belle couleur rose. Cette mine a produit, dans les cinq années qui ont suivi sa découverte, 19,650 kilogrammes de métal fin ; la présence du mercure a été longtemps ignorée.

Fer.

Parmi les métaux usuels, celui qui est le plus répandu dans toutes les roches est sans contredit le fer; c'est aussi celui qui a pu être exploité et fabriqué au plus bas prix. Dans ces conditions de substance commune et à bon marché, les minerais de fer doivent avoir relativement un titre plus élevé que les minerais de tout autre métal; aussi, les roches ferrifères ne peuvent-elles recevoir la dénomination de minerai qu'à la teneur de 25 pour 100 de fer. Beaucoup de roches d'origine ignée ou sédimentaire, telles que les basaltes, les grès ferrugineux, contiennent 10 et 12 pour cent de fer et ne sont pas des minerais; on a cependant donné quelquefois cette dénomination à des roches marneuses qui ne contiennent que 10 pour 100 d'hydroxyde en grains, mais ces hydroxydes sont faciles à extraire de la marne des minerais d'alluvion; toutefois, la dénomination de minerai ne doit être appliquée qu'aux roches lavées et débourbées.

Tout le fer employé dans l'industrie provient des combinaisons de ce métal avec d'autres corps; le fer pur est en effet d'une extrême rareté et n'existe à la surface de la terre qu'en échantillons propres tout au plus à figurer dans les musées. Quatre seulement des combinaisons ont pu jusqu'à présent être exploitées pour la fabrication en grand, ce sont : la magnétite ou fer oxydulé, l'oligiste ou fer peroxydé, la limonite ou fer hydroxydé, le fer carbonaté.

La *magnétite*, qui s'appelle aussi fer oxydé magnétique, et mine noire de roche, n'est autre chose que la pierre d'aimant du langage vulgaire. D'un noir brillant lorsqu'elle est en masse, elle se trouve presque exclusivement dans les terrains de cristallisation, où elle forme des dépôts d'une grande puissance, parfois même des montagnes entières. De tous les minerais naturels de fer oxydé, c'est celui qui contient le moins d'oxygène, ce qui lui avait fait donner par Haüy le nom de fer oxydulé. Ce minerai est en général fort pur; de plus, il se laisse travailler avec facilité; enfin il renferme parfois une assez forte proportion de manganèse ou d'acide titanique, et le fer qu'on en retire passe pour le meilleur de tous. C'est avec lui que se font les fers si renommés de la Suède et de la Norwège.

L'*oligiste*, le peroxyde de fer des chimistes, doit son nom vulgaire de fer oxydé rouge à sa couleur qui varie du noir-rougeâtre au rouge foncé quand il est en masses compactes ou fibreuses. Lorsqu'il est cristallisé, il est métalloïde et d'un gris d'acier, mais sa poussière est toujours rouge; c'est une des substances métallifères les plus répandues dans l'écorce terrestre, et de tous les minerais de fer, c'est celui qu'on rencontre le plus souvent. On en exploite trois variétés principales : une variété métalloïde qui est le *fer oligiste* proprement dit, appelé aussi fer spéculaire ou fer éclatant; une variété concrétionnée fibreuse qu'on appelle vulgairement *hématite rouge* ou simplement hématite, une variété compacte lithoïde qui constitue *la mine rouge* en roche des mineurs. Elles sont toutes très recherchées parce qu'elles fournissent des fontes et des fers d'excellente qualité. La première forme les célèbres gisements de l'île d'Elbe, qui du temps de Virgile passaient déjà pour inépuisables.

La *limonite* a été ainsi nommée parce qu'elle se rencontre dans le limon des terrains d'alluvion. Elle se distingue de l'oligiste sous le rapport de la composition en ce qu'elle contient de l'eau en plus, circonstance qui la fait appeler par les chimistes fer oxydé hydraté ou fer hydroxydé, tandis que par opposition ils donnent à la précédente le nom de fer peroxydé anhydre. C'est un minerai brun ou jaune de rouille, qui se présente sous un grand nombre d'aspects différents. Les variétés que l'on exploite parce qu'elles forment des gisements d'une grande richesse, sont au nombre de six : le *fer oxydé hydraté* proprement dit, qui se présente en couches composées d'espèces de petits cristaux à la surface de diverses gangues. L'*hématite brune* ou hématite noire, qui, en masses mamelonnées, est généralement manganésifère et possède la propriété de donner de l'acier de forge, comme le fer spathique, qu'elle accompagne souvent. La *mine brune en roche,* ou fer oxydé brun, qui se montre en masses compactes et lithoïdes. Le *fer pisolithique*, ou mine de fer en grains, qui est en globules de la grosseur d'un pois, tantôt libres et isolés, tantôt réunis en masses solides par un ciment argilo-calcaire. Les globules sont le plus souvent sphériques, mais ils prennent quelquefois une forme ellipsoïdale et augmentent de volume de manière à devenir de véritables nodules. Les minerais de cette sorte recouvrent superficiellement les plateaux jurassiques et de craie et pénètrent dans leurs anfractuosités, circonstance qui les fait quelquefois appeler minerais d'alluvion, mais très improprement. Le *fer oolithique,* que l'on confond souvent avec le précédent parce qu'il se présente généralement en globules, mais qui en diffère sous plusieurs rapports. D'une part les globules, gros tout au plus comme des grains de millet, sont généralement agrégés entre eux, et d'autre part, les couches qu'ils forment sont intercalées presque toujours dans les calcaires. Le *fer limoneux,* qui est en masses terreuses et que l'on appelle aussi limonite terreuse, limonite ocreuse. Il appartient aux terrains d'alluvion et forme dans les parties basses de nos continents, surtout dans les lacs et les lieux marécageux, des dépôts qu'on enlève à la pelle et qui s'y reproduisent à la longue. On lui donne encore les noms de mine de fer des marais, mine de fer des prairies, mine de fer des gazons. Les minerais de fer de la catégorie de la limonite sont très nombreux, surtout en France.

Le *fer carbonaté*, combinaison d'oxyde de fer et d'acide carbonique, constitue deux variétés bien distinctes, l'une cristallisée, l'autre terreuse ou lithoïde. La variété cristalline est le fer *carbonaté spathique* des minéralogistes; on l'appelle aussi mine d'acier à cause de son aptitude à produire des aciers naturels; c'est à elle que la Styrie, la Carinthie, le pays de Siegen, les usines d'Allevard, doivent leurs propriétés de bonnes aciéries. Le fer *carbonaté lithoïde* est connu généralement sous le nom de fer de houillères, parce qu'on le trouve disséminé en petits lits ou en rognons au milieu des argiles et des grès du terrain houiller. Ce minerai est beaucoup moins pur que le précédent, mais il a l'avantage d'être très abondant et de se rencontrer dans le voisinage du combustible qui convient le mieux à son traitement. Parfois même, on peut extraire par le même puits et le minerai et le charbon nécessaire pour le fondre. Pendant des siècles, l'Angleterre, qui en possède des gîtes d'une étendue et d'une richesse exceptionnelles, n'en a presque pas travaillé d'autres. Tous les minerais qui précèdent se rencontrent en France, mais d'une manière fort inégale, et tantôt isolés ou à peu près, tantôt, au contraire, ce qui est le cas le plus fréquent, mélangés plusieurs ensemble. De plus, les gîtes sont desséminés un peu partout, et dans leur disposition ils semblent n'obéir à aucune loi.

Cuivre.

Le cuivre se rencontre dans le sein de la terre, principalement uni au soufre; cependant, la crête des filons, le chapeau de fer contient ce composé plus ou

3.

moins détruit par l'action de l'air et des eaux; il est
transformé en cuivre métallique, cuivre oxydé, cuivre
carbonaté, phosphaté, arséniaté, silicaté, et même,
dans certains cas, en chlorures et oxychlorures. D'autre
part, le sulfure de cuivre est rarement isolé; il est
d'ordinaire combiné au sulfure de fer, plus rarement
avec d'autres sulfures métalliques. De plus, à côté de
ces composés chimiques plus ou moins complexes, on
rencontre aussi, mélangés ou combinés aux cuivres
sulfurés, des composés sulfurés de plomb et d'antimoine,
des arsénio-sulfures de fer, des minerais d'argent,
d'étain, de nickel, etc. On peut donc distinguer d'après
cela les minerais de cuivre en purs et en impurs. Les
minerais purs se subdivisent eux-mêmes en minerais
oxydés et natifs et en minerais simples et ferrugineux.
Quant aux minerais impurs, on les classe en minerais
arséniés, antimonieux, plombeux, stannifères, etc. Passons en revue ces différents minerais.

Le *cuivre natif* est connu depuis quarante ans en
grandes masses au lac Supérieur, des Etats-Unis; il
s'y trouve soit en énormes blocs de plusieurs tonnes;
ainsi, en 1869, à la mine du Phénix, on a trouvé une
masse de cuivre natif de 1,000 tonnes, ayant 65 pieds
de long, 32 de haut et 4 d'épaisseur moyenne; il s'y
trouve aussi sous forme de nodules et de grains de
petites dimensions. Les blocs constituent de véritables
filons dans du grès et conglomérat permien; les
nodules et grains sont disséminés dans une sorte de
tuf d'origine porphyrique d'où on les retire par cassage,
triage et préparation mécanique, tandis que le cuivre
des filons est découpé à l'aide de coins tranchants. Le
métal du lac Supérieur est du cuivre presque absolument pur; il contient cependant 2 à 3 millièmes d'argent, et parfois des traces de nickel, de fer et de zinc.
Le cuivre natif se montre accidentellement dans

d'autres mines; on peut citer en France les mines du Var et, sur les bords du Rhin, près d'Ems, les mines de Friederichssegen. L'Amérique du Sud, le Chili principalement, fournit du cuivre natif en grains, mêlé d'oxyde et de sable quartzo-ferrugineux; il est connu dans le commerce sous le nom de corocoro et contient 60 à 80 pour 100 de cuivre.

Le *cuivre oxydulé* est assez fréquent dans le chapeau de fer des filons pyriteux; il est parfois cristallin, plus souvent terreux et entremêlé de fer oxydé argileux. Il abonde au Chili et en Australie et fut aussi rencontré dans la partie haute des filons de Chessy. Il est très commun dans le gouvernement de Perm (Russie), où il a pour gangue du fer oxydé hydraté quartzeux. C'est un minerai pur, fort estimé lorsqu'il est riche, mais celui de Perm est pauvre et contient du vanadate et du phosphate de cuivre.

On rencontre plus rarement le cuivre *oxydé noir*: il est, en général, à l'état terreux et entremêlé de grains quartzo-ferrugineux. Il accompagnait à Chessy le cuivre carbonaté bleu et se trouve à la mine de Friederischssegen, à la base du chapeau de fer, associé à des plaquettes de cuivre rouge et à des filaments d'argent natif. L'oxyde de fer est plus souvent uni aux acides qu'isolé. On le trouve surtout à l'état de carbonate.

Le *carbonate* anhydre brun est rare; on ne le connaît qu'aux Indes, et plutôt comme curiosité minéralogique. A l'état hydraté il est *bleu* ou *vert*; le minerai bleu est formé de 2 équivalents de carbonate pour 1 d'hydrate et renferme à l'état de pureté 69 pour 100 d'oxyde de cuivre. Le minerai vert se compose d'un équivalent de carbonate pour un d'hydrate et contient 72 pour cent d'oxyde. Le minerai bleu est assez rare; il ne s'est rencontré en masses abondantes, sous forme de beaux cristaux, qu'à Chessy, là où un filon passe du schiste ancien dans le trias. C'était un excellent minerai, tout à fait pur. Le minerai vert est plus répandu; ce sont des masses fibreuses vertes d'un bel éclat soyeux, aux affleurement des filons sulfurés et pyriteux du Chili, de la Sibérie et de l'Australie; en divers points il est associé au silicate vert, plus rarement à des plaquettes de carbonate bleu.

Outre le carbonate, les mines fournissent divers autres sels de cuivre. Les *phosphates* et les *arséniates* sont rares; on les trouve sous forme de cristaux isolés dans le chapeau de fer des minerais sulfurés. Au Chili et au Pérou, on connait le *sous-sulfate* et l'*oxychlorure*; tous deux sont verts et sableux, le premier d'apparence terreuse, le second à l'état de poudre cristalline. Ce sont des minerais purs, le chlorure surtout.

Au carbonate vert se trouve associé le *silicate vert* ou *malachite*; ce sont des masses amorphes, mamelonnées et pures comme les carbonates verts, mais relativement rares. Un autre silicate est connu à Coquimbo sous le nom de métal de carbone; c'est un silicate hydraté noir et brillant comme la houille; il contient outre l'oxyde de cuivre, de l'oxyde de manganèse, et comme gangue du calcaire et du quartz.

La seconde classe des minerais de cuivre comprend les composés *sulfurés*; ce sont de beaucoup les minerais les plus abondants. Cependant le sulfure simple, connu sous le nom de cuivre *vitreux* ou *sulfure noir*, est assez rare; on le rencontre au Chili isolé ou mêlé à l'oxydule rouge. C'est en ce même état qu'il a été rencontré il y a quelques années à Isserpon, département de l'Allier. Mais le véritable minerai de cuivre est le sulfure double de fer et de cuivre, connu sous le nom de *cuivre pyriteux* et renfermant 35 de cuivre, 30 de fer et 35 de soufre. Il est en masses compactes ou cristallines, d'un jaune vif bronzé, presque toujours associé à la pyrite de fer, d'un jaune plus pâle. La gangue habituelle est le quartz et la roche encaissante du schiste argileux durci ; tels sont les gîtes de Saint-Bel (Rhône), Fahlun (Suède), Azordo (Vénétie), Huelva et Rio-Tinto (Espagne), de Rammelsberg (Hartz), les mines du Cornouailles, etc. La teneur de ces minerais dépend des proportions respectives des pyrites de fer mêlées au cuivre et des gangues terreuses qui l'accompagnent. La teneur maximum est celle du cuivre pyriteux pur., 35 de cuivre : mais en moyenne elle est rarement supérieure à 10 ou 12 pour 100, et souvent de 3 à 5 pour 100 à peine (Suède). Lorsque la pyrite de cuivre est simplement associée à de la pyrite de fer, ou mêlée de fer oxydulé magnétite ou spathique, on peut considérer le minerai comme pur. Il est classé dans les minerais impurs dès que la pyrite est arsénicale, ou mêlée de galène, de cuivre gris, d'oxyde d'étain, etc. La pyrite de cuivre pure est rarement argentifère, plus souvent on y trouve des traces d'or.

Dans certaines mines de cuivre, le cuivre pyriteux fait place, en partie ou en totalité, à un sulfure plus riche, la *Phillipsite,* appelée aussi *cuivre panaché*, à cause de ses teintes irisées. C'est une masse compacte, bronzée, non cristalline, formée de proportions variées de sulfure de cuivre et de fer. A la mine de Monte-Catini, en Toscane, où le cuivre panaché abonde, il est surtout mêlé de cuivre pyriteux. On trouve aussi le cuivre panaché au Chili.

Le type des minerais de cuivre impurs est le *cuivre gris;* c'est un sulfo-arséniure ou sulfo-antimoniure de cuivre, de plomb, de zinc, etc. Ces minerais sont toujours argentifères et souvent la valeur de l'argent dépassant celle du cuivre, on les considère plutôt comme minerais d'argent. Ils se rencontrent rarement en grandes masses ; on peut citer les mines du Colorado et de la Nevada, aux Etats-Unis ; Mouzaïa en Algérie, dans une gangue de fer spathique ; la haute vallée d'Anniviers dans le Valais en Suisse et plusieurs mines en Hongrie.

Outre cette classe de minerais impurs, il faut mentionner les *schistes cuivreux* du Mansfeld, en couche mince dans le terrain Permien. Au fond c'est du sulfure de cuivre en veinules dans le schiste bitumineux, seulement au cuivre sulfuré sont associés des sulfures divers de plomb, antimoine, zinc, nickel, fer, argent, molybdène, etc. Un gisement est connu à Puget-Téniers (Alpes-Maritimes).

Enfin tous les minerais oxydés ou sulfurés passent dans la catégorie des minerais communs ou impurs dès qu'ils sont mêlés à des minerais étrangers tels que la blende, la galène, la pyrite arsénicale, etc., que l'on ne peut complètement séparer par préparation mécanique. C'est même la classe la plus abondante des minerais ordinaires, celle qui a fait la fortune des mineurs de Cornouailles.

Plomb.

Le plomb est, après le fer, le métal le plus répandu et celui dont les minerais doivent atteindre le titre le plus élevé. La seule combinaison plombifère qui entre d'une manière notable dans la production est la *galène* ou sulfure de plomb ; en y joignant un peu de carbonate, on obtient la production totale. Toutes les galènes sont plus ou moins argentifères, mais pour qu'elles le soient d'une manière profitable, il faut que le titre de la galène dépasse $\frac{1}{2.000}$. Lorsque les filons de galène sont d'un abatage facile, la teneur de

$\frac{1}{20}$ de galène disséminé dans les gangues suffit à l'exploitation. La galène est un minéral assez commun ; il existe non seulement dans les terrains anciens, mais même dans les terrains de diverses autres formations. Dans le granite, dans le micaschiste, dans le schiste argileux, ou dans les grès anciens, il remplit des filons plus ou moins épais ; quelquefois il y est en amas. Dans les grès et les calcaires qui sont à l'étage inférieur de la formation secondaire, il est en couches ou en rognons irrégulièrement disséminés dans l'intérieur des couches. La galène se trouve abondamment en Angleterre, dans le Cumberland, dans le Shropshire, dans le Dumfrieshire ; en Espagne, elle existe dans le bassin de Guadalquivir, dans les régions des Sierra Nevada et Sierra Almagrera, dans la région de Carthagène.

Le *plomb carbonaté*, qui est après la galène le plus répandu des minerais de plomb, existe dans les mines qui renferment cette substance et aussi dans les gîtes de cuivre et d'argent. Les plus beaux cristaux viennent du Derbyshire, de l'Écosse, du Hartz, de Poullaouen, etc.

Les autres minerais de plomb sont plutôt des échantillons minéralogiques et comprennent le *plomb phosphaté*, le *plomb chromaté* et le *plomb sulfaté*.

Zinc.

Les principaux minerais exploités sont le minerai rouge, la calamine et la blende. Le *minerai rouge*, ou oxyde de zinc, essentiellement composé d'oxyde de zinc, doit sa coloration à la présence accidentelle d'une petite quantité d'oxyde de manganèse ; le minerai s'exploite dans l'État du New-Jersey (États-

Unis); exposé à l'air, il se change à sa surface en carbonate pulvérulent.

La *calamine* ou carbonate de zinc contient pure 52,02 de zinc; à l'état naturel, sa pureté est très variable; elle est ordinairement mélangée avec du sesquioxyde de fer, du carbonate de chaux, du sulfure de baryte, de l'argile et du silicate de zinc hydraté, du cadmium. La calamine se rencontre dans les terrains dévoniens, carbonifères et oolithiques, sous forme de filons, de couches, de vastes dépôts ou de poches. En Angleterre, dans le Somersetshire, le Derbyshire et le Cumberland, on en exploitait qui s'expédiait comme lest; on rencontre sur le continent des gisements nombreux de calamine parmi lesquels on peut citer ceux des environs de Liège, dans la vallée de la Meuse, celui de Moresnet dans le Limbourg belge, ceux de Silésie en Allemagne et de Carinthie en Autriche. Des gisements de calamine considérables existent dans le nord-ouest de l'Espagne, dans les Asturies, aux environs de Santander et dans la Biscaye; de même dans les provinces méridionales d'Alméria, de Grenade, de Malaga et de l'Andalousie.

Le *silicate hydraté de zinc* est désigné dans quelques ouvrages de minéralogie sous le même nom que la calamine ordinaire; il se trouve généralement mélangé en plus ou moins grande quantité dans le carbonate de zinc. Dès l'année 1859 on a commencé aux Etats-Unis à employer ce minerai dans la fabrication, et le métal qu'on en retirait était regardé comme très pur.

La *blende* ou sulfure de zinc, appelée aussi fausse galène, renferme pure 67,05 pour 100 de zinc et décrépite au feu. La blende pure est une rareté minéralogique, on la trouve dans l'Etat de New-Jersey (Etats-Unis); mais en général elle contient du sulfate de fer, du cuivre, du cadmium, du plomb, dont on la sépare par les lavages. On l'a longtemps rejetée sans en tirer aucun parti, parce qu'on ignorait les procédés par lesquels on peut retirer le métal ; aujourd'hui on s'en sert dans plusieurs endroits ; son gisement ordinaire est dans les terrains anciens. L'aspect du sulfure de zinc n'a rien de constant, il est plus ou moins brillant, d'une couleur qui varie du blond au brun foncé ; quelquefois aussi il est rougeâtre. Il est tantôt opaque et tantôt transparent, tantôt cristallin et tantôt compacte. Sa cassure offre généralement un éclat résineux. Blende est un mot allemand qui dérive du verbe blenden (aveugler, éblouir) ; on a appelé ainsi ce sulfure à cause de son aspect et de son éclat métallique. Watson raconte que de son temps les mineurs parvenaient quelquefois à vendre la blende pour du minerai de plomb à des fondeurs inexpérimentés.

Etain.

L'étain n'est exploité qu'à l'état d'*oxyde ;* son traitement est donc facile et le minerai peut être abattu à des titres inférieurs à ceux des métaux précédents. Cette substance est tantôt opaque et tantôt translucide et d'une couleur qui varie depuis le blanc jaunâtre jusqu'au brun noirâtre ; sa dureté est très grande, car elle fait feu sous le choc du briquet ; elle est aussi très pesante et sa densité est à peu près la même que celle du fer. Elle est souvent cristallisée et ses cristaux dérivent de l'octaèdre. L'oxyde d'étain fait partie des terrains les plus anciens ; il s'y trouve soit en filons, soit en amas, soit en filets, disséminés dans les roches comme un réseau ; les dépôts les plus considérables sont dans les granits, dans les schistes et dans les porphyres. Enfin on en trouve des quantités considérables dans certains terrains d'alluvion provenant de la désagrégation des roches plus anciennes, dans lesquelles il avait été primitivement déposé. Les minerais d'étain sont peu répandus : outre les mines de Cornouailles et du Devonshire (Angleterre), on n'exploite en Europe que quelques mines dans l'Erzgebirge, en Saxe et en Bohême. On trouve encore en Espagne quelques minerais dans la Galicie et dans la province de Zamora. En France, il en existe sur les côtes du Morbihan et dans le Limousin. Mais les gisements les plus riches et les plus étendus se trouvent dans la presqu'île de Malacca, dans l'île de Junck-Ceylan, et dans l'île de Banca, à l'est de Sumatra. Enfin il y en a aussi au Mexique.

Mercure.

Le mercure se trouve à l'état *natif* dans le sein de la terre ; il est disséminé sous forme de petites gouttelettes dans certaines roches et particulièrement dans des schistes ; il se réunit dans les fentes et dans les cavités, et c'est là qu'on le recueille. Il est trop peu abondant pour former nulle part la base d'une exploitation spéciale et on se contente de le ramasser dans les mines où on le rencontre en cherchant d'autres minerais.

Le minerai principal est le *mercure sulfuré* ou cinabre, qui peut renfermer environ 85 parties de métal. Il est d'un beau rouge, mais il est souvent mélangé avec diverses substances, et notamment avec du bitume, qui le rendent brun ; on le rencontre généralement dans des terrains de formation secondaire, soit en amas, soit en filons ; il ne forme qu'un très petit nombre de gisements et surtout de gisements dignes d'exploitation. Les trois principales mines du monde entier sont Almaden (Espagne), Idria (Autriche), et New-Almaden (Californie). Il en existe en Chine qui, suivant les rapports des missionnaires, donnent lieu à des travaux fort suivis.

Antimoine.

L'antimoine existe dans divers minéraux, il y en a même de natif, mais le seul minéral qui soit exploité comme minerai est le sulfure. Il contient 74 pour 100 de métal. Il est très brillant, d'une couleur gris de plomb et cristallisé en forme de prismes. Il se présente accidentellement dans plusieurs filons métallifères, mais ses gisements spéciaux sont assez rares ; ce sont des filons situés dans les terrains anciens. On l'exploite en Saxe et dans la Hartz, en Espagne, en France, en Sibérie et au Mexique.

Manganèse.

Le manganèse s'exploite dans la plupart des pays, mais ne donne lieu à aucun traitement métallurgique spécial ; toutefois il intervient aujourd'hui dans les lits de fusion de hauts-fourneaux produisant les ferro-manganèses. Le manganèse fait partie d'un assez grand nombre de minéraux, mais on n'exploite que deux oxydes, le *peroxyde* et l'oxyde *hydraté*. Le premier renferme 36 pour 100 d'oxygène, le second 26 pour 100 ; ces deux oxydes sont très différents, mais ils sont fréquemment mélangés ensemble. La couleur du premier est le gris-foncé et son éclat est métalloïde, il est fréquemment cristallisé et presque toujours il montre dans sa cassure un groupement d'aiguilles minces et brillantes. Le second est d'un noirbrunâtre, il est très rarement cristallisé et il se trouve soit en concrétions mamelonnées, soit en particules pulvérulentes et terreuses. On trouve ces deux oxydes de manganèse dans les terrains de tous les âges, même dans les terrains tertiaires et dans les terrains volcaniques. Le peroxyde est le plus commun ; il se trouve principalement en couches et en amas dans les terrains primitifs.

Il existe en France une mine très abondante, celle de Romanèche, près de Mâcon, qui est située dans une masse de porphyre épanchée dans une couche de grès de la partie inférieure de l'étage secondaire. On connait d'autres mines de manganèse en France, au Piémont, dans le Devonshire, dans le Nassau, dans le pays de Siegen, en Espagne, en Portugal, en Turquie d'Asie.

Cobalt.

Le cobalt appartient aux terrains anciens, il s'y trouve en général en filons ou en amas ; il y a cependant du cobalt arsénical en petite quantité jusque dans la partie inférieure du terrain secondaire. Il n'y a que deux minerais dont on retire ce métal et qui sont tous deux des combinaisons de l'oxyde avec l'arsenic. Le *cobalt arsénical* est un minéral brillant, d'un blanc d'argent, aigre et cassant ; il contient pur 28 pour 100 de cobalt. Le *cobalt gris*, qui est l'autre minerai, diffère principalement de celui-ci en ce qu'il est plus lamelleux ; il est beaucoup plus rare que le précédent et n'est exploité que dans deux ou trois localités. On exploite les minerais de cobalt à Siegen, à Iserlohn (Allemagne), à Joachimsthal (Autriche), à Neusahl (Hongrie), à Chalfeld (Thuringe), à Schladming (Styrie), en Suède, en Norwège et aux États-Unis.

Nickel.

Le nickel se trouve dans un grand nombre de minéraux, mais aucun de ces minéraux n'est commun, sauf la garniérite, dont nous parlons plus loin. Jusqu'à présent on le rencontrait dans les mines de cobalt, et il était assez difficile d'en extraire le nickel. Une particularité remarquable, c'est que le nickel se trouve constamment avec le fer dans les pierres qui tombent du ciel : ce métal appartient donc probablement à d'autres mondes que le nôtre. Avant qu'on n'eût exploité le minerai de nickel en Nouvelle-Calédonie, on trouvait ce minerai dans le *duché de Nassau* : les mines d'Hilfe-Gottes, dans le Weyerkek, près Naugenbach, alimentaient l'usine de Dillenbourg : en Saxe les mines des districts de Marienbourg et de Schwarzenberg en fournissaient. La principale exploitation de nickel en Suède est située dans les environs de Christiania : on en extrait en Angleterre dans le Cornouailles et en Pensylvanie (États-Unis). Enfin, en 1863, J. Garnier a découvert le minerai de nickel qui porte le nom de *garniérite* dépourvu de cobalt, en Nouvelle-Calédonie : c'est un *silicate de nickel* à gangue ferrugineuse ou quartzeuse. Comme la garniérite ne contient aucun sulfure et que son traitement est le même que celui du fer, le nickel, qui se vend actuellement huit ou dix francs le kilogramme, baissera de prix forcément.

Bismuth.

Le bismuth se trouve à l'état *natif* dans quelques filons exploités pour l'argent ou pour d'autres métaux ; on le trouve aussi à l'état d'*oxyde* et de *sulfure*, mais c'est principalement des minerais où il se trouve

à l'état métallique qu'on l'extrait. C'est la Saxe qui
livre la presque totalité du bismuth employé dans les
arts, bien qu'on en trouve des minerais dans d'autres
contrées de l'Allemagne, en Suède et en France.

Chrome.

L'oxyde de chrome se rencontre à l'état naturel,
mais il est fort rare ; celui dont on se sert dans les
arts et depuis peu dans la métallurgie de l'acier, vient
d'un minéral dans lequel l'oxyde de chrome se trouve
dans un certain état de combinaison avec l'oxyde de
fer ; le minéral contient jusqu'à moitié de son poids
d'oxyde de chrome, il est en masses informes et à cassure raboteuse, d'une couleur brun-noirâtre ; on le
trouve dans les terrains anciens. On en a trouvé des
gisements importants en Turquie d'Asie et en Nouvelle-Calédonie.

Arsenic.

L'arsenic métallique, ainsi que son oxyde, se trouvent dans plusieurs filons appartenant aux terrains
anciens ; l'arsenic *métallique* est particulièrement découvert en rapport avec les minerais d'argent, et
l'oxyde qui est beaucoup plus rare avec ceux de
cobalt. Le *réalgar* ou sulfure rouge existe aussi dans
les terrains anciens ; quant à *l'orpiment* ou sulfure
jaune, sa formation est plus moderne, on le rencontre
dans les terrains secondaires et dans les terrains volcaniques. On travaille l'arsenic à Salzbourg, district
de Hall en Bohême, à Joachimsthal, à Felsobanga,
dans la Haute-Hongrie, et à Marienbourg en Saxe.
Les mines du Cornouailles en produisent une quantité
assez importante s'élevant à près de 1,600 tonnes par
an.

CHAPITRE III.

Mines de la France.

Mines d'or.

On sait que l'ancienne Gaule était célèbre par la production de l'or, et le nom d'Aurières, que portent plusieurs localités, rappelle le souvenir d'anciennes exploitations de ce métal. Le plus souvent, l'or s'extrayait des sables de diverses rivières par le procédé de l'orpaillage ; la Jordane, en Auvergne, le Rhône, l'Arve, le Gier et la plupart des autres torrents des Alpes étaient très renommés sous ce rapport. Dans la région des Pyrénées, la Garonne, l'Ariège et presque tous ses affluents, le Tech, le Tet, etc., avaient une réputation plus considérable. Du reste, l'industrie de l'orpaillage a été pratiquée aussi bien en Auvergne et dans le Limousin qu'en Languedoc ; dans le pays de Foix, dans le Roussillon, dans le Dauphiné et en Savoie, au moins jusque vers le milieu du siècle dernier. L'orpaillage ne donne plus que des produits insignifiants, et l'on peut se demander si la composition des sables alluvions ne s'est pas modifiée, puisque cette industrie des orpailleurs, autrefois si répandue, a totalement cessé d'exister. A diverses époques, on a aussi retiré de l'or de plusieurs minerais d'étain, de cuivre, d'arsenic, de zinc ou de plomb. On a également travaillé de véritables mines d'or, notamment à Isturitz (Basses-Pyrénées), à Saint-Martin-la-Plaine (Loire), etc. Un peu avant 1763, le métal précieux ayant été découvert par des paysans au lieu de Lagardette (arrondissement de Grenoble), le comte de Provence, à qui la nouvelle mine fut concédée, y fit exécuter des travaux qui, commencés en 1776 et poursuivis jusqu'en 1788, produisirent pour 7,662 livres d'or avec une dépense de 30,282 livres; une seconde tentative, entreprise en 1837 et abandonnée en 1841, a été plus malheureuse encore. On a signalé ces derniers temps des filons d'or dans les Alpes : on sait que l'or n'y est pas rare, le principal est de savoir si là où on en signale la présence il se trouve en quantité suffisante pour donner lieu à une exploitation fructueuse.

Mines d'argent.

A part quelques gisements peu nombreux, tels que ceux de Chalanche, commune d'Allemont (Isère), et de Melle (Deux-Sèvres), qui, mis en travail à diverses reprises, sont abandonnés aujourd'hui, l'argent est généralement associé au minerai de plomb, de cuivre, de zinc et d'antimoine. Celui que fournissent les mines françaises provient donc de celles de ces différents métaux. On évalue à 46,000 kilogrammes, correspondant à 10 millions de francs, la production des usines françaises; mais la plupart de cet argent provient de minerais étrangers importés.

Mines de fer.

La plupart de nos gîtes ferrifères paraissent avoir été connus et travaillés bien longtemps avant l'ère chrétienne ; les faits cités par César à propos du siège de Bourges sont des plus concluants. Comme les Romains élevaient des terrassements pour attaquer la place, les assiégés minaient ces ouvrages au moyen de galeries souterraines, qu'ils établissaient avec d'autant plus de facilité que l'exploitation des mines de fer leur rendait familier ce genre de travail. Suivant

le même écrivain, les mines gauloises fournissaient le
fer en assez grande quantité pour que les Vénètes,
habitants des côtes de l'Océan, eussent imaginé d'en
forger des chaînes pour amarrer leurs navires, qui
pouvaient ainsi résister aux tempêtes, tandis que les
vaisseaux romains éprouvaient de fréquents désastres
parce que les câbles de chanvre qui servaient à les
retenir se coupaient contre les parties angulaires des
rochers. Les nombreux tas de scories, appelés crassiers
ou ferriers, que l'on rencontre dans une foule de ces
régions sont une autre preuve de l'importance donnée
de bonne heure à ces gisements. Beaucoup ne remontent pas au moyen âge, mais dans quelques-uns on a
trouvé des médailles romaines appartenant au temps
écoulé entre la conquête de César et les invasions des
barbares. D'autres enfin que l'on a surtout signalés
dans l'Aube, dans l'Yonne et dans la Dordogne, sont
vraisemblablement plus anciens ; ce qui le fait présu-
mer, c'est la transformation de leur partie superficielle en une couche de terre végétale assez épaisse, et
aussi la richesse en fer des matières qui les composent, richesse qui est parfois de 60 pour 100 du
métal, ce qui dénote une industrie dans l'enfance.
Ajoutons que certains ferriers attribués aux Gaulois
constituent des monticules occupant jusqu'à 300 et
même 400 mètres carrés de terrain, sur une hauteur
de 10 à 12 mètres. A l'aspect de pareilles quantités de
scories, on se demande quelle longue suite d'années il
a fallu pour les produire à des hommes qui n'avaient
d'autre force que celle de leurs bras, un outillage rudimentaire, et qui surtout n'exploitaient le fer que pour
fabriquer des armes, des instruments grossiers et parfois des chaînes de navires.

De tous les minerais de fer, ce sont les *minerais de
fer hydroxydé* qui, par l'importance de leur extrac-

tion, jouent le principal rôle dans notre métallurgie, et parmi eux le premier rang appartient à l'hématite brune, au fer oolithique, au fer pisolithique, et au fer oxydé hydraté proprement dit.

L'*hématite brune*, généralement pure et manganésifère, est souvent associée au fer spathique ; c'est dans le département de l'Ariège que se trouvent les principaux gisements. Le plus important est celui de Rancié, près de Vic-Dessos (arrondissement de Foix), où il constitue presque en entier une montagne haute de 1,600 mètres au-dessus de la mer, et de 600 mètres au-dessus du village de Seur. Le minerai y est en amas ou en colonnes dont quelques-unes sont reconnues sur des hauteurs de 600 à 700 mètres dans le sens de l'inclinaison avec une épaisseur variant de 3 mètres 80 à 20 et 25 mètres. Commencée avant le XIIe siècle, l'exploitation n'a jamais été interrompue ; on évalue à plus de 4 millions de tonnes la quantité de minerai qui en a été enlevée jusqu'à présent. Des dépôts de même nature que celui de Rancié et peut-être tout aussi puissants existent à la base et autour du massif du Canigou, dans les Pyrénées-Orientales, notamment sur le territoire des communes de Corsaro, Taulis, etc. (arrondissement de Céret), Escaro, Sahorre, Tauringa, etc. (arrondissement de Prades). Il y en a aussi de nombreux dans l'Aude, l'Aveyron, l'Ille-et-Vilaine, le Tarn, les Basses-Pyrénées, l'Ardèche, l'Orne, l'Indre, le Lot-et-Garonne. Plusieurs sont exploités, d'autres ne tarderaient pas à l'être si l'industrie le réclamait ; les voies de communication seules feraient défaut dans les pays montagneux.

Dans le bassin de la Moselle et de la Meurthe, le *fer oolithique* forme un gisement puissant qui s'étend depuis le Luxembourg jusqu'au-delà de Nancy sur une longueur de plus de 100 kilomètres et dont la puissance varie de 2 à 35 mètres. Il y a quarante ans, ce gisement donnait lieu à une exploitation considérable qui a été plus que décuplée de nos jours. Une partie est passée entre les mains de l'étranger, mais ce qui reste dans le département de Meurthe-et-Moselle offre d'immenses ressources à l'industrie nationale et fait de ce département le premier de France pour la production de la fonte.

Le minerai oolithique s'exploite dans d'autres départements, notamment dans les Vosges, la Haute-Saône, la Saône-et-Loire, l'Ain, la Côte-d'Or, l'Aube, le Jura, la Haute-Marne, l'Isère, la Vendée, l'Ardèche, la Savoie, l'Aveyron, les Ardennes et la Meuse.

Le *minerai pisolithique*, ou minerai en grains proprement dit, est plus commun encore que l'oolithique. Il constitue de nombreux gisements presque superficiels, en général de faible épaisseur, mais couvrant parfois des espaces énormes, et où il remplit des cavités où il est ordinairement mélangé à l'argile. On exploite de temps immémorial, dans le Cher, l'Indre, la Nièvre, le Doubs, la Haute-Saône, la Côte-d'Or, la Dordogne, le Lot-et-Garonne, etc. Dans plusieurs gisements, il est accompagné de fer peroxydé et d'hématite brune, et c'est avec des mélanges de ces minerais que se font les fers du Berry et du Nivernais.

Le fer *oxydé hydraté* est très abondant et se trouve souvent associé aux précédents ; on le rencontre surtout dans l'Aveyron, la Charente, les Côtes-du-Nord, la Dordogne, l'Eure, le Gard, l'Ille-et-Vilaine, le Lot, les Landes, le Lot-et-Garonne, le Morbihan, la Mayenne, la Sarthe, le Nord et le Pas-de-Calais.

Les *minerais de fer peroxydé* existent dans les Vosges, aux Pyrénées et ailleurs ; mais les principaux sont ceux de la Voulte et de Privas, dans l'Ardèche. Dans ces deux localités, le minerai appartient à la variété concrétionnée ou *hématite rouge*. Le gisement de la Voulte a une épaisseur de 12 mètres divisée en trois assises par des roches stériles ; il parait former une lentille, dont la longueur aux affleurements est de 1,600 mètres. Celui de Privas a 8 mètres 1/2 d'épaisseur ; ses affleurements s'étendent sur une longueur de 5 kilomètres, mais on suppose que les dimensions de la partie exploitable ne dépassent pas 2,000 mètres dans le sens de la direction et 1,100 mètres suivant l'inclinaison. On extrait aussi l'hématite rouge dans l'Ariège, l'Aveyron, l'Indre, le Nord, le Calvados, etc.

Parmi les autres variétés de peroxyde de fer, une seule, la *mine rouge en roche*, présente des gisements exploitables ; ils sont situés dans l'Ain, la Côte-d'Or, la Nièvre et Saône-et-Loire.

Les *mines de fer carbonaté*, qui se divisent en fer spathique et en fer carbonaté lithoïde, sont abondantes en France. Le *fer spathique* a ses gîtes les plus puissants dans les départements de l'Isère et de la Savoie ; dans l'Isère, ils sont particulièrement concentrés sur les flancs de la chaîne du Bellodonne, depuis la vallée de l'Arc jusqu'aux gorges de la Romanche. Les principaux se montrent aux environs d'Allevard, de Vizille et d'Anticol, où ils sont exploités depuis un temps immémorial. Les fers spathiques de la Savoie sont en général manganésifères, on en connaît un grand nombre de gisements, tels que ceux de Bonneval, Orelle, Saint-Julien, Saint-Alban d'Hurtières, Montendry, Arvillard, Noguillon, les Gorges, Mont-Gilbert, etc. ; mais le gîte le plus important est celui de Saint-Georges d'Hurtières, près d'Aiguebelle, sur la ligne du chemin de fer du Mont-Cenis, dont l'exploitation longtemps dirigée sans vues d'ensemble est entrée dans une voie nouvelle depuis la réunion des gisements en une seule concession. D'autres dépôts du même minerai existent près de Modane, sur une foule de points de la chaîne des Pyrénées, surtout dans le massif du Canigou, où il accompagne l'hématite brune.

Le *fer carbonaté lithoïde* se présente en rognons ou en couches peu étendues dans plusieurs des bassins houillers ; mais il n'est guère exploité que dans celui d'Aubin (Aveyron) et à Palmesalade (Gard).

Les *mines de fer magnétique* sont plus rares que les précédentes ; on en extrait dans la vallée de Carol, à l'extrémité Sud-Ouest des Pyrénées-Orientales. Dans le département du Var, la vallée de Calabrières renferme un filon de fer oxydulé d'une grande pureté et d'une épaisseur de 1 à 4 mètres, qui, négligé longtemps faute de bonnes routes, a été entamé ces derniers temps par des travaux sérieux. Un minerai analogue se présente en amas assez puissants à Combenègre (Aveyron). Un autre gisement, composé de magnétite et d'oligiste, forme à Diélette, commune de Flammanville, à 20 kilomètres de Cherbourg (Manche), plusieurs filons en couches. On a reconnu à l'Est les six affleurements du récif de Laroque, qui forme ce que l'on appelle la vallée du Guerfa, et de l'autre côté, à l'Ouest de la vallée, on a reconnu sur les roches de Dion quatre couches de plus en plus puissantes. La puissance des couches varie de 1 mètre 50 à 12 mètres. On a foncé un puits de 100 mètres de profondeur qui communique avec une galerie à double voie ferrée s'avançant sous la mer jusqu'à 246 mètres. Ce gisement de Diélette aura sous peu une grande valeur, dès que les mines étrangères qui exportent en France commenceront à s'épuiser.

On a également constaté l'existence du fer oxydulé en Corse, en Savoie et dans les Basses-Pyrénées. Enfin de riches dépôts de ce même minerai ont été retrouvés près de Segré (Maine-et-Loire) ; ces dépôts s'étendent sur une longueur de plusieurs kilomètres et offrent des couches de 1 à 8 mètres de puissance.

Le nombre des gisements ferrifères exploités a nécessairement varié dans le cours des âges, suivant les modifications qu'a subies l'industrie du fer. Ainsi en 1835, 60 mines et 2,395 minières étaient en travail, tandis qu'en 1869, on comptait 81 mines et seulement 343 minières, et cependant la production s'était élevée de 2,013,472 à 3,320,664 tonnes. Ces fluctuations proviennent de la nécessité reconnue par les exploitants de concentrer de plus en plus leurs efforts sur les principaux gisements, d'autre part de l'abandon de nombreux points d'extraction. Les derniers relevés donnent 284 mines ou minières réparties entre 36 départements et ayant une superficie totale de 128,090 hectares ; quant à la production, elle était de 3,032,000 tonnes soit en minerais bruts, soit en minerais enrichis par les lavages, les triages et autres préparations. La valeur de ces minerais a dépassé 15 millions de francs, et le nombre des ouvriers employés a été de 8,600 touchant un salaire de 11 millions.

Les départements, au point de vue de la *production*, peuvent se diviser en trois classes. La première classe ne comprend que le département de Meurthe-et-Moselle qui, avec 31 mines et 11 minières, a fourni 1,795,696 tonnes de minerai oolithique et 1,500 tonnes de fer hydroxydé terreux. Dans la seconde classe, l'Ardèche a donné 197,000 tonnes de fer oligiste lithoïde provenant de trois mines : la Haute-Marne, avec 3 mines et 23 minières, a produit 169,000 tonnes de minerai hydroxydé oolithique ou géodique. Dans la Saône-et-Loire, on a tiré 162,000 tonnes de minerai oolithique des deux mines de Mazenay et de Change (société du Creusot). Les Pyrénées-Orientales, où 40 mines et 11 minières ont été travaillées, fournissaient 133,000 tonnes en partie de fer hydroxydé, et partie de fer carbonaté spathique et de magnétite. Quant au Cher, il ne possède qu'une quinzaine de minières d'où l'on a extrait 100,000 tonnes de minerai en grains ou en géodes. La troisième classe se compose des départements suivants : le Gard avec 86,600 tonnes de minerai hydroxydé ou de fer spathique ; l'Ariège avec 45,000 tonnes d'hématite rouge, d'hématite brune et de magnétite ; le Pas-de-Calais avec 37,000 tonnes de minerai hydroxydé ; l'Aveyron avec le même poids d'hématite brune et d'hématite rouge ; le Calvados avec 36,000 tonnes d'hématite rouge ; la Savoie avec 36.000 tonnes de fer spathique.

Parmi les départements où le fer est exploité, 13 environ absorbent la totalité du minerai qu'ils produisent. Les principaux départements qui exportent en totalité ou en partie les produits de leurs mines et de leurs minières, sont : le Cher, qui alimente l'Allier, la Nièvre et l'Indre-et-Loire ; le Doubs, qui envoie dans la Haute-Saône et Saône-et-Loire ; l'Ille-et-Vilaine, qui expédie dans les Côtes-du-Nord et en Angleterre ; la Haute-Marne, qui fournit au Nord, à la Meurthe-et-Moselle et à la Belgique.

Mines de plomb.

Ce sont, après les mines de fer, les plus nombreuses en France ; le minerai, presque toujours argentifère, forme des filons ou des filons-couches d'une grande puissance qui traversent de vastes espaces dans les Vosges, dans la pointe de Bretagne, dans le plateau central, dans les Alpes et dans les Pyrénées. Beaucoup de ces filons ont été travaillés dans les temps les plus anciens ; tels sont entre autres ceux des environs de Villefranche et de Millau dans l'Aveyron ; de l'Argentière dans l'Ardèche et les Hautes-Alpes ; de Vialas dans la Lozère ; de Confolens dans la Charente ; de Mâcot dans la Savoie ; de Pontgibaud dans le Puy-de-Dôme ; de Huez dans l'Isère. La présence de la galène argentifère a été reconnue dans plus de 400 localités disséminées un peu partout. Elle est exploitée dans quatorze départements et fournit 12,300 tonnes de minerai d'une valeur totale de 2,928,000 francs. Ce minerai provient de 18 mines, dont les plus productives sont celles de Pontpécut dans l'Ille-et-Vilaine ; de Pontgibaud dans le Puy-de-Dôme ; de Villefranche dans l'Aveyron ; de Seintein dans l'Ariège ; et de Vialas dans la Lozère. Sur 12,300 tonnes, 10.800 sont propres à la fusion et 1,500 sont laissées sur le carreau de la mine sans préparation.

Mines de cuivre.

On connaît plus de 200 gîtes pouvant donner du cuivre ; le métal s'y trouve quelquefois seul, le plus souvent associé, soit à l'argent ou à la galène argentifère, soit aux deux métaux en même temps. Les principaux sont disséminés dans les Hautes et les Basses-Pyrénées, l'Ariège, l'Aude, l'Hérault, le Gard, le Tarn, l'Aveyron, le Rhône, la Lozère, la Loire, la Haute-Loire, le Puy-de-Dôme, l'Isère, le Var, l'Allier, la Savoie, la Vendée, le Haut-Rhin-Belfort, les Hautes-Alpes, la Corse, les Alpes-Maritimes, la Haute-Savoie. Plusieurs ont été exploités pendant la période gauloise et dans les siècles qui suivirent, notamment à Baigorry (Basses-Pyrénées), à Rozières (Tarn), à Chessy (Rhône), au Goffre (Ariège), à Cabrières (Hérault), etc., où l'on a découvert à diverses époques des preuves matérielles d'une extraction importante. Presque tous sont actuellement abandonnés ; les célèbres mines de Chessy, Sainbel et Sourcieux dans le département du Rhône, si productives autrefois, ne renferment plus guère aujourd'hui que de la pyrite de fer, ce minerai s'étant substitué peu à peu à celui de cuivre. Quatre mines peu importantes situées dans les départements des Alpes-Maritimes, de la Savoie, du Var et des Basses-Pyrénés sont seules exploitées et donnent 5,800 tonnes de minerai préparé propre à la fusion et 2,350 tonnes de minerai très pauvre non préparé, le tout ayant une valeur de 236,000 francs.

Mines de zinc.

La blende est assez commune en France, mais encore peu exploitée ; on la rencontre surtout dans l'Ariège, l'Aveyron, l'Isère, la Haute-Garonne, les Hautes-Pyrénées, le Var, la Charente, la Savoie et l'Ille-et-Vilaine, où elle est souvent accompagnée de plomb argentifère. Quant à la calamine, on a cru pendant longtemps que notre pays n'en possédait pas de gisements importants : mais dans ces dernières années, on en a reconnu plusieurs dans l'Ariège, le Lot, le Gard, l'Ardèche, la Vienne et les Côtes-du-Nord. En 1869, on exploitait les gisements zincifères dans trois départements, Ille-et-Vilaine, Var, Hautes-Pyrénées, et la production ne dépassait pas 1192 tonnes. Aujourd'hui les deux minerais zincifères sont exploités dans le Gard, l'Ariège, l'Ille-et-Vilaine, les Basses et les Hautes-Pyrénées. Le poids du minerai préparé s'élève à 3,000 tonnes d'une valeur totale de 390,000 francs ; plus de la moitié de cette production est fournie par le Gard qui, à lui seul, compte 7 mines en activité.

Mines d'étain.

Les minerais de ce métal constituent des gisements d'une grande valeur dans plusieurs régions de la France et ont été, dans des temps très reculés, l'objet d'une exploitation considérable. Ainsi aux environs de Vaulry, dans la Haute-Vienne, où l'étain oxydé est disséminé dans de puissants filons quartzeux en compagnie du wolfram, du mispickel, du fer arséniaté, du cuivre natif, du molybdène sulfuré, de l'urane phosphaté, etc., il existe de vastes excavations qui ont été ouvertes en vue d'une extraction minérale, ainsi que le prouvent les amas de scories situés dans le voisinage, et dont l'origine remonte à l'époque romaine ou plutôt à l'époque gauloise. Des fouilles semblables se voient dans des filons d'étain quartzeux près de Saint-Yrieix, dans le même département, et de Montebras (Creuse), ainsi que sur un grand nombre de points du département de la Haute-Vienne. Les principaux gisements stannifères de la France sont ceux de Vaulry, Cieux, Ambazac, etc., dans la Haute-Vienne ; Montebras, Ceyroux, Bénévent, etc., dans la Creuse ; Piriac, Guérande et Pénestin dans la Loire-Inférieure ; la Villeder dans le Morbihan ; Pontgibaud dans le Puy-de-Dôme. Aucun n'était exploité en 1881, mais on préparait une exploitation à la Villeder. Notons qu'il n'existe que des renseignements très confus sur les gisements stannifères et qu'on ne connait que la partie superficielle de la plupart d'entre eux.

Mines de manganèse.

Le manganèse, si recherché depuis quelques années pour la fabrication des fontes de qualité, a été reconnu dans une quarantaine de gisements, où il se trouve à l'état de peroxyde, et qui sont souvent situés pour la plupart dans les départements de l'Allier, des Alpes-Maritimes, de l'Ariége, de l'Aude, du Cher, de la Dordogne, de la Haute-Garonne, de la Haute-Saône, de la Haute-Savoie, des Hautes-Pyrénées, de l'Hérault, de la Mayenne, du Rhône, de Saône-et-Loire et du Tarn. En 1865, on l'exploitait dans les trois départements de l'Ariége, de Saône-et-Loire et du Tarn. Dans les années suivantes, le nombre des siéges d'exploitation a beaucoup varié: aujourd'hui l'exploitation a lieu dans Saône-et-Loire, l'Aude, l'Allier et les Hautes-Pyrénées. Les mines au nombre de huit ont produit 13,700 tonnes d'une valeur de 492,000 francs, dont prés des neuf dixièmes ont été tirés des mines de Romanèche et de Grand-Filon, prés Mâcon (Saône-et-Loire).

Mines d'antimoine.

L'antimoine à l'état sulfuré a des gisements plus ou moins importants dans 75 localités. Les principaux se trouvent dans l'Allier, l'Ardèche, l'Aude, l'Aveyron, la Corse, la Creuse, le Cantal, le Gard, la Loire, la Haute-Loire, la Lozère et le Puy-de-Dôme. Depuis 1864 l'exploitation n'a été régulière que dans trois départements, le Cantal, la Corse et la Haute-Loire. La production qui n'était alors que de 126 tonnes, d'une valeur de 15,133 francs, s'est élevée en 1881 à 1632 tonnes valant 306,725 francs provenant de 11 mines situées en Corse, dans la Corrèze, le Cantal, la Vendée et la Haute-Loire.

Mines de mercure.

Tout le mercure employé en France vient d'Espagne ou d'Autriche; cependant il en existe des gisements à Faybillot, aux environs de Bourbonne-les-Bains

(Haute-Marne), à Saint-Arey (Isère) et à Ménildot
(Manche). Ce dernier a été exploité à plusieurs époques, de 1730 à 1742 notamment, mais il est abandonné
depuis 1870. On sait encore que ce métal existe dans
des terrains des environs de Montpellier ; enfin il a
été découvert en 1877 dans les eaux minérales de
Saint-Nectaire (Puy-de-Dôme).

Mines de bismuth.

On n'a guère signalé de bismuth qu'aux environs
d'Arles, dans les Pyrénées-Orientales, à Mellas, et
dans les montagnes de Raye, dans la Haute-Garonne
et près de Meymac, dans la Corrèze. Il n'est l'objet
d'aucune exploitation ; mais on exécute des travaux de
recherches dans cette dernière localité.

Mines de nickel et de cobalt.

Le nickel et le cobalt ne paraissent exister que sur
une douzaine de points. Le cobalt abonde surtout
dans les mines d'argent des Vosges et de l'Isère ; on
le trouve aussi dans la Dordogne et les Hautes-Pyrénées. Quant au nickel, c'est dans l'Isère qu'il est le
plus répandu ; sa présence a été également signalée
dans la Savoie, le Cantal et les Pyrénées. Les minerais
de ces métaux ne figurent point depuis 1869 dans les
statistiques, mais en 1865, 1866 et 1868 la mine argentifère des Chalenches (Isère) en avait fourni quelques
quintaux.

Les conclusions à tirer de ce qui précède, c'est que
la France n'est pas aussi pauvre qu'on serait tenté de
le croire en métaux autres que le fer. Si parmi les
mines qu'on travaillait anciennement, beaucoup ont
été abandonnées par suite de l'épuisement de gîtes, un

plus grand nombre peut-être ont dû leur délaissement, soit à l'inexpérience ou à l'impuissance des exploitants, soit au défaut de communications faciles, soit au peu de constance apportée dans la direction des travaux. Il est permis de croire que nos mines métalliques pourraient aujourd'hui mieux que jamais être utilement travaillées, laissant aux populations comme à l'Etat une grande partie des sommes que nous payons au commerce étranger. Il existe encore d'autres substances plus ou moins abondantes en France que nous allons examiner sommairement.

Mines de plombagine.

Il n'existe que quelques gites de graphite et ils ne présentent pas d'importance. Ceux que l'on connait forment cinq concessions, dont trois dans les Hautes-Alpes (le col du Chardonnet, la Côte-Péallas, Fréjus), une dans l'Indre (Eguzon), et une dans l'Aveyron (Trémouilles). Une seule mine des Hautes-Alpes est exploitée d'une manière intermittente ; en 1873, dernière date de renseignements officiels, elle a donné deux tonnes de graphite valant 80 francs.

Mines de pyrites.

La pyrite de fer se compose essentiellement de soufre et de fer, aucun minerai n'est aussi commun, car il y en a dans presque toutes les roches, mais il constitue rarement des masses assez importantes pour donner lieu à une exploitation avantageuse. On ne les exploite par pour le fer, du moins avant d'avoir pu en chasser la majeure partie du soufre, car aujourd'hui les hauts-fourneaux consomment les résidus épuisés des pyrites de fer. Pendant des siècles, on a utilisé les pyrites pour la préparation de l'alun et du sulfate de fer, ce n'est que depuis 30 ans qu'on les travaille pour obtenir le soufre nécessaire à la fabrication de l'acide sulfurique. Deux gisements ont une valeur exceptionnelle, on les appelle groupe du Rhône et groupe du Gard et de l'Ardèche. La surface du premier qui a plus de 40 kilomètres carrés, ne présente que deux concessions d'une étendue à peu près égale ; ce sont les concessions de Sain-Bel, dit aussi de Sourcieux, sur la rive droite de la Brevenne, dans l'arrondissement de Lyon, et celle de Chessy sur la rive gauche de la même rivière, dans l'arrondissement de Villefranche. Ces gisements se développent parallèlement à la Brevenne en suivant une direction Sud-Ouest, Nord-Est. L'exploitation est concentrée dans le groupe de Sain-Bel et s'y divise en deux régions séparées par un étranglement stérile, et dans l'une desquelles ce minerai est riche à 46 pour 100 de soufre, tandis que dans l'autre cette richesse s'élève jusqu'à 50 et 53 pour 100.

Le second groupe se compose d'un assez grand nombre de gisements qui s'allongent dans les départements du Gard et de l'Ardèche, suivant une ligne presque droite dont l'orientation est la même que celle des gisements du Rhône ; on y a établi douze concessions. Les gisements les plus importants du Gard sont ceux de Saint-Julien-de-Valdagnes et du Soulier, dans l'arrondissement d'Alais, qui fournissent un minerai riche de 45 à 50 pour cent de soufre. Dans l'Ardèche, le plus important est celui de Sayons, qui s'étend dans les arrondissements de Privas et de Tournon et dont la pyrite renferme de 45 à 50 pour 100 de soufre. Les pyrites de ces gisements suffisent aux neuf-dixièmes de la consommation de notre industrie. En 1865, la production était de 37,061 tonnes valant 498,798 fr., elle est aujourd'hui de 180,339 tonnes valant 2,920,700 fr.

Mines de soufre.

Le soufre natif ne forme que des dépôts sans importance en France. Jusqu'à présent, la seule mine des Tapets a été l'objet d'une concession qui date de 1857; son périmètre comprend une partie du territoire des communes d'Apt et de Saignon (Vaucluse). Le soufre y imprègne une couche de calcaire marneux ayant une épaisseur moyenne de 0^m 50 et une teneur de 20 à 25 pour 100 de soufre. Des travaux paraissent y avoir été exécutés d'assez bonne heure, mais les résultats n'en ont été publiés que fort tard, et ils ne figurent dans les statistiques officielles que depuis 1870. La production, en 1870, était de 1,200 tonnes valant 18,689 francs; en 1875, de 4,900, valant 70,609 francs; elle est aujourd'hui de 3,262 tonnes valant 65,240 fr.

Mines d'arsenic.

Les gîtes arsénifères qui peuvent exister en France n'ont donné lieu jusqu'à présent qu'à deux concessions distinctes, l'une de 52 hectares, l'autre de 499 hectares; la première, appelée Baubertie, est comprise en entier dans la commune d'Anzat-le-Luguet, arrondissement d'Issoire (Puy-de-Dôme). L'autre, dite des Espeluches, s'étend d'une part sur la commune de Saint-Martin-d'Ollières, même arrondissement, et d'autre part sur la commune de Saint-Hilaire, arrondissement de Brioude (Haute-Loire). Toutes les deux fournissent du mispickel, minerai essentiellement composé de soufre, d'arsenic et de fer, et assez souvent argentifère, cobaltifère et même cuprifère. Le chiffre assez faible de la production ne nous est pas connu. La plus grande partie de l'arsenic consommé en France provient de la Bohême, de la Haute-Hongrie, de la Saxe et de la Grande-Bretagne.

Mines de sel.

Les plus importantes se trouvent dans l'ancienne Lorraine, où elles font partie de la magnifique zone de terrain salifère qui se développe de la vallée de la Seille, depuis les environs de Dieuze jusqu'au-delà de Vic, et présente sur certains points une épaisseur de sel de 65 mètres. Sur la portion de ce terrain restée française et qui fait partie du département de Meurthe-et-Moselle, on a établi douze concessions d'une superficie de 5,289 hectares, dont les siéges sont à Art-sur-Meurthe, Dombasles, Pont-Saint-Phlin, Portieux, Rosières-sous-Salines, Saint-Nicolas, Sainte-Valadrée, Jarville, dans l'arrondissement de Nancy ; à la Sablonnière, Saint-Laurent, dans l'arrondissement de Lunéville ; à Crevic et Sommerviller, en partie dans l'arrondissement de Nancy, en partie dans celui de Lunéville. D'autres dépôts d'une valeur bien moindre existent sur plusieurs points de notre territoire ; les principaux sont compris dans les concessions suivantes : Châtillon-le-Duc, Miserey (Doubs) ; Gouhenans, les Epoisses, Melcey-Fallon (Haute-Saône) ; Grozon, Salins, Montmorot (Jura) ; Dax, Lescourre (Landes) ; Larralde (Basses-Pyrénées) ; Gausseraing (Ariège). La production du sel gemme de ces gisements est de 302,400 tonnes valant 11 millions.

Les *sources salées* sont nombreuses, mais sauf celles qui accompagnent la presque totalité des mines de sel gemme, quelques-unes seulement ont été l'objet de travaux sérieux. Celles qui ont donné lieu à des concessions distinctes se trouvent dans les départements de l'Ariège et des Basses-Pyrénées. L'Ariège n'en a qu'une qui a son siège à Camarade, arrondissement de Pamiers. Les Basses-Pyrénées en renferment douze, dont dix dans l'arrondissement de Bayonne et deux dans celui d'Orthez. Les concessions du premier de ces arrondissements sont celles de Briscous, de Gartiague, d'Elichague, de Larralde, de Lardenavy, de Lasalde, de Saltharin, de la Tuilerie, d'Urcnit et de Villefranque ; celles du second sont celles d'Oraas et de Saliès.

Les *marais salants*, qui présentent une superficie de 18,000 hectares, exploités dans sept départements des côtes de la Méditerranée et cinq de l'Atlantique, donnent 442,000 tonnes de sel d'une valeur totale de 7 millions, non compris l'impôt.

CHAPITRE IV.

Mines des colonies françaises.

Algérie.

Peu de pays renferment autant de gîtes minéraux que l'Algérie ; la multiplicité des recherches effectuées et le nombre des concessions accordées ont pu faire croire que l'exploitation de tant de richesses allait prendre un développement considérable, mais il n'en a pas été ainsi, parce que pendant longtemps on n'a pas su se rendre compte des difficultés des entreprises minières ; d'ailleurs les voies de communication manquaient presque complètement. Depuis plusieurs années pourtant, les choses se présentent sous un aspect plus favorable. A l'exception de l'étain, tous les métaux usuels se rencontrent en Algérie ; le fer, le cuivre, le plomb, le zinc, le mercure et l'antimoine sont les plus abondants. Les gîtes métalliques concédés actuellement atteignent 37, d'une étendue de 566,320 hectares, la plupart disséminés dans les départements d'Alger et de Constantine ; 26 sont en exploitation, dont 13 de fer, 3 de zinc, 5 de cuivre, 5 de plomb et 1 d'antimoine.

Les *minerais de fer* sont des fers oxydulés magnétiques, des hématites rouges et plus rarement des oligistes. Beaucoup renferment du manganèse et ne sont ni sulfureux ni phosphoreux ; leur teneur est en moyenne de 60 pour 100. Le siège principal de l'extraction est à la mine d'Aïn-Mokhra (Constantine), plus connue sous le nom de Mokta-el-Hadid, coupure de fer, dénomination due à l'existence d'une ancienne excavation romaine de 5 à 6 mètres. Située à 29 kilomètres du port de Bône, auquel la relie un chemin de fer à voie étroite, cette mine fait partie d'un district métallifère qui, par son étendue et sa richesse, peut être comparé aux plus célèbres d'Europe. Le gîte de Mokta forme une masse continue de 1,600 mètres sans déviation dont les affleurements sont visibles sur un développement de 1,500 mètres ; son épaisseur, qui se tient en moyenne à 5 mètres, atteint et dépasse même 15 mètres dans les renflements. La mine est aménagée pour une production de plus de 300,000 tonnes par année. Tout près d'Aïn-Mokhra, deux autres mines de fer oxydulé sont travaillées, mais sur une échelle plus faible ; l'une, celle des Kharezas, par la compagnie de Mokta-el-Hadid, l'autre, celle d'El-Mekimen, par la compagnie des hauts-fourneaux de Chasse (Isère). Dans le département d'Alger, on exploite au Djébel-Zaccar, au Djébel-Témoulga, à l'Oued-Messelmoun, à l'Oued-Rouïna, à Soumah, au Gouraïas, à Aïn-Sadouna, des minerais qui sont le plus souvent des hématites ou de l'oligiste. L'extraction ne dépasse pas 60,000 tonnes. Dans le département d'Oran, on extrait du minerai de fer sur quatre points seulement, tous situés aux environs d'Aïn-Temouchent, savoir : chez les Beni-Saf, à Tenikrout, au Djebel-Aouaria et à Lazout. Les minières des Beni-Saf, sur la rive droite de la Tafna, sont les plus productives. Plusieurs gîtes encore peu ou point exploités, ce sont ceux de la Meboudja, de Bou-Hama, de Filfilah, du Djebel-Rassaoul, du Djebel-Anini, dans le département de Constantine ; de l'Oued-Christioun, des Attafs, dans le département d'Alger ; du Djebel-Orousse, du Djebel-Haouaria, de Sidi-Safi, de Bab-Mtemba, de Sidi-Jacoub, dans le département d'Oran.

Il existe des *minerais de cuivre* dans une quarantaine de localités, mais l'importance des gîtes n'est pas considérable ; en outre, les difficultés qu'offre le traitement sur place des produits de l'extraction, et qui oblige à les envoyer au loin, ne permet pas l'exploitation des plus riches qui sont seuls capables de supporter des frais de transport élevés. Le métal se trouve à l'état de cuivre pyriteux, de cuivre gris, de cuivre carbonaté, de cuivre oxydé ou de quartz cuprifère ; il est souvent accompagné de plomb, de zinc et d'argent. A diverses époques, plusieurs de ces gîtes ont été l'objet de travaux plus ou moins sérieux. Tels sont ceux d'Aïn-Barbar, de Mouzaïa, de l'Oued-el-Kébir, de l'Oued-Allalah, de l'Oued-Taflilis, des Beni-Aquil ; le premier, à 20 kilomètres ouest de Bône (Constantine), tous les autres dans les montagnes du département d'Alger. Les mines de Mouzaïa, qui ont fait autrefois tant parler d'elles, ont leurs travaux suspendus depuis la fin de 1874. Un seul gîte est actuellement exploité, c'est celui d'Aïn-Barbar ; après plusieurs années d'abandon, il a été acquis en 1873 par une compagnie anglaise qui l'exploite et a fait exécuter sur le gîte de l'Oued-Safsaf, également près de Bône, des recherches dont les résultats paraissent encourageants. Des travaux analogues ont été commencés par un Français sur le gîte de Tadergount, à 33 kilomètres sud-est de Bougie. Les mines de cuivre de l'Algérie donnent 14,405 actuellement, y compris des minerais complexes, d'une valeur d'environ 643,000 francs.

Les *minerais de plomb* se présentent presque toujours à l'état de galène argentifère associée au cuivre ou au zinc. Quatre gîtes seulement sont pour le moment travaillés comme mines de plomb ; ce sont ceux de Kef-oun-Teboul et du cap Cavallo (Constantine), de Gar-Rouban et de Tazout (Oran). Les mines de Kef-oun-Teboul, appelées mines de la Calle, ont produit jusqu'à 2,500 tonnes ; de 1,000 kilogrammes de minerai on retire 580 kilogrammes de plomb, 1,470 grammes d'argent, 60 grammes d'or. Le gisement de Gar-Rouban, sur la frontière du Maroc, donne 350 tonnes par an. Des deux autres mines, celle du cap Cavallo donne de belles espérances, l'autre, celle de Tazout, près d'Arzew, donnera des résultats quand le chemin de fer en construction sera terminé. Parmi les gisements non exploités, ceux de Taguelmont, près de Sétif, et ceux de Forer, près de Batna, méritent d'être mentionnés. La production est de 1,800 tonnes, valant 180,972 fr.

Les *minerais de zinc* ont été reconnus dans une douzaine de localités ; le métal s'y présente à l'état de calamine et de blende plus ou moins plombifère. Les gîtes exploités sont au nombre de six ; ils se trouvent à Aïn-Arko, Hamman-Nbaïl (Constantine) ; Sakha-mondi, Guéronna (Alger) ; Oued-Maziz, Djebel-Fil-haoucen (Oran). L'extraction totale est de 422 tonnes valant 9,631 fr.

On trouve en Algérie *divers minerais;* dans le département de Constantine on trouve du mercure et de l'antimoine. Les gites les plus importants paraissent être celui d'El-Hamimat, à 48 kilomètres sud-ouest de Guelma, et celui de Ras-el-Ma, à 24 kilomètres sud-ouest de Philippeville. Le premier fournit de l'oxyde d'antimoine d'une teneur de 50 à 65 pour 100, et du cinabre renfermant 8 pour 100 de mercure. Le second donne du cinabre dont la richesse s'élève jusqu'à 27 pour 100. Ces deux gites ont été travaillés pendant plusieurs années; il en a été de même de ceux de l'Oued-Noukhal, du Djebel-Greïer, du Djebel-Saïefa, du Djebel-Trïa et de Taghit-Ksar-el-Outani. Toutefois depuis quelque temps de nouveaux travaux ont été commencés sur ce dernier par une compagnie anglaise. La statistique n'accuse qu'une production de 2,089 tonnes d'une valeur de 434,593 fr. On connaît les gites de soufre et de pyrites de fer aux environs de Boghar et de Tenès.

Peu de contrées présentent autant de richesse en *salines* que l'Algérie; en outre du voisinage de la mer, dont l'exploitation est rendue des plus faciles par l'activité des rayons solaires, elle renferme vingt-six lacs salés ou salines naturelles, vingt-trois sources salées et sept mines de sel gemme. Les lacs salés ont une superficie de 645,944 hectares, mais quelques-uns seulement sont travaillés sur une grande échelle et d'une manière régulière; il en est de même de la plupart des sources et des mines. La production totale des uns et des autres est très considérable, mais connue imparfaitement. Pour 1881, les quantités relevées par l'administration se sont élevées à 16,000 tonnes de sel gemme et 14,000 tonnes de sel marin d'une valeur de 383,000 francs. Voici la production annuelle des mines en Algérie.

SUBSTANCES	Production en milliers de tonnes.	Valeur en milliers de francs.	Nombre des exploitations.	Nombre total d'ouvriers.
Minerais de fer.......	614	6.778	15	2.910
Minerais métalliques...	15	1.506	11	990
Sel gemme..........	16	54	7	»
Marais salants	19	420	16	»
Total pour l'Algérie .	664	8.758	49	»

Le moment est proche où les industries métallurgiques pourront s'établir avec la certitude du succès. L'introduction en Algérie de la grande industrie, tout en modifiant de la manière la plus heureuse les conditions économiques où se trouve ce pays, entraînera d'autres conséquences qu'il est facile de prévoir. Les capitaux, sollicités par un puissant appel, afflueront dans la colonie, toutes les forces seront utilisées, les richesses latentes mises en valeur et la prospérité générale se développera avec une incroyable énergie.

Nouvelle-Calédonie.

Sous le rapport minier, ce pays semble être un des plus favorisés du globe ; toutefois, si l'on en excepte le fer, qui n'a pas encore d'intérêt, les richesses minérales de cette ile n'ont été fournies jusqu'à présent que par le nickel et le cuivre. Le fer se présente presque exclusivement à l'état de sidérochrome ou fer chromé ; ce minerai a ses principaux gisements dans les pays compris entre le Mont-d'Or et Yaté. D'après les analyses, il renfermerait de 40 à 65 pour 100 de sesqui-oxyde de chrome ; en 1881, une compagnie anglaise, formée en Australie, avait commencé l'exploitation de plusieurs des 34 mines déclarées, elle en avait déjà extrait 2,300 tonnes de minerai.

Ce sont des chercheurs d'or qui, en 1872, découvrirent les premiers gîtes de *cuivre*; plusieurs des filons reconnus sont d'une étendue et d'une richesse exceptionnelles. Les uns constituent la mine de Balade, les autres sont situés dans le bassin du Diahot et dans celui du Koumac. A Balade, on travaille une masse de 15 mètres de puissance dont une longueur de 10 mètres est exclusivement composée de cuivre panaché et qui rend en moyenne 17 pour 100 de cuivre pur. Cette mine a déjà produit plus de 40,000 tonnes de minerai, mais le rendement annuel est descendu à 600 tonnes par suite de la pauvreté des filons. Une autre mine, celle de Boinoumale, à Koumac, n'en est encore que dans la période des recherches ; toutes les autres, au nombre de plus de 30, chôment faute de capitaux, après quelques travaux entrepris à l'origine de la découverte.

On sait que le *nickel* a été découvert en 1863 par l'ingénieur J. Garnier, dans la Nouvelle-Calédonie; il se rencontre à l'état de silicate ne contenant pas de cobalt. Ce minerai qui est nouveau dans la série minéralogique a reçu le nom de garniérite. Sauf un point où il est essentiellement pur, il est uni à une gangue ferrugineuse ou quartzeuse ; dans cet état il est d'une extrême abondance dans les roches serpentineuses de l'île, qu'il recouvre sous forme d'enduit ou dont il remplit les vides. Toutefois, dans plusieurs localités, notamment à Houaïlon, à Boa-Kaïné, à Clarins-Kanala, Border-Chief, des affleurements toujours riches, permettent d'affirmer l'existence d'autant de

filons réguliers dont la puissance varie de 1 à 3 mètres.
La teneur est d'environ 5 à 10 pour 100. Les compagnies exploitant le minerai sont au nombre de trois :
la Société française « le Nickel » qui accapare tous les
gisements qu'elle peut, même les points où il n'y a
que de faibles traces de métal, c'est la plus importante ; la Société Ballande, de Bordeaux, qui a acheté
quelques concessions de prospecteurs du pays, mais
qui pour le moment se contente d'acheter des minerais
pour servir de lest à ses navires ; la Compagnie anglaise Sterling dont les principaux actionnaires sont
Australiens et qui pour le moment exploite très peu.
La production de la Société « le Nickel » a été en 1883
de 6,089 tonnes et de 3,965 tonnes pour les 6 premiers
mois de 1884. On admet généralement que la Nouvelle-
Calédonie est destinée à devenir le centre producteur
du nickel le plus important du monde entier. L'avenir
d'un métal, quand ce n'est pas un métal précieux, et
nous ne pensons pas que le nickel doive être classé
comme tel, dépend surtout des quantités qui peuvent
être employées dans les arts, dans l'industrie surtout,
soit à l'état de nickel pur, soit à l'état d'alliage. Jusqu'ici le nickel n'a guère été employé que pour recouvrir, par voie de galvanisation, des métaux susceptibles de s'oxyder ; on a créé aussi des bronzes de
nickel employés dans l'orfèvrerie. Il est fortement
question de substituer le nickel au bronze pour les
monnaies ; actuellement, dans quelques États européens, cette substitution a eu lieu. L'avenir dira si le
nickel est appelé à remplacer dans les alliages connus
certains métaux qui entrent dans leur composition, ou
y ajouter quelques qualités nouvelles à leurs propriétés, par son adjonction en proportions déterminées ; mais jusqu'à présent le nickel ne s'est pas
imposé. En résumé l'exploitation des silicates nickéli-

fères néo-calédoniens, si elle tient toutes ses promesses, deviendra une des principales sources de richesse de la colonie. Actuellement, la production est peu importante à cause du bas prix où est tombé le nickel, ce qui ne permet pas aux exploitants de pousser activement les travaux.

La présence de l'or a été signalée dès 1860 par un missionnaire, le père Montrouzier; toutefois, le premier gîte susceptible d'être travaillé ne fut découvert qu'en 1871, près de Manghine, à la pointe nord de l'île. Le métal précieux se montrait dans ce gîte à l'état natif dans un filon de quartz carié ferrugineux, au milieu de schistes ardoisiers, et l'épaisseur de la formation variait de 1 mètre à 1^m 50. Une mine, celle de Fern-Hill, y fut ouverte presque aussitôt; mais on l'abandonna comme épuisée au bout de peu de temps, après qu'elle eut donné 3.472 onces ayant une valeur de 347,200 francs. D'autres entreprises semblables, établies un peu plus tard à Oubatche, Boudé, au Diahot, furent encore moins heureuses, car elles ne produisirent presque rien. Aujourd'hui, on n'exploite pas l'or en Nouvelle-Calédonie; néanmoins, cette branche de l'industrie minière ne semble pas avoir dit son dernier mot; si, en effet, les difficultés presque insurmontables que présente l'exploitation des quartz aurifères, jointes au prix élevé de la main-d'œuvre et à celui du ravitaillement des ouvriers dans un pays sans population, n'ont pas permis de pousser bien loin les investigations, il est peut-être possible qu'on sera plus heureux en dirigeant les efforts dans d'autres localités plus favorisées. Des explorations nombreuses et répétées ont en effet appris que l'or existe dans presque tous les cours d'eau de la colonie, en sorte qu'il est à peu près hors de doute que, lorsque les conditions actuelles seront devenues meilleures, de nouvelles tentatives aboutiront à de meilleurs résultats, du moins dans la vallée du Diahot.

Guyane.

Le sol de la Guyane renferme, dans une roche d'agrégation, appelée par les colons roche à ravets et sur laquelle repose la terre végétale, plusieurs minerais de fer, de cuivre, de platine et d'argent ; mais l'or est le seul métal qu'on y exploite. Il viendra probablement un jour où cette exploitation ne donnera plus que de faibles rendements et la population se tournera vers les autres mines et surtout vers les produits naturels que recèlent les immenses forêts de ce pays si mal connu.

L'or se trouve en grains plus ou moins volumineux dans les terres d'alluvion qui, aux époques géologiques, ont été entraînées dans les ravins et en général dans les lieux bas où aboutissent des cours d'eau. Assez souvent ces grains sont de véritables pépites dont le poids dépasse parfois 700 grammes. C'est en 1853 et dans l'un des affluents de l'Approuague que la présence de l'or fut signalée à la Guyane pour la première fois ; les principaux habitants demandèrent aussitôt des concessions. Le terrain morcelé ne suffisant bientôt plus pour contenter tout le monde, les recherches s'étendirent peu à peu aux quartiers de Boura et de la Comté, et aux bassins de Sinnamary, du Kourou et de la Mana.

Au 31 mars 1874, le nombre des concessions atteignait déjà 172 ; elles occupaient 2,000 ouvriers et avaient une superficie de 891,568 hectares. On admet que l'extraction, qui n'était en 1856 que de 8 kil. 658 représentant 25,974 francs, atteint aujourd'hui 2,000 kilogram-

mes: l'exploitation de l'or à la Guyane est donc des
plus prospères.

Tonkin et Indo-Chine.

De toutes nos possessions d'outre-mer, une seule, le
Tonkin, permet de concevoir au point de vue minier,
de fort belles espérances ; l'or, l'argent, le fer, le cuivre,
le zinc, le plomb, l'étain, le bismuth y abondent. L'or
et le fer se trouvent seuls près des ports d'embarquement, tandis que les autres, notamment le cuivre, le
zinc et l'étain, n'existent qu'à de grandes distances
dans l'intérieur des terres. La mise en valeur du fer
ne doit être envisagée que comme devant être une
conséquence éventuelle de celle des richesses houillères. Seul le gîte de Ph'nom-Dech, au *Cambodge*,
semble être susceptible d'une exploitation immédiate ;
il se compose d'un mélange de fer oligiste, de fer
spathique et d'hématites, ayant une teneur moyenne
de 50 à 55 p. 100 de fer, avec des traces de soufre et
de phosphore, et présentant une masse visible de plus
de 3,000,000 de tonnes. Ces minerais sont utilisés dès
aujourd'hui par les Khongs, qui en retirent un fer de
qualité exceptionnelle. D'autre part, la présence d'immenses forêts vierges, tout à l'entour du gîte de
Ph'nom-Dech, nous permet de regarder comme ratio-
nelle la création de l'industrie métallurgique du fer
dans notre colonie.

La troisième richesse minérale du sol de l'*Indo-
Chine* est l'or ; le fleuve Rouge, avec ses deux grands
affluents, la rivière Noire et la rivière Claire, et surtout le Mé-Kong, sont depuis des siècles connus pour
la richesse de leurs alluvions. Les habitants du pays
exploitent l'or à l'aide de lavages à la battée. Sur le
Mé-Kong, les localités reconnues comme aurifères

sont nombreuses, et pour ne citer que celles qui sont
voisines de notre colonie, on a fait dans ces dernières
années quelques recherches dans la région où le fleuve
traverse la petite chaîne de Compong-Swai, entre
Strong-Tong et Krathieh; ces recherches ont donné des
résultats très variables, accusant exceptionnellement
des richesses de 15 et même 20 grammes d'or par
tonne, mais constatant aussi fréquemment l'absence de
ce métal, ou tout au moins son extrême dissémination.
Au Tonkin, MM. Fuchs et Saladin ont exploré la
région de Mi-Duc, sur le Song-Don, signalée pour sa
richesse aurifère, et ont constaté que les alluvions
aurifères étaient concentrées dans une série de bassins
correspondant assez bien avec l'affleurement des grès
satinés et des schistes lustrés multicolores qu'on peut
rattacher au terrain dévonien. Ces grès et ces schistes
forment une série de bombements constitués par des
collines aux formes arrondies et surmontées par les
gigantesques escarpements de calcaire-marbre. Ils sont
recoupés par de nombreux filons de quartz translucide, tantôt compacte, tantôt carié, et qui contient de
l'or natif sous forme de mouches généralement à peine
perceptibles.

Possessions diverses.

Il existe à *Saint-Pierre* et *Miquelon* des dépôts de
pyrites de fer que l'on dit abondants, et environ sept
à huit cents hectares de tourbières dont les habitants
ne tirent aucun parti. Ces tourbes ne donnent que 4
pour 100 de cendres; on en obtient par la carbonisa-
tion 70 pour 100 d'un charbon particulièrement propre
aux machines qui ont besoin d'une haute température
et d'une flamme très longue.

On a signalé sur les côtes de l'île de la *Réunion*,
plusieurs gîtes de sable ferrugineux titané; les plus

importants se trouvent sur la partie du littoral comprise entre Saint-Leu et l'Étang-Salé où ils sont formés par les apports constants de la mer, ce qui les rend inépuisables. Ces sables contiennent 80 à 85 p. 100 d'oxyde de fer attirable à l'aimant, facile à extraire au moyen des trieurs magnétiques et donnant **50 à 55** pour 100 de fer métallique.

CHAPITRE V.

Recherches de Mines.

Le but que se propose le mineur consiste à pénétrer dans le sein de la terre pour en détacher les matières utiles et les rapporter à la surface ; toute description de l'exploitation des mines doit donc être précédée de quelques détails concernant les recherches des gîtes métallifères. Il y a lieu dans ces recherches, de distinguer deux circonstances fondamentales, suivant que la mine affleure au jour ou qu'elle est entièrement dissimulée sous des morts-terrains. Dans ce dernier cas, il n'existe qu'une seule manière de révéler sa présence, c'est le sondage, opération dont nous parlerons plus loin, en nous attachant tout d'abord aux gîtes qui se trouvent en contact avec l'extérieur sur une certaine étendue appelée *affleurement*. C'est naturellement cette partie qui attirera l'attention des explorateurs, soit qu'il s'agisse de recherches méthodiques conduites avec toutes les ressources de la science, ou au contraire d'une rencontre purement fortuite. La recherche méthodique exige chez ceux qui s'y livrent une certaine expérience et l'instruction théorique. La science géologique, née autrefois des observations des mineurs, lui apporte aujourd'hui par réciprocité le plus utile secours.

Les indications générales fournies par les *études géologiques* pour la découverte des gîtes métallifères sont plutôt négatives que directes, c'est-à-dire qu'elles se bornent à indiquer les points où les gîtes peuvent exister. Ces premiers indices sont déjà précieux, car ils indiquent une marche normale à suivre, rationnelle et qui peut seule inspirer confiance ; mais, lorsqu'on est assez avancé dans l'étude géologique d'un district métallifère, pour bien apprécier toutes les circonstances du gisement des minéraux qu'on recherche, ces indications deviennent bien plus positives et bien plus utiles.

Ainsi, l'exploration détaillée de la constitution géologique d'une contrée indique non seulement les terrains où peuvent se rencontrer les gîtes métallifères, mais encore les parties de ces terrains où il y a plus de chances de les trouver. La connaissance exacte des *caractères minéralogiques* des gangues est de la plus grande utilité lorsqu'on se borne à l'étude d'une contrée géologique bien définie. Dans certains districts, le sulfate de baryte, le spath-fluor, plus souvent encore certains quartz compactes, cristallins ou variés, la topaze en Saxe, l'yénite et l'amphibole, en Toscane, conduisent aux gîtes métallifères. D'autres fois, certains minerais communs et servant eux-mêmes de gangues amènent à la découverte de minerais plus rares. Le fer spathique, hydroxydé, la pyrite de fer, sont quelquefois les précurseurs de l'argent, de l'or, de la pyrite cuivreuse ; celle-ci, dans certains districts, conduit au cobalt arsénical. En un mot, les indices les plus insignifiants en apparence, tels que la texture des roches, leur courbure, la structure des couches, peuvent fournir des données importantes pour ces sortes de recherches.

C'est surtout en étudiant le lit des ruisseaux, les sillons tracés sur les flancs des montagnes par les eaux torrentielles, qu'on peut trouver quelques preuves de la présence des minerais dans une contrée montagneuse. Ces surfaces couvertes de galets et de sables présentent en effet le résumé des caractères minéralogiques de celles qui sont soumises à l'action des eaux; le sable d'un torrent, soumis au lavage, indique-t-il l'existence de quelques parcelles de minerais? Trouve-t-on quelques galets de leurs gangues habituelles? En remontant le lit de ce torrent, les particules deviendront plus distinctes, les galets plus gros et plus nombreux. A chaque affluent, il sera essentiel de répéter les recherches pour vérifier de quel côté ces *indices éloignés* auront été charriés, puis, remontant vers leur point de départ, on verra les fragments caractéristiques croître en nombre et en volume, jusqu'à ce qu'on soit conduit aux *indices directs*, c'est-à-dire aux affleurements des gangues ou des minerais qui auront été les points de départ des indices éloignés. Une fois amenées sur des affleurements, les études minéralogiques peuvent prendre plus de développement et fournir des données plus précises sur la valeur du gîte. On peut reconnaitre les formes de ce gîte, décider s'il appartient à une couche, à un amas, à un filon ou à un stocwerk, constater sa direction et ses rapports avec la stratification du terrain encaissant.

Les indices géologiques pour la recherche des mines n'ont pas une valeur absolue; ils ne sont réels que dans des districts circonscrits, hors desquels ils changent de nature. On ne peut donc en tirer parti qu'après une longue expérience et avoir acquis cette pratique des mines qui peut seule permettre de préciser jusqu'à quel point on doit se fier aux signes extérieurs. On apprécie bien vivement les progrès et les services de la science géologique en se rappelant qu'il y a deux siècles, on employait encore la baguette divinatoire pour découvrir les mines.

Les renseignements précédents constituent des indications très utiles, mais d'un caractère trop général pour avancer dans chaque cas la question d'une manière décisive, il nous reste à aborder les indications locales *archéologiques* et *magnétiques*. Les premières consistent dans les traces de toute nature qu'auront pu laisser les vieux travaux effectués à une époque plus ou moins reculée, et qui permettent de retrouver des gîtes minéraux. Parfois l'étymologie suffit pour mettre en éveil, lorsqu'on rencontre des noms tels que la Minière, la Ferrière, l'Argentière, la Calaminière; il conviendra cependant à cet égard d'apporter une grande circonspection, car cette similitude pourrait être fortuite et sans valeur aucune. L'étude des vieux documents peut également rendre des services, ainsi que celles des traditions qui se seront conservées dans la localité. Des haldes de matières stériles imprégnées de couches de minerai, ou encore des bouches de galeries obstruées, indiquent l'emplacement d'anciens travaux; c'est ainsi que les ekvolades du Laurium ont été reprises ces dernières années, et que les haldes de Redrith (Cornouailles) sont exploitées en raison du tungstène que renferme le wolfram abandonné par les anciens mineurs.

Dans le cas particulier des recherches d'oxyde de fer magnétique ou de pyrites nickelifères présentant la même propriété, on a pu tirer un utile secours de l'emploi de la *boussole*. On a proposé également pour les recherches de ce genre, sous le nom de *révélateur électrique* Mac Evoy, une disposition simple et pratique de la balance d'induction de Hughes, dans laquelle le voisinage des masses métalliques a pour effet de modifier l'équilibre d'induction et de produire un son téléphonique.

La constatation de la présence des minerais en un seul point suffit pour affirmer l'existence du gîte, mais non à beaucoup près celle de son exploitabilité. Une première étude est nécessaire pour que l'on puisse se croire autorisé à énoncer à cet égard au moins des probabilités. On aura la ressource, pour obtenir ce premier aperçu, d'explorations sur l'affleurement et de travaux en profondeur. Il faut avant tout reconnaître autant que possible l'affleurement sur toute son étendue ; quelques fouilles superficielles seront ordinairement nécessaires pour achever une reconnaissance sérieuse, soit qu'on les pousse de proche en proche en suivant un alignement, soit que l'on procède par *tranchées* transversales sur sa direction présumée pour l'y rechercher de distance en distance.

Si le gisement se trouve dans le contrefort d'une vallée, on l'attaquera en galeries à *flanc de coteau* ; à partir de l'entrée, la galerie ira en montant en pente très douce pour faciliter la sortie des wagonnets chargés et assurer l'écoulement des eaux souterraines. On peut choisir des galeries à *travers-bancs*, qui partent de points choisis le plus avantageusement possible, se dirigent en ligne droite à travers le terrain stérile pour recouper la veine et reconnaître sa situation.

Supposons que le gisement soit situé au-dessous de la vallée ; on exécute une galerie d'inclinaison qui suivra le gîte pas à pas, ou plutôt on foncera un puits vertical. Dans la conduite de ces opérations, on devra se tenir en garde contre une tendance naturelle qui consisterait à passer trop tôt de la recherche à l'exploitation, et au lieu d'un simple réseau d'exploration, à établir de véritables chantiers d'abatage. Enfin, pour *apprécier* le gîte minéral, on devra le cuber d'après tous les renseignements qu'on aura pu se procurer sur son étendue en direction, les probabilités de son extension en profondeur, les variations de sa puissance et de la teneur.

Si la masse est complètement dissimulée sous des terrains de recouvrement, elle ne peut être atteinte, comme nous l'avons dit en commençant, que par *le sondage*. Le problème consiste à pratiquer dans le sol un *trou de sonde* affectant la forme d'un cylindre vertical de révolution; il se remplira tout naturellement d'eau; mais on ne doit voir là qu'une circonstance favorable. L'eau, en effet, rafraichit les outils, délaye la roche quand sa nature s'y prête, allège le poids des tiges, enfin fournit un point d'appui pour l'emploi des parachutes, en cas d'accident. Le *diamètre* du trou de sonde varie entre des limites assez éloignées; on employait autrefois des outils très étroits, mais aujourd'hui on descend rarement au-dessous de 0^m 20 ou 0^m 25. Un grand nombre de forages atteignent 1 mètre, et le procédé du sondage a été étendu plus loin et permet de foncer directement des puits de mines : dans ce cas, le diamètre se tient presque toujours entre 3 et 4 mètres. Quant à la hauteur, elle peut, dans certains cas, rester insignifiante, comme pour la sonde du tourbier, celle des minerais de fer de superficie, les puits instantanés. On remonte ainsi tous les degrés de profondeur, jusqu'à une limite que les progrès de l'art du sondeur ont beaucoup reculée. Nous citerons comme chiffre extrême le sondage de Speremberg (Prusse), poussé jusqu'à 1,272 mètres. On a atteint à Probst-Jesar (Mecklembourg-Schwerin) la hauteur de 1,207 mètres.

Lorsque la recherche des *minerais de fer* n'a lieu qu'à une petite profondeur, on peut se servir d'une petite *sonde* particulière; si la recherche ne doit pas aller à plus de 6 mètres, les tiges ont 0^m 015 de diamètre, elles sont assemblées au moyen de vis et d'écrous. La tige inférieure est terminée par un petit renflement aciéré en forme d'olive et percé d'une cavité *c* (fig. 11ª). Deux hommes suffisent pour la manœuvre de cette sonde, manœuvre qui se réduit à enfoncer et à retirer la sonde à la main, en ayant soin de tenir de l'eau dans le trou. Les déblais produits par la percussion viennent se loger dans la cavité *c*. S'il s'agit de pousser le sondage jusqu'à 10 mètres, il faut alors faire usage d'une tarière pour traverser les sables et les argiles et d'un ciseau pour briser la roche que l'on veut reconnaître. Les tiges ont, dans ce cas, 0^m 02 de diamètre et trois hommes sont nécessaires pour manœuvrer la sonde, ce qui se fait au moyen d'un tourniquet en fer *a b* vissé sur la partie supérieure et qui sert à opérer le mouvement de percussion de la sonde. Pour dévisser les tiges élevées au-dessus du sol, on contient les tiges inférieures à l'aide d'une fourche en fer *f* (fig. 11ᵇ), que l'on passe au-dessous des renflements qui avoisinent les vis. Au-delà de 10 mètres, il faut avoir recours aux sondes que nous décrirons plus loin.

On a employé anciennement pour le *percement d'un puits salé* à Briscous (Basses-Pyrénées) un procédé de sondage basé sur l'emploi de deux systèmes d'outils, les uns destinés à opérer un mouvement de percussion, les autres à retirer les débris produits par la percussion. Le premier outil (fig. 20) a la forme d'un faisceau cylindrique composé de barres de fer rondes et dont chacune a un diamètre de 0^m 02 ; l'extrémité de ces barres est aciérée et rendue tranchante. Les barres de fer qui forment l'enveloppe supérieure du faisceau ont 0^m75 de hauteur et celles de l'intérieur 0^m60, de sorte qu'il reste un vide où s'accumulent les déblais. L'outil est suspendu à une corde passant sur une poulie ; en soulevant et laissant retomber la masse d'une hauteur convenable, on arrive à opérer le percement du puits. Le second outil, celui qui sert à retirer du trou les déblais, consiste en un cylindre en tôle de même diamètre que le premier outil. Ce cylindre (fig. 21) porte une anse en fer à sa partie supérieure laissée ouverte, tandis que sa partie inférieure est fermée et munie d'un clapet qui s'ouvre en dedans pour laisser passage aux matières et se referme par le poids des matières quand on soulève l'outil. Cet appareil a fait place à d'autres plus perfectionnés.

Nous ne nous arrêterons pas ici sur les outils de sondage et la marche à suivre pour percer un trou de sonde, on trouvera les détails à cet égard dans le *Manuel du Sondeur,* publié par M. Romain dans la Collection des Manuels-Roret ; nous nous contenterons de faire un exposé rapide de l'art du sondage de nos jours, en discutant le pour et le contre de chaque procédé.

Sondage à la corde ou sondage chinois.

On sait que le procédé consiste à broyer la roche au moyen d'un mouton en fer aciéré à sa base et muni à sa partie supérieure d'une cuvette dans laquelle se loge une partie des boues produites par la désagrégation du terrain que l'outil traverse. Un anneau sert à suspendre le trépan à une corde qui a son autre extrémité fixée au jour, à un long levier en bascule. Le matériel de sondage est complété par un moulinet en bois sur lequel s'enroule et se déroule la corde du mouton, pour le remonter au sol ou le redescendre au fond. Un ou plusieurs hommes, suivant le poids du mouton, manœuvrent la bascule soit avec les pieds, soit à bras, soit encore dans les chantiers bien organisés, à l'aide d'un moteur qui servira aussi à l'enroulement du câble après la batterie. La réussite n'est obtenue que dans des contrées où l'homogénéité, la solidité des roches, le peu d'inclinaison des couches, l'absence de passages ébouleux ne sollicitent pas la déviation de l'outil foreur et n'obligent pas à garnir de tubes les parois du fonçage. On est arrivé à imaginer un système à l'aide duquel on peut prendre un assez grand approfondissement, sans avoir à exécuter les longues manœuvres de sonde qui se succèdent après chaque battue, c'est-à-dire la sortie de l'outil foreur pour faire place à la cuiller de nettoyage. Ce procédé est connu sous le nom de système Fauvelle ou système à sonde creuse.

Système à sonde creuse.

Ici l'appareil consiste en un outil foreur, trépan ou tarière, fixé au pied d'un tube en fer creux, à emmanchement à vis, composé de divers tronçons adaptés les uns aux autres pour former toute la hauteur du forage ; la tête de la sonde est disposée de manière à permettre la rotation, elle est creuse aussi et munie d'un ajustage qui la met en communication avec le tuyau d'une pompe foulante. On obtient l'approfondissement soit par percussion, soit par rotation et en faisant fonctionner simultanément la pompe ; l'eau injectée par l'intérieur de la sonde remonte extérieurement avec elle en entraînant les détritus qui viennent se déposer à la surface, en permettant ainsi à l'outil de travailler toujours sur un fond net. Malheureusement on n'a pas toujours à sa disposition la grande quantité d'eau que nécessite ce procédé et qui croit avec le diamètre à donner au forage ; de plus, on rencontre souvent près de la surface une première nappe d'eau qui sera d'autant plus absorbante qu'elle sera plus puissante ; alors il arrive qu'une partie de l'eau injectée se perd à ce passage, en abandonnant une partie des détritus entraînés qui s'accumulant en ce point retiennent la sonde prisonnière.

Sondage au diamant noir.

C'est à Leschot que revient le mérite de cette invention. Ce procédé donne d'excellents résultats quand certaines conditions se trouvent réunies : roches particulièrement dures, section très faible, de moins de $0^m 10$, nécessité de réaliser une grande rapidité sans trop regarder à la dépense. Le système se prête médiocrement au forage des poudingues et des conglomérats, formés de noyaux durs empâtés dans une matière molle ; il ne convient plus du tout à l'argile.

On emploie des diamants noirs ou des diamants défectueux rejetés par la joaillerie pesant en moyenne deux carats et coûtant 40 francs le carat. On les dispose sous la base et quelques-uns sur la circonférence d'une pièce métallique appelée bit. On peut les y adapter soit par sertissage, soit en les forçant à la presse hydraulique dans une petite fente, soit en les enrobant dans du métal déposé par la galvanoplastie ; ce métal s'use rapidement, met à découvert les pointes de diamant et dès lors son usure cesse. Le bit présente deux variétés ; le bit plein use la roche en toute sa superficie; le bit creux (fig. 23) ne porte de diamants que sur une surface annulaire et le forage s'effectue en laissant subsister, suivant l'axe, une colonne de rocher appelée témoin ou carotte qui se loge dans le centre du bit, au fur et à mesure que celui-ci s'abaisse. Le bit est vissé à l'extrémité d'un tube-carottier de 8 mètres de long qui s'adapte lui-même à l'extrémité de la tige de sonde formée de rallonges qui atteignent 16 mètres de longueur. Cette tige est creuse de manière à ce qu'on puisse déterminer dans son intérieur un écoulement d'eau qui arrive à la base du forage, passe à travers des trous pratiqués à la base du bit et remonte dans le vide annulaire qui entoure la tige dont le diamètre est notablement moindre que celui du trou. Ce courant est assez rapide pour enlever les pierres jusqu'à la surface, comme dans le procédé Fauvelle.

En examinant l'ensemble des procédés précédents, on est obligé d'ajouter qu'aucun d'eux ne paraît pouvoir être adopté, même dans les cas plus ou moins particuliers qui leur sont propices, quand on arrive à sortir des petits diamètres, ce qui est aujourd'hui la tendance générale, car on préfère donner aux sondages des diamètres de $0^m 50$ à $0^m 70$, qui avec les procédés perfectionnés qu'on possède ne coûtent pas beaucoup plus cher que ceux des plus petites sections et peuvent être utilement conservés.

Sondage à la tige rigide.

Un point sur lequel il importe d'attirer tout d'abord l'attention, c'est la matière à laquelle il convient de donner la préférence pour la constitution de la tige de sonde : certains ingénieurs sont pour le bois, d'autres pour le fer. L'ingénieur saxon Kind a fait une légende sur l'origine des premières : un charpentier laisse tomber son mètre dans un forage presque plein d'eau, le directeur des travaux se dépite d'avoir à retirer du trou un outil qu'il croyait en métal : « Ne vous désolez pas, lui dit l'ouvrier, mon mètre est en bois, il va revenir sur l'eau. » En le voyant reparaitre, Kind dit au directeur : « Mais nos tiges aussi reviendraient si elles étaient en bois. » On fit les tiges en bois ; cependant des expériences faciles à répéter prouvent que les faits sont en contradiction avec la conclusion de cette légende, car une planche descendue à 150 mètres dans l'eau subit une transformation moléculaire qui, en outre du poids de l'eau imbibée, augmente considérablement sa densité. De là, il est facile de tirer une autre conséquence ; c'est que tout en augmentant de pesanteur spécifique, le corps ainsi plongé doit éprouver une réduction dans ses dimensions extérieures. Or, quel que soit le système de tiges que l'on adopte, il faut toujours que les emmanchements servant à les assembler les uns avec les autres soient en fer, et que ce fer soit fixé sur le bois par des bandes, fourches ou autres dispositions boulonnées ou rivées. Il y aura donc cessation de contact du bois et du fer sous l'effet de la pression et par suite du jeu produit, dislocation des assemblages. La seule manière d'utiliser le bois pour les tiges de sonde consisterait à ne donner à la tige de fer que juste la section convenable pour l'effort de traction auquel elle est soumise et à l'envelopper sur toute la longueur d'un prisme polygonal formé de deux fourrures en bois de sapin.

Doit-on du reste autant qu'on le fait, se préoccuper du poids de la tige de sonde ? Non, car avec les *appareils à chute libre* qui constituent le plus grand perfectionnement que notre époque ait apporté à l'industrie du sondage, la tige de sonde tout entière se trouve équilibrée et la dépense de force pour opérer le battage à 1,000 mètres est la même que pour battre à 100 mètres. On n'a à compter avec le plus grand effort à faire par rapport au poids de la sonde que lorsqu'il s'agit de remonter au jour l'outil qui a travaillé au fond du trou.

L'apparition de la *coulisse* ou glissière *d'Œynhausen*, appelée aussi coulisse d'équilibre parce qu'elle permettait de faire fonctionner la sonde par percussion en équilibrant telle longueur de tige qu'on jugeait convenable, donna immédiatement l'idée d'aller encore au-delà du résultat obtenu par cette innovation, en obtenant seulement la chute sur le fond de la partie tout à fait inférieure de la sonde ; car ce qu'il importait, c'était d'éviter les grandes vibrations des tiges qui amenaient leur rupture fréquente, leur fouettement contre les parois qui occasionnaient les éboulements et entrainaient à de nombreux et dispendieux tubages. Ce fut Kind qui, vers 1850, trouva le point d'appui contre lequel il fallait faire butter et ouvrir le déclic qui devait lâcher le trépan après l'avoir soulevé de la hauteur voulue. Ce système encore en usage se comprend facilement en prenant comme point de départ la coulisse d'Œynhausen. Imaginons la partie supérieure de la glissière adaptée à la tige de sonde, portant les axes de rotation de deux crochets verticaux qui viennent saisir la tête du trépan reposant sur le fond, quand la sonde est descendue au bas de sa course. Deux petites tiges de fer s'articulent à l'extrémité supérieure de chaque crochet et s'arc-boutent l'une contre l'autre pour s'articuler ensemble à une petite tige verticale dont le tout est fixé solidairement à un disque en tôle et cuir occupant toute la section du trou de sonde. Ce disque n'est tenu que par les tringles en question et au moyen d'une ouverture centrale, il peut glisser légèrement le long de la tige de sonde. On voit alors qu'en soulevant la sonde, la résistance de l'eau agissant sur le disque en sens inverse du mouvement d'ascension, tend à le faire retarder, c'est-à-dire comprime les articulations qui maintiennent ainsi les crochets serrés contre le trépan qui monte ; mais quand le levier à bascule auquel la sonde est suspendue est arrivé au bout de son amplitude d'oscillation, qui correspond à la hauteur de chute calculée pour le trépan, il va commencer à descendre, et immédiatement la résistance de l'eau agissant en sens inverse, fera tirer sur les petites tiges qui laisseront échapper le trépan en ouvrant les crochets.

Peu après, vers 1854, M. Gault eut l'idée de prendre le fond même du forage pour point d'appui et le déclic s'obtint au moment de l'introduction de la partie supérieure des deux crochets verticaux dans une sorte d'anneau enveloppant la glissière et maintenue à la hauteur voulue pour la chute à donner. par une tige reposant sur le fond du forage.

Saint-Just Dru a construit la première coulisse à chute libre, fonctionnant franchement par le choc ; les deux crochets qui saisissent le trépan se croisent comme une paire de ciseaux et ont un axe unique de rotation dont les deux extrémités sont portées par les deux flasques de la partie supérieure de la glissière, dans deux ouvertures ayant la forme à peu près d'ellipse à grand axe vertical. La glissière porte à la partie supérieure deux faces inclinées en forme de V très évasé ; pendant que le trépan monte, saisi par les mentonnets des deux crochets, leur axe repose sur le fond de l'ellipse et les parties supérieures de ces crochets sont en contact chacune avec l'une des branches du V. Le levier de suspension arrive au haut de sa course en frappant sur un buttoir, l'axe saute dans ses ellipses, les pointes supérieures des crochets glissent sur les faces obliques en s'écartant pour rendre le trépan libre. Il est inutile de dire que les têtes des écrous et des boulons sont noyées dans le métal.

On retrouve l'application du choc à la production du
déclic dans l'appareil de M. Dehulster qui consiste
en un étrier à bascule et à contre-poids pour obtenir
l'accrochage et la chute libre du trépan à l'aide d'un
taquet fixé à angle droit sur cet étrier. L'étrier est à
rotation autour d'un arc excentré par rapport à celui
du trépan ; pendant la descente de la sonde, il occupe
par ses dimensions, une position inclinée un peu au-
dessous de l'horizontale ; le taquet est écarté par la
tête du trépan qu'il cale sous son mentonnet quand
l'étrier retombe aussitôt après dans sa position première, et le trépan saisi ainsi remonte ensuite avec la
sonde, jusqu'au moment où le choc produit la bascule
de l'étrier et fait retomber le trépan sur le fond.

Nous ne parlerons pas ici des instruments plus ou
moins classiques dont on se sert pour le forage, le
curage, l'extraction des témoins, l'élargissement des
parois, etc.; nous renvoyons à ce sujet notre lecteur
au *Manuel du Sondeur*, de l'*Encyclopédie Roret*.

Forages à grand diamètre.

L'idée de foncer les puits de mines à l'aide de la
sonde est due à Mulot ; plus tard Kind reprit la question et obtint un succès complet, grâce à M. Chaudron
qui lui apporta le concours de son ingénieux cuvelage
que nous décrirons plus tard. Pour le forage tel qu'il
se pratique actuellement, on se trouve en présence de
deux systèmes, celui qu'on peut appeler par *sections
divisées* ou par agrandissements successifs et celui
présenté sous le nom de méthode à *pleine section*.
Dans le premier, le travail se fait en deux ou trois
passes suivant le diamètre à obtenir : un trépan de
1ᵐ.40 de diamètre fait un avant-puits d'une certaine
profondeur, qui est successivement élargi à 2ᵐ.50 puis

à 4ᵐ.30, à l'aide de trépans de dimensions convenables portant dans le milieu un guide correspondant au diamètre du trépan qui a fait la passe précédente. Dans le second système, le forage est fait du premier coup au grand diamètre de 4ᵐ.30. On donne en général la préférence au second système : en effet, en augmentant le poids du trépan avec le diamètre de la surface qu'il s'agit de pulvériser, on arrive à obtenir au moins une même vitesse d'approfondissement dans la grande et dans la petite section. Il n'y a pas non plus avantage pour le curage à opérer par sections divisées. Avec le procédé à section pleine, on peut de plus faire profiter le travail de forage de tous les avantages qu'on tire, dans les petits sondages, de l'emploi du système à chute libre, car on peut ici seulement prendre sur le fond le point d'appui nécessaire au fonctionnement du déclic. L'expérience en est faite et on obtient les meilleurs résultats ; il est extrêmement intéressant de voir la régularité, la douceur, le silence même avec lesquels se meut et travaille un trépan de 25 tonnes soulevé de 0ᵐ.40 à 0ᵐ.50 dix à quinze fois par minute, pour retomber de tout son poids sur le fond qu'il réduit en poussière.

Résultats économiques.

L'avancement d'un sondage en 24 heures est très variable, lors même qu'on le dégage de l'influence des accidents exceptionnels. On peut avec le procédé ordinaire compter sur 1 mètre à 1ᵐ.75 dans un terrain facile. Ce chiffre s'abaissera bien entendu beaucoup quand il s'agira d'un puits à grand diamètre. La rapidité augmente considérablement avec le procédé de sondage au diamant ; on obtient souvent un avancement moyen de 5 mètres tout compris. On a même atteint pour cette moyenne 15 mètres tout compris, pendant toute la durée du forage de Wallaf (Suède).

Il est encore plus difficile de préciser le prix de revient ; si l'on veut cependant en donner une idée générale, on peut dire qu'il se tient entre 200 et 400 francs par mètre courant pour des profondeurs totales de 200 à 500 mètres ; mais ce chiffre augmentera avec la profondeur. Pour le sondage au diamant, la Compagnie Schmieltmann a souvent traité sur les bases suivantes : 250 francs le mètre pour les 400 premiers mètres, 425 francs pour les 100 suivants, 630 francs pour la centaine suivante, et ensuite en augmentant de 105 francs le prix du mètre courant pour chaque centaine de mètres. On doit de plus fournir à l'entrepreneur les bâtiments, la force motrice, l'eau d'alimentation et le tubage.

Un chevalement de 12 mètres avec les constructions coûte de 5,000 à 7,000 francs, l'équipage de sonde proprement dit (sondage à la tige) atteint 2,500 francs pour des profondeurs de 30 à 60 mètres, 8,000 francs aux environs de 100 mètres, 20,000 francs pour les recherches plus profondes.

CHAPITRE VI.

Travaux d'abatage.

Les excavations pratiquées dans le sol, pour l'extraction des matières utiles, prennent le nom de carrières lorsqu'elles sont ouvertes sur les gîtes généraux employés dans les constructions et la dénomination de mines s'applique spécialement aux exploitations des gîtes métallifères et de ceux des gîtes généraux qui par leur importance donnent lieu à des travaux très développés. Enfin certains gîtes se traitent par des travaux en grande partie superficiels que l'on désigne sous les noms spéciaux de tourbières, lavages, etc., plutôt que sous le nom de mines.

Les premières études de l'exploitation sont appelées sur les divers moyens d'excavation qu'on doit employer suivant la nature du sol, en un mot sur ce que l'on peut appeler l'outillage des mines. Werner a classé de la manière suivante les divers terrains d'après leur résistance à l'excavation et d'après les divers moyens employés pour les attaquer :

1° Les *roches ébouleuses*, telles que les terres décomposées ou terres végétales, les terres sablonneuses, les sables et cailloux roulés, les débris de toute nature qu'il suffit de défoncer avec la pioche pour pouvoir ensuite les enlever et les charger avec la pelle ;

2° Les *roches tendres*, roches non scintillantes, c'est-à-dire ne faisant pas feu avec l'acier, telles que le sel gemme, les argiles, les argiles schisteuses, les schistes ardoisiers, les calcaires grossiers ou oolithiques, crayeux ou marneux, les gypses, les alluvions ou débris agglutinés par un ciment calcaire ou ocreux. Toutes ces roches peuvent être attaquées au pic et abattues avec des masses, des coins, des leviers ;

3° Les *roches traitables*, composées de roches non scintillantes mais compactes et tenaces, ou de roches scintillantes mais à texture lâche. Tels sont parmi les premières, les marbres, les serpentines, les schistes métamorphiques métallifères dont le Kupferschieder du pays de Mansfeld peut offrir le type, les hématites brunes et rouges non quartzeuses; parmi les secondes l'arkose, le grès siliceux de Fontainebleau, le calcaire un peu siliceux, les roches cristallines avec commencement de décomposition. Ces roches sont attaquées au moyen de la poudre, mais on y joint l'action des outils, tels que les pics à rochers, les masses, les coins, les leviers et les pointerolles; ces outils peuvent même suffire au travail dans un grand nombre de cas ;

4° Les *roches tenaces*, toutes scintillantes, telles que le fer oxydulé, les hématites compactes, les pyrites de fer et de cuivre, le fer arsénical, tous les minerais ayant pour gangue le quartz, l'amphibole et l'yénite ; la plupart des roches quartzeuses, les granites, les porphyres, les basaltes. Ces roches ne peuvent être abattues qu'à la poudre;

5° Enfin certaines roches appelées *récalcitrantes*, telles que le quartz non fendillé, pur ou servant de gangue à quelques minerais, tels que l'oxyde d'étain, le cuivre gris, la galène et la blende, avec lesquels il constitue un mélange presque intime. Ces roches sont rarement exploitées, leur nature à la fois dure et tenace en rendant l'abatage très dispendieux; lorsque cependant il est nécessaire de l'attaquer, on substitue ordinairement à l'emploi de la poudre l'action successive du feu et de la pointerolle.

Entailler, abattre, recueillir, telle est la marche du mineur ; les moyens dont il dispose peuvent se rattacher à cinq modes essentiels : le travail à la main, à l'eau, au feu, à la poudre et à l'air comprimé.

Travail à la main.

Le travail à la main consiste dans l'intervention de la seule force musculaire de l'homme, sans le secours d'aucun moteur étranger. Les outils dont il se sert pour cela doivent être entretenus en très bon état ; le rendement de l'ouvrier se ressent bien vite de la moindre négligence à cet égard. Pour entailler ou couper il se sert dans les roches ébouleuses de *pioches,* carrées si les roches ne présentent pas de nodules résistants, aiguës si elles en présentent. Dans les roches tendres il se sert de *pics* (fig. 17) du poids de 2 kilogrammes au plus et de 2 kil. 75 y compris le poids d'un manche ayant 0^m.80 de longueur et 0^m.035 de diamètre. Ces outils même pour les roches ébouleuses ou tendres doivent être aciérés sur 4 à 6 centimètres de longueur et recevoir une trempe aussi forte que le comporte leur diamètre. En effet, indépendamment des particules ou noyaux de substances scintillantes que peuvent renfermer ces roches, leur propre résistance suffirait pour mettre promptement les outils en fer hors de service. Il est difficile de juger la résistance que présente une roche dans des travaux souterrains d'après les débris extraits ; l'action de l'air sur ces fragments, leur isolement et par suite la facilité avec laquelle on peut les briser empêchent d'apprécier la résistance qu'ils présentent réellement lorsqu'ils sont en masse compacte et soutenue.

Dans les roches traitables, les pics doivent être obtus et plus forts, aussi les fait-on généralement à une seule pointe afin de les employer à la fois comme instrument de division et comme levier coudé ; le *pic à tête* (fig. 14) sert à la fois comme pic et comme masse. Ces pics pèsent de 2 à 3 kilog., non compris le manche.

La *pointerolle* est d'un usage général pour entailler les roches traitables et récalcitrantes ; c'est un petit pic à tête, de $0^m.15$ à $0^m.20$ de longueur (fig. 13) avec un manche de $0^m.25$ placé au milieu ; il est en acier ou aciéré à la fois à la pointe qui est aiguë et à la tête. Le mineur s'en sert en plaçant la pointe contre les saillies de la roche et frappant sur la tête avec une masse en fer, de manière à en faire sauter des éclats. Lorsque les roches sont très dures, les pointes s'émoussent promptement et un mineur descend ordinairement au travail en emportant pour sa journée une trousse de douze pointerolles de dimensions différentes. Les pointerolles sont d'autant plus courtes que la roche est plus dure. Quant aux masses (fig. 12) dont on se sert pour frapper, elles sont à manche court et doivent peser environ 2 kilogrammes.

Ces divers moyens d'entailler ne doivent pas être appliqués sans méthode ; ainsi, dans un déblai superficiel, on aura soin de donner à l'excavation la forme de gradins, de telle sorte que le premier défoncement une fois fait, tous les massifs à attaquer se présentent déjà dégagés sur deux faces ; ce dégagement est essentiel pour faciliter l'abatage. Dans une galerie, le mineur pratique sur la face à attaquer une entaille horizontale, soit en bas, soit à hauteur du coup, c'est-à-dire à un mètre environ ; cette entaille étant menée à la profondeur que comporte la dureté de la roche, facilite beaucoup l'abatage de toute la partie dégagée. On procède de la même manière pour former un puits, plaçant l'entaille ou rigole, soit au milieu, soit vers l'une des parois. Lorsque le mineur attaque de cette manière une paroi composée de plusieurs variétés de roches, il choisit les parties les plus tendres pour y faire ses entailles et s'attache de même à suivre les points où le terrain est fissuré et par conséquent plus facile à attaquer.

Si la puissance du gîte diminue outre mesure, le mineur travaille couché sur le côté, ou, suivant l'expression reçue, à *col tordu*, comme dans les schistes cuivreux du Mansfeld ; il s'attache sur la cuisse et l'épaule gauches, des planchettes destinées à le garantir du contact immédiat de la roche froide et humide. Si au contraire la hauteur du chantier devient trop considérable, on la fractionne en *gradins*. La hauteur de chacun d'eux doit être essentiellement en rapport avec les facilités du travail de l'homme ; elle présente par suite une certaine constance. La longueur de la plate-forme dans le sens de l'avancement pourra au contraire varier arbitrairement, et sera proportionnée à l'importance de l'équipe installée sur chaque gradin, de manière que celle-ci puisse s'y développer à l'aise, et que ces divers postes ne se gênent pas mutuellement. On distingue deux sortes de gradins : les gradins droits et les gradins renversés. Les gradins droits sont disposés comme les marches d'un escalier et n'en diffèrent que par leurs dimensions considérables ; les gradins renversés sont dessinés non plus dans la sole que l'on a sous les pieds, mais dans le plafond qui se trouve au-dessus de la tête. Quand la hauteur n'est pas inabordable et que le manque de solidité l'exige, on soutient les divers gradins sur des buttes ou étançons.

Le terrain une fois entaillé, on l'abat avec des *coins* (fig. 5) ou des *leviers* qu'on introduit soit dans les fissures naturelles du sol, soit dans les entailles étroites faites artificiellement. On emploie les *massettes* (fig. 6) soit pour briser la roche, soit pour enfoncer les coins. Les leviers sont droits ou recourbés, quelquefois épatés en pieds de biche ; les coins sont en fer, plats ou à quatre coins égaux. Dans quelques circonstances on se sert aussi de coins en bois sec (fig. 4) que l'on fait renfler au moyen de l'eau comme nous le verrons plus loin après les avoir chassés dans le sol. Les masses sont en acier à long manche et pèsent depuis 4 jusqu'à 8 et 10 kilogrammes. Enfin pour recueillir les débris abattus on emploie des *pelles* en fer ou en acier, plates ou plus ou moins recourbées suivant la nature des matières à ramasser ; une nervure prolonge la douille, pour donner de la résistance au corps de la pelle ; cette douille est située à peu près dans le même plan et munie d'un manche court, pour les travaux souterrains dans lesquels l'ouvrier se trouve resserré. Elle s'assemble au contraire sous un angle de 135° à un manche beaucoup plus long pour le terrassier qui travaille debout.

On assemble souvent les coins au nombre de trois en introduisant dans un trou de mine rond, deux coins demi-ronds et entre eux un plat-coin, que l'on y chasse à grands coups de masse. Ce dernier ne rencontre dans ces conditions comme obstacle à la pénétration, que le frottement de fer sur fer poli, lequel est notablement moindre que le frottement exercé sur la roche brute avec le mode ordinaire. Cet ensemble porte le nom d'aiguille-coin ou *d'aiguille infernale*. On dispose également ces aiguilles en sens contraire, en introduisant le coin dans le trou la tête la première, et l'attirant vers l'ouverture au moyen d'une vis puissante à laquelle il est relié et qui prend son point d'appui sur l'orifice du trou. Le coin à vis de M. Levet est un des plus employés (fig. 65).

Travail par l'eau.

On a fondé sur l'emploi de l'eau un grand nombre de procédés d'attaque, mais si elle est partout et d'un emploi facile, en revanche elle expose à des éboulements et il est nécessaire une fois qu'elle a rempli son office de l'évacuer par les moyens d'épuisement si la mine ne possède pas une galerie d'écoulement naturel. L'eau peut être employée par *pression* et l'un des appareils qui donnent le plus de satisfaction est le *coin hydraulique* de Levet. Il se compose d'une aiguille infernale dont on tire en dehors le coin central par la pression hydrostatique que subit un piston. A cet effet on injecte sur sa face interne avec une petite pompe de compression de l'eau que l'on prend sur l'autre face et qui rentre par un conduit oblique dans la région où puise la pompe. La tige du piston qui tire le coin est guidée par le fond du corps de pompe qu'elle traverse dans un cuir embouté.

L'*action dynamique,* ou l'utilisation de la force vive préalablement accumulée dans un jet d'eau est employée pour enfoncer des pieux de fonte creuse, en entraînant le sable au-dessous de l'axe du pieu, par un vif courant qui sort sous pression de son intérieur.

L'*abatage par l'eau* figure dans les exploitations d'alluvions stannifères de Pérak (Péninsule Malaise) ; l'ouvrier creuse au sein du gisement des fossés dans lesquels on fait circuler de l'eau ; ce courant tend à ronger les berges, qu'on y abat progressivement, de manière à déterminer un lavage grossier propre à enrichir le minerai, en raison de la très grande densité de l'oxyde d'étain.

On fait intervenir la *congélation* qui dilate le volume de l'eau avec une puissance irrésistible. Ce

procédé limité aux climats rigoureux est employé en
Russie pour l'exploitation de marbres et au Massa-
chussets pour celle du granite. On détache des blocs
importants sans risquer de les fendre ; à cet effet on
limite leur contour par une série de trous de fleuret
et le soir venu on les remplit d'eau en les fermant
avec des tampons de bois enfoncés à force. Le froid de
la nuit amène l'expansion de la glace et la rupture de
la roche.

L'action organique de l'eau mise en jeu pour l'abatage est celle qu'exerce l'*humidité* sur le bois pour en
dilater les fibres. Les Egyptiens la faisaient intervenir
pour détacher les blocs destinés à former leurs immenses obélisques ; on l'a employée à la Ferté-sous-
Jouarre pour l'exploitation des meulières. Après avoir
foré des lignes de trous on y enfonce des tampons de
chêne sec que l'on noie ensuite d'eau ; l'augmentation
de volume que prend le bois détermine le détachement
du bloc.

L'action chimique de l'eau sur les roches peut être
variée de différentes manières. Signalons d'abord
l'*hydratation de la chaux* vive déterminant une dilatation irrésistible. La chaux réduite en poudre fine
est moulée sous une forte pression en cylindres de
$0^m.063$ de diamètre, sur la paroi desquels se trouve
ménagée une rainure longitudinale. Après avoir ren-
fermé cette cartouche derrière un bourrage énergique,
que l'on force dans la partie antérieure du .coup de
mine, on injecte avec une pompe foulante un volume
d'eau à peu près égal à celui de la chaux ; puis on
ferme le tube à l'aide d'un robinet pour empêcher
l'échappement de la vapeur due à l'échauffement considérable que produit la réaction chimique de l'eau
sur la chaux. L'éclatement a lieu sans explosion ni
projection. Vient enfin la *dissolution* proprement

dite; on s'en sert notamment avec le sel soit pour
l'exécution de travaux souterrains, qui constituent
l'aménagement d'une mine de sel, soit pour l'enlèvement en masse du gîte lui-même. Pour les travaux de
traçage on emploie l'eau sous une faible pression,
deux atmosphères environ. Quant à l'enlèvement
complet d'un gîte de sel par la dissolution, il peut
être effectué suivant plusieurs modes que nous examinerons plus tard.

Travail au feu.

Les anciens faisaient un grand usage dans les travaux de mines, de l'action du feu. En effet, les roches
les plus dures, brusquement chauffées, se dilatent et se
fendent en perdant l'eau dont elles sont pénétrées.
Quelques-unes sont même altérées dans leur composition ; et si l'on projette ensuite de l'eau sur la roche
incandescente, elle se contracte subitement et se fis-
sure à une profondeur plus ou moins grande. Dans
cet état les roches les plus récalcitrantes peuvent être
attaquées par des pointerolles que l'on engage dans
toutes les fissures. On peut abattre ainsi la partie
altérée et lorsque la roche même est de nouveau mise
à nu, on renouvelle l'application du feu. Dans les
mines du Hartz on employait pour le travail régulier
par le feu des *bûchers* dressés le long de la paroi; on
les allumait le samedi soir au moment de la sortie
des hommes. On a fait usage aussi d'une *caisse rectangulaire* en tôle ayant la largeur de la galerie et à
section conique ; de telle sorte que la longueur étant
d'environ 1^m.60, l'ouverture présentée à la paroi qu'on
veut attaquer a 0^m.40 de hauteur et l'ouverture opposée seulement 0^m.25. Le fond de la caisse étant disposé
en forme de grille et un peu élevé au-dessus du sol, il
résulte de cette disposition que le feu allumé dans la

caisse et entretenu par la petite ouverture bourrée de combustible, s'échappe par la plus grande en léchant les parois du rocher contre lequel on le dirige.

Cette méthode de travail ne peut être appliquée que dans les mines dont l'aérage est vif et facile ; la difficulté de se débarrasser des produits de la combustion opposerait une impossibilité presque générale pour l'emploi de ce procédé dans les mines profondes. On ne le rencontre plus qu'à l'état exceptionnel dans certains quartiers de quelques mines telles que le Rammelsberg (Hartz), Gayer et Altenberg (Saxe), Felsobanya (Hongrie), Konsberg (Norwège) et quelques exploitations de Suède. *L'appareil Hugon* qui a été employé à la mine de Challanches (Oisans) consiste en un fourneau mobile sur rails et alimenté par un petit ventilateur, de manière à pouvoir concentrer une action calorifique intense sur un point donné.

Tirage à la poudre.

L'emploi de la poudre dans les mines remonte à l'an 1632 ; jusqu'à cette époque, l'action des outils et du feu avait suffi aux exploitations, mais le travail était d'une très grande lenteur et cette nouvelle application de la poudre fut un des progrès les plus remarquables de l'art des mines, puisqu'elle diminua de plus de moitié le prix de revient de ces ouvrages. Le tirage d'un *coup de mine*, appelé aussi pétard ou fourneau, consiste dans les opérations suivantes : on commence par forer un *trou de mine* en forme de cylindre étroit et profond ; on le charge de poudre sur une partie de sa longueur et on bourre le reste au moyen d'une matière inerte ; un conduit est ménagé pour l'amorce à travers cette bourre ; on met le feu à une mèche qui brûle avec une lenteur suffisante pour que le mineur ait le temps de se retirer à l'abri et après la détonation on revient procéder à l'enlèvement des déblais.

La *position* des trous de mine exige de la part des mineurs de l'intelligence et de l'habitude, parce qu'il est difficile de donner aucune règle à ce sujet ; cette position étant déterminée par des circonstances variables et complexes. La partie qu'on veut faire sauter doit présenter moins de résistance que les autres ; la forme de la paroi, le sens des fissures, et leur étendue sont les causes principales qui peuvent guider dans le placement des coups de mine, toujours destinés à faire sauter les masses les mieux dégagées. Lorsque la roche attaquée peut être entaillée, la méthode la plus rapide consiste à faire une entaille soit au sol d'une galerie, soit sur le côté d'un puits, puis à placer les coups de mine obliquement, de manière à détacher des fragments angulaires. On cherche la position de chaque coup de mine en ayant soin de proportionner l'épaisseur du rocher et sa résistance à la charge, évitant surtout d'exposer le coup de mine à faire canon, c'est-à-dire à se décharger comme une arme à feu. Lorsque la roche ne peut être dégagée par l'emploi des outils, on procède à ce dégagement par de petits coups de mine longs de 0^m.25 qui permettent ensuite d'en placer de plus forts. Enfin on met à profit les fissures naturelles, les parties moins résistantes telles que les salbandes d'un filon, en ayant soin, lorsque le massif est isolé sur deux faces, que le fond du coup de mine ne dépasse jamais la ligne qui détermine le dégagement. Pour le fonçage d'un puits rond, on pratique un fourneau central à la dynamite qui dégage le reste en forme de gradin circulaire, on bat ensuite au large à l'aide d'une ceinture de petits coups de mine. Dans un mode inverse, on commence par creuser avec une couronne de pétards relativement faibles, un fossé circulaire, puis on brutalise le stross central avec de forts coups de mine. Pour un puits rectangulaire, on peut commencer par pratiquer à petits coups deux fossés sur les longs côtés, puis un troisième suivant le petite axe ; on relève alors les deux stross en les rabattant sur ce fossé central à l'aide de pétards très inclinés.

La longueur d'un trou de mine ordinaire est d'environ 0^m.50 pouvant s'accroître jusqu'à 1 mètre ; le diamètre est ordinairement de 3 à 4 centimètres et présente d'ailleurs une certaine proportion avec la longueur. On peut employer pour le travail deux modes distincts, le percement à la main et les moteurs que nous examinerons plus tard. Pour le *percement à la main* on emploie le choc ou les tarières. Quand on se sert du *choc* on peut d'abord, quoique rarement, se servir d'instruments contondants appelés *bonnet carré* ou casse-pierre constituant une sorte de massue pour briser les matières particulièrement dures. Mais on préfère les instruments tranchants. Je citerai d'abord le trépan ou *barre à mine* (fig. 3) ; le mineur soulève l'outil et le laisse retomber par son poids. Dans les travaux à ciel ouvert et toutes les fois qu'on dispose de la place pour forer de grands trous de mine on fait usage de barres à mine à deux hommes plus lourdes et plus longues. Quand le trou de mine n'est plus vertical, la manœuvre précédente manquerait de précison ; M. Delahaye a proposé un système formé de deux montants ; on y dispose un guide parcouru par un curseur porte-outil, auquel se fixe le trépan. Les hommes n'ont plus qu'à écarter ce chariot du front de taille et à l'y lancer à force de bras.

Mais tous les modes précédents doivent être considérés comme exceptionnels et le moyen classique du

forage des trous de mines consiste dans l'emploi du
fleuret ou burin. Les fleurets (fig. 15ᵃ) sont des tiges
cylindriques en fer, armées à leur extrémité d'un
biseau un peu courbé, afin que les angles ne soient
pas brisés, et un peu plus large que le diamètre de la
tige, afin que le trou soit plus grand qu'elle. L'extrémité de la tige est aciérée. Le mineur frappe sur le
fleuret avec une masse de 2 kilogr. à 2 kil. 50, en
tournant après chaque coup son fleuret d'un douzième
à un sixième de circonférence. Pour commencer un
trou, on prépare la surface avec une pointerolle et
l'on se sert surtout dans les mines d'Allemagne d'un
fleuret quadrangulaire dont la pointe est formée de
deux biseaux croisés à angle droit (fig. 15ᵇ). Cette
opération si simple du percement d'un trou de mine
est la première éducation qu'on doit donner au mineur.
Dans les campagnes on trouve difficilement des
hommes au courant de ce travail. Les dimensions
ordinaires pour les fleurets lorsque le travail se fait
à un seul homme, sont pour le premier fleuret qui
sert à commencer le trou 0ᵐ.30 de longueur et 0ᵐ.27 de
diamètre au biseau : le second fleuret qu'on emploie
lorsque le trou a environ 0ᵐ.15 de profondeur, a 0ᵐ.50
de longueur et 0ᵐ.024 de diamètre au biseau ; le troisième a 0ᵐ.70 de longueur et 0ᵐ.022 de diamètre au
biseau. Le mineur doit frapper en tenant sa masse
par l'extrémité du manche, avec toute la force dont il
est susceptible et donne 40 à 50 coups par minute. Il
entretient de l'eau dans le trou pour empêcher le
ciseau de se détremper et en même temps faciliter la
désagrégation de la roche. Lorsque la pâte formée par
la poussière gêne l'action du fleuret, il nettoie le trou
avec la *curette* (fig. 19), petite tringle en fer méplat
courbée en cuiller à son extrémité et portant à l'autre
bout une boucle dans laquelle on passera un paquet

de chiffons ou d'étoupes pour sécher le trou, au moment de procéder au chargement.

La profondeur convenable étant atteinte, on procède au *chargement*; en général la charge des coups de mine varie entre 50 et 500 grammes de poudre. Il est difficile de préciser par des aperçus théoriques la relation la plus convenable entre cette donnée et les conditions variables du tirage. L'habitude de chaque gîte en particulier finit par guider d'une manière très sûre à cet égard, le mineur expérimenté. Quant à la manière de charger, on ne doit sous aucun prétexte perdre de vue l'axiôme suivant : ne jamais verser directement la poudre dans le trou : en effet les parois resteraient imprégnées de poudre et si le bourroir venait à faire feu contre du quartz, l'inflammation se communiquerait à la charge. On doit employer une *cartouche*; dans toute mine bien organisée, les cartouches sont fabriquées d'avance, emmagasinées dans la poudrière et distribuées aux hommes. Elles consistent en un cylindre de fort papier gris présentant le calibre voulu : on lui substitue la toile goudronnée si la roche est humide ; s'il faut tirer sous l'eau on se sert de tubes de fer blanc lutés. On emploie beaucoup la *poudre comprimée* de Davey ; ces cartouches sont formées d'un simple bloc de poudre, sans aucune enveloppe étrangère ; elles sont cylindriques et percées suivant leur axe, pour qu'on y puisse passer l'étoupille. M. Ruggieri a introduit la *poudre comprimée-papelée* ; sa cartouche est enveloppée, au moment de la compression dans un papier fin et gommé qui faisant ensuite corps avec elle, empêche absolument la production de pulvérin par le frottement.

L'opération du *bourrage* se fait à l'aide du bourroir et de l'épinglette. L'*épinglette* (fig. 16) est une longue aiguille pointue à une de ses extrémités et terminée à l'autre par un anneau d'un diamètre très supérieur à celui du bourroir. On en fait en fer, mais cette pratique doit être proscrite comme exposant à faire feu avec le quartz ; le cuivre rouge ou le laiton, sans assurer rigoureusement le mineur contre cette éventualité, y exposent cependant à un degré beaucoup moindre. Le *bourroir* (fig. 18) est une tige d'un diamètre notablement moindre que celui du trou ; elle se termine par un renflement échancré sur un point de sa circonférence, de manière que sa section au lieu d'avoir la forme d'un cercle, se rapproche de celle d'un croissant ; ce vide est destiné à réverser le logement de l'épinglette. On préfère les bourroirs à bout de cuivre, de laiton ou même de zinc à ceux tout en fer; le bois convient bien, mais il dure peu.

Les matières employées pour la *bourre* doivent être exemptes de quartz ou de minéraux de dureté analogue, pour ne pas risquer de faire feu pendant le bourrage. On emploie suivant les circonstances, des saucissons d'argile préparés d'avance, de la brique ou de la tuile pilées peu cuites, du gypse, de la poussière de sel ou même du plâtre qui fait prise immédiatement. L'opération du bourrage se fait de la manière suivante : L'épinglette étant préalablement graissée pour faciliter ultérieurement sa sortie, on l'introduit dans le trou et on la pique dans la cartouche, de manière que sa pointe pénètre certainement dans le sein de la poudre, mais en restant assez loin du fond pour éviter de faire feu contre la roche ; on l'appuie alors sur le bord de la paroi. Le mineur introduit une première bourre qu'il pousse très doucement au fond, pour éviter de produire l'effet du briquet à air ; lorsque cette matière est parvenue au fond, on bourre doucement et progressivement. On ajoute ensuite d'autres bourres sans avoir besoin de prendre les mêmes précautions. Le bourrage achevé, on entoure le col de l'épinglette qui émerge d'un petit saucisson d'argile mouillée, pour éviter qu'au moment où on la retirera, les bords ne viennent pas à s'écailler, en laissant tomber dans le trou des fragments qui l'oblitéreraient. On passe alors le bourroir dans l'anneau de l'épinglette et on tire en tournant l'aiguille sur elle-même, on laisse libre de cette manière un passage pour le boute-feu qui, allumé à l'extérieur, ira porter le feu au sein de la charge.

Le bourrage est simplifié par l'emploi de l'*étoupille* qui permet la suppression de l'épinglette. L'étoupille est une cordelette renfermant suivant son axe, une traînée de poudre qui brûle avec lenteur ; après l'avoir attachée à la cartouche on descend celle-ci au fond du trou de mine, puis on bourre en ayant soin de ne pas éventrer l'étoupille.

On peut employer pour porter le feu à travers le vide laissé pour l'épinglette, deux moyens différents, le fétu et la canette. Le *fétu* se prépare en prenant une paille de blé et la coupant au-dessous de deux de ses nœuds ; on le remplit de poudre et on attache autour de l'ouverture une petite collerette de terre glaise humide qui sert à la suspendre à l'orifice du conduit. Lorsque la poudre sera enflammée, sa masse s'écoulera sous la forme gazeuse hors du fétu par l'ouverture supérieure en déterminant un mouvement de recul de cette paille jusque dans les cartouches dont elle détermine l'explosion. La *canette* se compose de petits rouleaux de papier enduits de poudre délayée et séchée que l'on enfile les uns dans les autres en nombre suffisant et que l'on introduit dans le vide laissé par l'épinglette jusqu'à la cartouche. Pour le fétu comme pour la canette, on dispose une *mèche soufrée* assez longue pour que l'ouvrier ait le temps de se retirer assez loin après l'avoir allumée. La mèche soufrée est obtenue en plongeant dans du soufre fondu des mèches de coton.

L'*étoupille de Bickford* ou de sûreté, dont l'usage prévaut de plus en plus, transmet le feu par l'intérieur avec une vitesse d'environ 1^m25 par minute. On distingue l'étoupille blanche et l'étoupille goudronnée qui permet de tirer sous l'eau. Ces fusées coûtent par rouleau de 10 mètres 0 fr. 55 pour les mèches blanches, 1 fr. 10 pour les mèches goudronnées imperméables pour travaux en roches mouillées, et 1 fr. 50 quand elles sont revêtues en gutta-percha.

La *mise en feu* se fait par le mineur qui allume la mèche avec sa lampe, ou mieux par un homme spécial qui est chargé pendant l'heure du repos d'allumer tous les coups de mine. L'emploi de l'*électricité* pour le tirage se recommande par de nombreux avantages; il permet de tirer d'aussi loin que l'on veut, même sous l'eau, il supprime la possibilité des longs feux, et dans le cas de tir par volées il assure la simultanéité de tous les coups. Trois sources d'électricité peuvent être mises en usage : les piles, les appareils d'électricité statique, enfin et surtout les machines d'induction. Quant aux conducteurs, les fils de fer n°s 10 à 15 servent dans les emplacements secs ; pour des galeries humides, il faut avoir recours au cuivre recouvert de gutta-percha.

On ne doit revenir au chantier qu'après avoir entendu le coup ; s'il y a un *raté*, on ne doit pas procéder à son débourrage, on pratique à côté un second fourneau et l'explosion en détruisant la paroi intermédiaire fait partir le coup de l'ancienne charge.

Nous avons examiné le percement des trous de mines par le choc, il nous reste à parler du forage à l'aide de *tarières*. Les tarières mues par la force de l'homme ne sont admissibles que dans les roches relativement tendres ; on les met en jeu à l'aide d'un vilebrequin, et si le trou de mine doit être foré dans un angle, on lui substitue le criquet qui n'exécute que des mouvements angulaires alternatifs. On facilite beaucoup l'usage de la tarière par l'emploi de châssis portatifs qui constituent les perforateurs à la main. Le plus répandu est le *perforateur Lisbet* (fig. 66) qui se compose d'un montant dont les deux parties peuvent jouer à coulisse l'une dans l'autre. La portion inférieure se pique dans le sol au moyen d'une pointe fixe ; la seconde s'y adapte à l'aide d'une broche. On complète le serrage avec une vis qui commande la pointe supérieure pour la piquer dans le plafond. Le porte-outil peut voyager comme un curseur le long du montant, et s'y fixer en divers points, de manière à procurer au trou de mine toutes les situations. Ce palier taraudé à l'intérieur sert d'écrou à une vis qui est elle-même creuse et traversée par la tige de la tarière ; un manchon à griffes s'embraie ou se désembraie suivant que l'on tire ou que l'on pousse sur la manivelle pendant la rotation, pour rendre la tarière et la vis à volonté solidaires ou indépendantes. Si la roche est très tendre, on réunit les deux pièces et l'outil pénètre forcément dans le massif d'un pas pour un tour. Mais si le terrain résiste à un aussi grand avancement, sous l'effort limité que peut exercer le bras de l'homme, celui-ci désembraie les vis et n'obtient plus dès ce moment que des enfoncements en rapport à la fois avec la pression qu'il exerce et avec la résistance.

Explosifs divers.

La *force* d'une poudre dépend de deux facteurs : d'une part le volume de gaz fourni par l'explosion de un kilogramme, et d'autre part la température effective qui prend naissance dans la réaction chimique mise en jeu et qui tend à déterminer une dilatation d'autant plus marquée de ce volume normal. Le choix est délicat entre une poudre *lente* et une poudre *brisante* ; il dépendra surtout de l'appropriation de leurs propriétés à celles de la roche. Une poudre brisante produit beaucoup de déchirements du côté de la surface dégagée, elle broie le massif du côté opposé ; elle donne peu de projection et n'exige qu'un bourrage sommaire. Les poudres lentes ont des propriétés inverses. L'idéal d un explosif pour les besoins du sautage des roches peut se formuler dans ces termes : une grande force sous un faible volume ; une déflagration instantanée, un chargement nécessitant peu de précautions, un allumage simple, des fumées peu abondantes, une stabilité suffisante pour supporter les transports, une sécurité relative dans la fabrication, une certaine résistance à l'action de l'eau.

La poudre de mine normale présente la composition suivante :

Salpêtre	65
Soufre	20
Charbon	15
	100

La densité sous volume apparent est 0,941 ; un kilogramme de poudre de mine développe dans le sautage 270,000 kilogrammètres et le prix du kilogramme est de 2 fr. 50. La poudre doit avoir un grain égal, dur et sans poussière, ne tachant pas la peau, De nombreuses modifications ont été apportées à la composition type ; on a substitué au salpêtre d'autres azotates, au charbon de bourdaine du tan, de la sciure de bois, etc. Mais la révolution la plus importante a été l'introduction des produits azotés autres que les nitrates, à savoir : les prussiates, les picrates, le pyroxyle et la nitroglycérine. Ces deux derniers corps, et particulièrement le dernier, sont à peu près les seuls que la pratique courante ait conservés.

Le *pyroxyle* ou coton-poudre a été découvert en 1838 par Pelouze et employé en 1846 comme explosif par Schœnbein. Il résulte de l'action d'un mélange d'acide nitrique et d'acide sulfurique avec la cellulose ; il conserve l'aspect de cette dernière substance. L'humidité rend inerte le fulmi-coton ; il reprend ses propriétés par la dessiccation. Il s'enflamme à 180° et brûle à l'air libre avec une flamme instantanée ; mais dans un espace confiné, il fait explosion avec peu de flamme et sans fumée. Un choc intense ne le fait éclater qu'au point choqué ; au contraire, la déflagration d'une matière fulminante le fait détonner, même à l'air libre. Le pyroxyle a peu réussi en général pour le tirage des mines ; mais on l'a fait figurer dans la préparation de la dynamite-gomme, très employée, dont nous parlons plus loin.

La *nitroglycérine* a été découverte en 1846 par Sobrero et employée en 1864 par Nobel au tirage des mines. On l'obtient en faisant réagir sur la glycérine un mélange d'acide azotique et d'acide sulfurique. C'est un liquide jaunâtre qui a pour densité 1,6 ; il est très peu soluble dans l'eau et inaltérable par elle ; ces diverses circonstances permettent de tirer sous l'eau, en versant la nitroglycérine avec un tube au fond de trous de mines. Elle se congèle en cristaux, quand la température s'abaisse au-dessous de cinq degrés ; en cet état elle devient extrêmement dangereuse, on ne doit y toucher sous aucun prétexte avant de l'avoir ramenée à l'état liquide en élevant la température générale, mais sans l'exposer directement à l'action du feu. Allumée à l'air, la nitroglycérine brûle tranquillement sans fumée ; le contact d'un corps incandescent ne l'enflamme pas toujours, mais il n'en est pas de même de celui de la poudre embrasée. L'explosion d'un fulminate détermine la détonation de la masse entière en exerçant à de grandes distances des ravages effroyables. La plupart des gouvernements ont interdit le transport de la nitroglycérine, en n'autorisant son emploi que dans des cas exceptionnels.

Cette merveilleuse puissance serait donc restée sans emploi si M. Nobel n'avait pas réussi à discipliner cet agent formidable en en faisant la base de la dynamite. La dynamite est un mélange intime de nitroglycérine et d'une substance absorbante et poreuse destinée à isoler ce liquide dans une foule de petits récipients élémentaires. Pour les *dynamites à base inerte*, on se sert de substances sans aucune action propre, et pour les dynamites à base active, des matières explosibles par elles-mêmes. Dans la première catégorie, on a utilisé le Kieselguhr d'Oberlohe (Hanovre), formé du résidu siliceux de diatomacées, la randanite d'Angers, une terre de Vierzon, etc. ; comme bases actives, on a employé le charbon, le salpêtre, etc. Le type de dynamite le plus employé, le n° 3, forme une masse pâteuse de couleur rougeâtre ; elle gèle à 8 degrés et peut dans cet état produire des accidents terribles si on la touche avec des instruments de fer et qu'on l'approche du feu. Il suffit pour éviter son durcissement de porter les cartouches dans la poche du pantalon, et si on les a laissées geler, il faut absolument les dégeler au bain-marie.

La dynamite enflammée à l'air libre brûle avec une grande flamme ; mais avec le moindre bourrage, elle produit si on l'enflamme une violente détonation. Le moyen de déterminer à coup sûr l'explosion est l'intervention d'une matière fulminante ; on en forme des capsules en remplissant d'un mélange de 80 parties de fulminate de mercure et de 20 parties de chlorate de potasse, des tubes de cuivre de 5 millimètres de diamètre sur 20 de longueur. Pour charger un coup de mine, on introduit l'extrémité de l'étoupille de sûreté, ou les fils électriques, dans le tube de la capsule et l'on presse un peu le métal avec une pierre pour bourrer la fulminate ; on insère le tout dans la cartouche de dynamite en la liant à la gorge. Il suffit d'amorcer une seule cartouche ; si on en superpose plusieurs dans le même trou, la première fait partir les autres. Un bourrage léger suffit ; jamais un coup de dynamite ne doit être débourré : on le fera partir en pratiquant de nouveaux pétards dans le voisinage.

Le plus important mélange qui emploie le pyroxyle est la *dynamite gomme*, formée de 86 parties de nitroglycérine, 10 de coton nitré et 4 de camphre. Cette substance, d'une consistance gommeuse et qui paraît posséder la plus formidable puissance explosive que l'on connaisse jusqu'ici, a l'avantage de ne pas geler aux mêmes températures que les précédentes et de ne donner aucune exsudation même sous une forte pression.

Dans une exploitation d'une certaine importance, on emploie pour conserver les cartouches de dynamite, une *dynamitière* dans laquelle on peut laisser la dynamite, sans craindre de la voir geler pendant l'hiver. Cette dynamitière (fig. 75), qui a 2 mètres sur 2 mètres intérieurement, est formée par une charpente en chevrons de sapin, à deux enveloppes, ou lambris de sapin avec couvre-joints, laissant un intervalle de 0ᵐ 30 qu'on remplit de sciure de bois bien sèche. Cette dynamitière est placée sur un chantier en bois et est abritée par un rempart en terre de 2 mètres de hauteur.

Rien n'est plus difficile que de définir *a priori* les résultats obtenus dans les diverses roches et les consommations qui leur correspondent.

Le prix de l'abatage dans les ouvrages de mines varie entre des limites très éloignées. En effet, ce prix dépend non seulement de la dureté de la roche à excaver et de sa ténacité, mais encore de la structure de cette roche, massive ou stratifiée, plus ou moins fissurée, de la forme et des dimensions de l'excavation ; enfin de causes moins variables, telles que le prix de la journée du mineur, son aptitude à ce genre de travail, et le prix des consommations qui sont la poudre, l'acier et l'huile pour éclairage.

Les travaux à ciel ouvert sont ceux où l'abatage présente le moins de difficultés, car non seulement les massifs y sont parfaitement dégagés, mais on peut y faire agir la poudre à plus forte charge. Dans les galeries de mines, le travail est beaucoup plus lent, les roches ne peuvent être enlevées pour ainsi dire que par écailles. Indépendamment de la dureté de la roche, son état fissuré et les clivages du sol naturel exercent la plus grande influence sur le temps nécessaire au percement. Pour les mêmes roches, le prix du mètre cube abattu diminue à mesure que la section de la galerie est plus grande ; dans le fonçage des puits, la disposition étant encore moins favorable, puisque le poids des blocs s'oppose au lieu d'aider à l'abatage, il faut compter au moins un quart en sus dans les quantités de temps et de poudre, et jusqu'à moitié si le travail est gêné par les eaux. On peut cependant formuler quelques points de comparaison, suffisants pour poser les bases d'un avant-projet. Nous donnons, d'après M. Pernollet, le tableau suivant :

NATURE DES ROCHES	NOMBRE de journées employées par mètre courant de galerie.	POIDS de poudre consommée	PRIX DE REVIENT DU		Avancement mensuel
			mètre courant	mètre cube	
		Kilog.	Francs.	Francs.	Mètres.
Roches récalcitrantes exceptionnelles..	50	12	236	67	2
Granite dur et quartzeux.............	20 à 30	8 à 10	120 à 145	34 à 41	3,33 à 5
Avancement dans des filons très durs..	24	3,5	104,75	30	4
Grès et poudingues.................	15 à 20	4 à 8	70 à 100	20 à 28,50	5 à 6,67
Granite ordinaire...................	10 à 15	3 à 4	47,50 à 70	13,50 à 20	6,67 à 10
Schiste argileux ou micacé tendre......	7 à 10	1,5 à 3	31,75 à 47,50	9 à 13,50	10 à 14
Terrain houiller facile...............	4 à 6	1 à 1,5	18,50 à 27,75	5,20 à 8	15 à 25

Perforation mécanique.

Les appareils mécaniques les plus usités actuellement dans les mines pour l'abatage sont les perforateurs à percussion, mus à l'*air comprimé*. Ces appareils, dont les types les plus connus sont le perforateur Sommeiller, avec lequel a été creusé le tunnel du Mont-Cenis, et le perforateur Dubois qui a été adopté dans un grand nombre de mines, portent un fleuret avec lequel ils forent les trous de mine, en battant à la manière des mineurs. La seule différence, c'est que, comme les perforateurs ne peuvent pas prendre toutes les directions que la main de l'ouvrier peut donner au fleuret, on doit forer des trous plus nombreux et plus profonds pour compenser la mauvaise direction, qui est toujours plus ou moins parallèle à l'axe de la galerie ou du puits en creusement. Dans un autre mode, la perforation mécanique prend la place de l'explosif lui-même pour l'utilisation du trou perforé ; c'est le *bosseyage mécanique* qui s'effectue avec les mêmes appareils que le forage du trou, c'est-à-dire les perforateurs en substituant dans la machine une masse au fleuret et plaçant dans le trou de mine une aiguille infernale sur laquelle la masse, mue par l'air comprimé, vient frapper jusqu'à éclatement de la roche.

En ce qui concerne le moteur destiné à actionner le perforateur, on emploie, comme nous l'avons dit presque universellement, l'air comprimé fourni par des compresseurs ; on a employé également, quoique sur une échelle moindre, la force hydraulique ; on a réalisé sous ce rapport, au percement du tunnel de l'Arlberg, des pressions de 80 à 100 atmosphères.

En ce qui concerne l'outil lui-même, il peut être rotatif ou à percussion. Le premier de ces deux types est de beaucoup le moins répandu. Les *perforatrices percutantes* peuvent elles-mêmes opérer de deux manières différentes, suivant que l'on y copie le travail de la barre à mine, ou le double choc du forage avec le burin et la massette. La vraie solution est calquée sur l'emploi de la barre à mine guidée, lancée par l'aide de l'air comprimé. Le fleuret doit être animé de trois mouvements ; celui de frappe ou de va-et-vient, sa rotation sur lui-même, la progression, destinée à suivre l'approfondissement. Le mouvement de *va-et-vient* est produit par la distribution de l'air comprimé, que l'on envoie dans le cylindre alternativement sur les faces postérieure et antérieure du piston-porte-fleuret. L'action doit être du reste très inégale sur les deux sens ; pour la marche en avant il faut brutaliser la roche ; au contraire dans le retour, il convient de ménager le fond du cylindre. Cette inégalité s'obtient très simplement en donnant un grand diamètre à la tige. De cette manière, pour une même action du piston recevant la pression motrice pour lancer le fleuret, celle-ci ne s'exerce plus, dans le retour, que sur une couronne de faible épaisseur. La distribution s'obtient en obturant ou démasquant aux instants convenables, certains orifices pratiqués dans la paroi du cylindre et communiquant avec l'air comprimé ou l'atmosphère extérieure.

Le second mouvement imprimé au fleuret doit être une *rotation* sur lui-même, qu'on réalise aujourd'hui par l'emploi d'une rainure hélicoïdale pratiquée sur la tige du piston et engrenant avec une pièce en forme d'écrou, susceptible de tourner sur son axe. Le frottement est suffisamment dur pour que pendant la course en avant les deux organes restent solidaires. L'écrou tourne alors sur lui-même, attendu que le mouvement relatif des deux pièces doit être nécessairement hélicoïdal. Mais, dans le retour, un pied de biche s'oppose à la rotation inverse de l'écrou ; c'est par suite le piston qui se trouve obligé de prendre pour son compte ce mouvement relatif hélicoïdal. Il tourne donc d'un certain angle en même temps qu'il recule.

Le *mouvement progressif* est laissé le plus souvent à la disposition du mécanicien dont l'attention doit être tenue en éveil pour empêcher qu'en raison de l'avancement, les courses croissantes du piston-porte-fleuret n'arrivent à défoncer le cylindre. Cependant avec certains perforateurs on réalise automatiquement cet avancement.

Le perforateur est installé sur un *affût* roulant sur la voie ferrée de la galerie. Un même affût porte plusieurs perforatrices que des genoux permettent d'incliner dans toutes les directions. Dans la perforation verticale adoptée au fonçage des puits, la forme de l'affût se rapproche de celle d'un trépied, ou se réduit à de simples barres arc-boutées dans les parois.

La perforation mécanique présente une supériorité incontestable sur le travail à la main sous le rapport de la vitesse ; à cet égard son emploi procure toujours une accélération marquée d'autant plus sensible que les roches sont plus dures. L'avancement presque toujours doublé, a été parfois quadruplé. Quant à l'effet exercé directement sur le prix de revient, il est ordinairement en sens contraire et a l'avantage de la main-d'œuvre ordinaire. Les dépenses de premier établissement à faire, pour installer une perforation mécanique, varieront de 40,000 à 125,000 francs suivant la puissance et le luxe de l'installation. Voici les frais de premier établissement d'une perforation à air comprimé établie très économiquement :

Bâtiment de la machine .... 10.000 fr.
Fondation de la machine 3.000
Moteur à vapeur de $0^m.35$ de diamètre et
    $0^m.75$ de course 8.000
Un compresseur Sommeiller de $0^m.45$ de
    diamètre et $1^m.40$ de course 7.500
Réservoir d'air de 15 mètres cubes........ 1.860
Conduite d'air en fer de $0^m.75$ de diamètre
    et 1,670 mètres de longueur 10.020
5 perforateurs, pour 4 en service.......... 7.500
Affût portant les perforateurs............ 3.500
Fleurets et accessoires divers............ 3.000

                                 Total :   54.380 fr.

CHAPITRE VII.

Voies de communication.

Lorsque des travaux souterrains sont pratiqués
dans les roches solides dont la nature minéralogique
est telle qu'elles résistent à la fois à la décomposition
et à l'action des eaux, les excavations se soutiennent
naturellement et il suffit de maintenir les voûtes soit
par des piliers de la matière elle-même, soit par des
murs de remblais dont les dispositions ont été suffisamment indiquées dans les diverses méthodes d'exploitation. Mais dans la plupart des cas, les roches
sont fissurées, et une fois entaillées, elles se fissurent
encore davantage ; de plus elles se renflent et elles se
dilatent par le contact de l'air humide et de l'eau ; en
sorte que si elles n'étaient soutenues par des moyens
spéciaux, les voûtes s'ébranleraient promptement, ou

les parois se resserraient par l'effet des poussées latérales et du renflement des roches. C'est ainsi que la
plupart des excavations dont la date est ancienne sont
aujourd'hui comblées. Mais il ne faut pas attendre que
ces effets se produisent pour les combattre, car les
efforts qui amènent les éboulements ou les resserre-
ments vont toujours en croissant, et il est souvent
plus difficile et plus coûteux de rentrer dans des travaux ainsi comblés que d'en excaver de nouveaux. Il
faut donc prévenir l'altération des roches avant que
ces effets n'aient commencé à se manifester et les
maintenir dans leur position première. La pratique
fait connaître assez rapidement les roches qui ont
besoin de soutènement et pour exécuter ce soutènement, les mineurs emploient le boisage, le muraillement ou le blindage suivant la forme des travaux, la
nature minéralogique des roches et les convenances
locales.

Trois classes d'ouvrages peuvent se présenter : chantiers, voie de comunication, points singuliers. La description du premier ne nous occupera qu'au chapitre
relatif à l'exploitation souterraine ; les points singuliers n'ont qu'une importance très effacée, et l'étude
actuelle, tout en les signalant, comprendra surtout la
description des voies de communication.

La communication entre deux points donnés peut
s'effectuer suivant une ligne quelconque, cependant il
est clair que le type fondamental sera la ligne droite.
Si les génératrices de la voie sont rigoureusement verticales, elle prend le nom de *puits ;* si elles sont
horizontales, celui de *galerie ;* quand elles sont inclinées, celui de *montage.* En réalité, une galerie n'est
presque jamais horizontale, on lui donne une légère
pente pour la facilité du roulage et l'écoulement des
eaux. Quand la nature du terrain ne permet pas de

constituer directement le degré de vide indispensable pour les manœuvres de l'homme et le passage des véhicules, il devient nécessaire, comme nous l'avons dit, de venir en aide à cette solidité insuffisante, c'est l'objet du soutènement. Le choix à faire pour le soutènement dépendra : accessoirement, du prix relatif des divers matériaux et de la main-d'œuvre dans le pays ; principalement, du temps pendant lequel l'ouvrage considéré devra être ouvert à la circulation et de l'importance que peut avoir cette circulation.

Boisage.

Les bois sont très rarement employés dans les mines pour résister en vertu de leur force absolue, c'est-à-dire à deux efforts agissant en sens inverse et tendant à provoquer la rupture par l'extension des fibres. Le seul cas de cet emploi est peut-être celui de l'épuisement où le bois est employé comme tirant de pompe. Dans les boisages ordinaires les pièces résistent presque toujours en vertu de leur résistance relative ; c'est-à-dire que les extrémités étant fixes, sont sollicitées par des efforts agissant entre ces points pour les faire fléchir. En effet la résistance à l'écrasement ne s'exerce que lorsque la longueur des pièces est au-dessous de cinq à six fois leur diamètre ; autrement il y a flexion, c'est-à-dire transformation de ce mode de résistance en résistance relative qui est toujours beaucoup moindre. Dans les mines on peut rarement calculer l'effort que les bois auront à supporter ; ce n'est donc que par tâtonnement et par habitude qu'on arrive à déterminer les conditions de résistance. Comme d'ailleurs, dans les boisages permanents, on veut non seulement prévenir la rupture, mais même la flexion des bois, on emploie toujours un très grand excès de force ; cet excès est encore nécessité par cette considération, que les pièces doivent être assez fortes et assez multipliées pour prévenir tout accident résultant de l'altération d'une partie d'entre elles. Ces diverses conditions jointes à la nécessité de se procurer des bois en grande quantité et d'une manière continue, ce qui en limite l'échantillonnage à des dimensions assez faibles, ont déterminé des données purement pratiques pour les diverses circonstances qui se présentent dans les mines.

On sait que les bois se composent de couches concentriques ; celles de l'intérieur sont plus résistantes que l'aubier qui constitue la surface extérieure, bien qu'on puisse rendre l'aubier plus compacte et plus fort en écorçant sur pied, plusieurs mois avant de les abattre, les arbres destinés au boisage des mines. Les pièces doivent être toujours écorcées avec soin avant leur emploi, car les parties d'écorces adhérentes en hâtent singulièrement l'altération et en diminuent la durée. Les *conditions* que doivent remplir de bons bois de mines sont les suivantes : la solidité, la rectilignité, la légèreté, la résistance à l'humidité, la résistance au mauvais air. Les bois doivent autant que possible être employés ronds et entiers ; les plus jeunes sont les meilleurs, les vieux étant moins compactes, sont perméables à l'eau et pourrissent rapidement.

On a proposé divers procédés de *conservation* des bois et M. Fayol a fait des études comparatives portant à la fois sur l'influence de l'essence végétale et sur celle du réactif employé. Les chiffres de durée proportionnelle mentionnés dans le tableau ont été établis, en prenant pour unité pour chaque espèce celle du même bois à l'état naturel ; on considère en outre comme usées les pièces qui ont perdu la moitié de leur résistance.

<table>
<tr><td rowspan="3">ESSENCES</td><td colspan="7" align="center">PROCÉDÉS DE CONSERVATION</td></tr>
<tr><td>Eau de mine</td><td>Carbonisation</td><td>Goudron</td><td>Créosote</td><td>Chlorure de zinc</td><td>Sulfate de cuivre</td><td>Sulfate de fer</td></tr>
<tr><td></td><td></td><td></td><td></td><td></td><td></td><td></td></tr>
<tr><td>Acacia................</td><td>1.20</td><td>7.22</td><td>5.33</td><td>2.20</td><td>40.00</td><td>8.00</td><td>26.60</td></tr>
<tr><td>Alizier ....</td><td>»</td><td>»</td><td>1.00</td><td>»</td><td>20.00</td><td>»</td><td>50.00</td></tr>
<tr><td>Bouleau...............</td><td>1.00</td><td>»</td><td>»</td><td>»</td><td>50.00</td><td>2.66</td><td>13.33</td></tr>
<tr><td>Cerisier...............</td><td>1.66</td><td>»</td><td>3.16</td><td>»</td><td>»</td><td>2.50</td><td>1.83</td></tr>
<tr><td>Charme...............</td><td>3.00</td><td>2.50</td><td>7.00</td><td>15.00</td><td>50.00</td><td>»</td><td>12.00</td></tr>
<tr><td>Chêne ....</td><td>10.40</td><td>1.00</td><td>14.40</td><td>3.60</td><td>14.40</td><td>38.40</td><td>28.80</td></tr>
<tr><td>Erable...............</td><td>2.50</td><td>3.00</td><td>6.00</td><td>12.00</td><td>»</td><td>7.50</td><td>»</td></tr>
<tr><td>Hêtre ....</td><td>1.00</td><td>1.37</td><td>6.00</td><td>1.75</td><td>50.00</td><td>50.00</td><td>7.50</td></tr>
<tr><td>Peuplier ....</td><td>1.00</td><td>»</td><td>2.20</td><td>»</td><td>»</td><td>11.38</td><td>2.61</td></tr>
<tr><td>Pin maritime..........</td><td>1.00</td><td>1.00</td><td>»</td><td>40.00</td><td>8.00</td><td>5.33</td><td>2.66</td></tr>
<tr><td>Tremble ....</td><td>1.00</td><td>»</td><td>2.50</td><td>»</td><td>»</td><td>2.50</td><td>8.00</td></tr>
<tr><td>Verne ....</td><td>1.00</td><td>1.00</td><td>2.11</td><td>40.00</td><td>40.00</td><td>4.00</td><td>10.00</td></tr>
</table>

Quant à la *durée* absolue, elle a pour chaque espèce la valeur suivante :

Chêne	50 mois.
Hêtre	24 —
Bouleau, cerisier, peuplier, pin, tremble, verne	18 —
Acacia	9 —
Charme, érable	6 —

Ces divers nombres multipliés par les coefficients renfermés dans le premier tableau, permettent de faire la double comparaison qui résulte du choix de l'essence et du procédé.

Au point de vue de *l'emploi*, on divise les bois en *rondins* ou *demi-rondins* en fendant les premiers suivant un plan méridien; ceux qui sont d'un moindre diamètre s'appellent *perches,* et les plus minces *rallongues*. Pour les garnissages on se sert *d'esclimbes*, obtenues en refendant en quatre de petits rondins ; de *croûtes* enlevées par l'équarrissage sur le flanc des pièces rondes ; de *veloutes*, de *fagotages*, de *fascines*, pour les parties les plus ébouleuses. Les bois ouvragés sont les *sommiers* pour les plus forts équarrissages, les *madriers* et les *palplanches*, sortes de planches épaisses et régulièrement dressées ; les *écoins*, pièces analogues de faible longueur. Les bouts rejetés sont refendus pour former des *picots*, des coins, des *plat-coins*, des *briques de bois*.

Le plus généralement, *l'achat* des bois de mines se fait au stère, à la tonne ou mieux au mètre courant, en stipulant pour les rondins un certain diamètre minimum au petit bout, ces rondins étant ou de longueur, ou débités à l'avance sur la longueur unique, ou sur les quelques longueurs réclamées par les couches exploitées. La section du bois peut être estimée en mesurant avec une ficelle la circonférence, $2 \pi r$, au milieu du rondin, en prenant le quart de cette circonférence, l'élevant au carré et prenant les quatre cinquièmes du nombre ainsi trouvé. Cette formule empirique donne à peu près exactement la section de la pièce de bois que le rondin peut fournir.

Les bois de mines doivent être mis en *dépôt* à couvert ou tout au moins sur un sol pavé, légèrement incliné, exposé au nord ; les gros bois sont empilés sur des chantiers, les perches sont posées debout contre des gibets ; on doit écarter les pièces qui commencent à s'altérer. Pour empêcher l'eau de s'infiltrer dans le tissu des bois, il faut y faire le moins de coupures possible ; celles qu'on est obligé d'y pratiquer doivent être recouvertes dans les assemblages par les parties adjacentes, il serait même bon de les goudronner à chaud. Il faut éviter les traits de scie qui laissent les surfaces inégales et spongieuses qui pourraient retenir les eaux et ne travailler les bois qu'à la hache ou à l'herminette ou du moins recouper les surfaces sciées avec un instrument tranchant. La *hache* de mineur a 0^m.21 de longueur, 0^m.17 de hauteur, 0^m.04 d'épaisseur au corps; elle pèse 1 kilog. et coûte 1 fr. 20 plus 0 fr. 20 pour le prix du manche. Les *assemblages* sont simples et se font le plus souvent en gorge de loup (fig. 67).

Aux conditions générales qui précèdent, il faut joindre les principes suivants : disposer les boisages de manière que les pièces soient aussi courtes que possible ; encastrer solidement les extrémités de chacune et établir ainsi les boisages dans un état de tension générale ; éviter de faire porter la charge sur un seul point d'une pièce toutes les fois qu'on peut répartir cette charge sur toute sa longueur ; si l'on emploie des bois refendus, faire porter la face refendue contre les rochers. Enfin il faut éviter que les boisages intérieurs soient soumis à des alternatives de sécheresse et d'humidité ; ces alternatives détériorent rapidement les bois et avec quelques précautions il est toujours facile de maintenir les diverses parties des travaux souterrains dans un état constamment sec ou humide.

Boisage des galeries et des tailles.

Lorsqu'on perce une galerie, même dans un terrain peu solide, on peut généralement pénétrer de plus d'un mètre sans aucun soutènement et boiser pas à pas à mesure qu'on s'avance. Supposons d'abord que les quatre faces de la galerie, le toit, le mur et les parois latérales, aient besoin de soutènement ; il faudra y établir ce qu'on appelle un boisage complet, composé de *cadres* et de *garnissages*. Chaque cadre complet (fig. 68) est formé de quatre pièces : un *chapeau* ou corniche, placé au faîte de la galerie ; deux *montants,* ordinairement un peu inclinés pour diminuer la portée du chapeau ; une *sole* ou semelle placée sur le sol et servant de base aux montants. Tous les bois qui composent le cadre doivent être écorcés, ainsi qu'il a été dit, les assemblages sont à mi-bois, de manière à se recouvrir exactement sans se dépasser. Le chapeau se fait avec les bois les plus forts ; son diamètre ordinaire est de $0^m.20$, celui des montants est une moyenne de $0^m.16$; l'extrémité la plus forte est ordinairement placée vers le chapeau. La sole reçoit toute la base des montants par une seule entaille, et la galerie est légèrement creusée en-dessous, afin qu'elle ne porte sur la roche que par les extrémités. L'espacement des cadres dépend de la poussée plus ou moins grande des terrains et varie en moyenne de

0^m.65 à 1^m.33 ; il faut donc soutenir les parties de roche laissées à découvert entre les cadres, au moyen de bois de garnissage appuyés sur deux d'entre eux. Ces bois sont de fortes planches, ou mieux encore des demi-rondins dont on place la partie plane contre la roche. Ces bois doivent avoir pour longueur minimum, l'espacement de deux cadres d'axe en axe, augmenté d'une fois le diamètre des montants, afin qu'ils puissent s'appuyer à la fois sur les deux cadres, et soutenir ainsi les portions de roche intermédiaires. On remblaie les petits vides qui existent entre les parois et les bois ; puis on chasse des coins entre les garnissages et les cadres partout où il est nécessaire, pour établir l'ensemble du boisage dans un état de tension générale contre les parois, état de tension qui empêche les mouvements partiels et l'irrégularité des pressions, causes ordinaires des ruptures.

Il n'est pas toujours nécessaire que les boisages soient établis d'une manière aussi complète. Lorsque le sol est assez solide pour que l'on puisse supprimer les semelles des cadres, on encastre simplement la base des montants dans des entailles. D'autre fois une des parois sera assez solide pour qu'on n'établisse qu'un *demi-boisage;* enfin il arrive encore dans les filons que le faîte seul a besoin de soutien, les épontes étant saines et solides ; dès lors on encastre simplement des chapeaux dans des entailles ou potelles que l'on pratique dans la roche pour en recevoir les deux extrémités ; on a alors les *boisages du faîte.*

Dans quelques circonstances les dimensions des galeries et les poussées du faîte ou des parois exigent l'établissement de *boisages renforcés ;* on peut soulager la portée du chapeau en supportant son milieu par une butte centrale (fig. 37) suivant l'axe de symétrie du cadre. Si la galerie est particulièrement élevée, on entretoise les montants près du faîte (fig. 38) au moyen d'un tendard pour s'opposer à leur flexion par les poussées latérales.

Quelle que soit la forme du boisage, les cadres doivent être placés bien perpendiculairement à la direction de la galerie ; ils seront donc inclinés dans une descenderie ou dans un montage, de manière à soutenir perpendiculairement l'effort du toit et du mur ; sans cette précaution, ils seraient exposés à glisser sous l'effort, et il en résulterait la chute subite du boisage et l'écroulement du faîte ou des parois. Un cadre dont les pièces commencent à ployer doit être immédiatement renforcé ou remplacé.

Lorsque les boisages doivent supporter des *déblais*, comme par exemple dans les galeries placées au-dessous d'ouvrages en gradins renversés, les bois toujours établis perpendiculairement au toit et au mur, sont butés par une extrémité dans une entaille et par l'autre contre un coin disposé de telle sorte que la charge augmente le serrage. La longueur des bois doit toujours être plus grande que la distance entre le toit et le mur, de sorte qu'ils doivent être refoulés ou brisés avant d'échapper. Enfin si la charge est forte ou si une pièce vient à fléchir, on emploie le boisage dit en Kastes (fig. 31) qui se compose de deux jambes de force, soutenant de fortes pièces de bois placées en travers et sur lesquelles on établit d'autres pièces de bois en long.

Le *prix de revient* pour un cadre ordinaire se décompose ordinairement de la manière suivante ; la pose revient à 1 fr. ou 1 fr. 50, il y entre 3 à 5 francs de bois. Si l'on y ajoute un garnissage, la quantité afférente à chaque cadre en élèvera le prix de 1 ou 2 francs, suivant que ce revêtement sera plus ou moins développé et les cadres plus ou moins espacés. Avec un garnissage complet, et un espacement de 3 cadres pour 2 mètres, le boisage du mètre courant pourra ressortir à 10 francs environ.

Dans certains cas exceptionnels, le cadre ne forme plus que l'arceau d'une voûte en bois. Dans la mine de Hallstadt (Salzkammergut), l'arceau forme un polygone d'un grand nombre de côtés très courts que l'on peut assimiler à un profil courbe de forme ovoïde; dans un autre dispositif, on assemble des rondins suivant les génératrices du cylindre de la galerie, en ayant soin de faire chevaucher leurs longueurs. Dans d'autres mines, on a employé de véritables *voûtes* faites avec des briques de bois.

Le boisage dans l'intérieur des *tailles* n'étant que provisoire, doit toujours être très simple. Le plus souvent il consiste en étais placés verticalement du toit au mur et serrés au moyen d'une planche en forme de coin qui sert à caler la base ou le sommet. Dans les tailles qui n'ont qu'un mètre de hauteur, des étais de 0^m.12 à 0^m.15 de diamètre, alignés à des distances de 1^m.50 suffisent ordinairement pour donner toute sécurité. Dans les tailles élevées on emploie des étais de 0^m.20 à 0^m.30 de diamètre alignés et serrant de fortes planches ou plutôt des madriers contre le toit ; ces étais doivent aussi être calés perpendiculairement au plan de la couche ou filon. Dans un boisage ainsi disposé, les roches stratifiées du toit sont soutenues par les madriers appuyés eux-mêmes sur les étais et ne peuvent se fendre, se diviser en écailles et s'écrouler sans que la flexion ou fracture du bois avertisse les ouvriers assez promptement pour qu'ils aient le temps de se retirer. Lorsque dans des tailles ainsi boisées, on bat en retraite, il est facile de retirer sans

er environ la moitié des bois en desserrant les

e la base ; le reste est enlevé au moyen de

cordes, et doit même être sacrifié si le terrain est tel
que cet enlèvement ne puisse se faire sans péril. Ces
boisages étant fort simples et très importants pour la
sûreté des mineurs, on leur en confie toujours la pose.

Pour faciliter le montage et le démontage des étais
ou *buttes* ou *chandelles*, on peut faire reposer leur
base sur un tas de menu maintenu par un cercle de
fer. Il suffit alors pour déboiser d'ouvrir le cercle qui
est fermé par un boulon ; le menu s'échappe et la
butte desserrée, tombe. Les Anglais font un grand
usage de piles rectangulaires de cadres de bois de
champ, superposés avec une base de menu ; on les
appelle choks.

Boisage des puits.

Le boisage des puits a les plus grandes analogies
avec celui des galeries et se compose comme lui de
cadres et de garnissages. Les *cadres* sont formés de
deux pièces longues dites pièces *porteuses* et de deux
plus courtes entaillées et superposées aux premières ;
les saillies des pièces porteuses sont engagées dans
des entailles ou *potelles* pratiquées dans la roche, et
les cadres sont ainsi placés dans le puits à des distances de 0^m60 à 1^m33, suivant la consistance des
roches (fig. 71). A mesure qu'on pose les cadres, on
chasse derrière eux des bois de *garnissage,* portant à
la fois sur deux cadres et serrés comme dans les
galeries par des coins qui établissent le boisage dans
un état de tension générale contre les parois. Pour
augmenter la solidarité de tout le boisage, on relie les
cadres entre eux en clouant et chevillant des planches
sur les faces intérieures. Ces planches sont appelées
croisées lorsqu'elles n'ont d'autre but que d'établir la
solidarité du boisage, et *coulants* dans les puits à

extraction par bennes, pour faciliter le mouvement des tonnes, en les empêchant de s'accrocher au boisage. Enfin, à l'orifice du puits, on place un cadre dans lequel les abouts des pièces ont des saillies de $0^m 60$ environ et qui est assez fort pour supporter en partie le boisage inférieur qui se trouve lié à un premier cadre par les croisées. On soulage parfois le poids de l'ensemble, en établissant de distance en distance des *cadres porteurs*, appelés aussi *cadres à oreilles*, rouets ou coulisses, dont les diverses pièces plus longues que les côtés du polygone de section droite, pénètrent dans le sein de la roche où elles sont logées dans des potelles.

La forme et les dimensions des puits sont sujettes à beaucoup plus de variations que celles des galeries. Le plus souvent les puits sont rectangulaires et ont en largeur $1^m 30$ sur 2, 3 et 4 mètres de longueur. On divise habituellement les puits rectangulaires en plusieurs compartiments, suivant les usages du service, soit même pour séparer seulement la cage descendante de la cage montante. Cette division augmente la solidité du boisage, les bois avec lesquels se font les séparations, étant engagés à tenons et mortaises sur les longues pièces de chaque cadre, diminuent leur portée ; des croisées sont également chevillées sur ces pièces (fig. 36).

D'autres fois la section est en polygone régulier, d'un assez grand nombre de côtés pour qu'elle se rapproche suffisamment de la forme circulaire, au moins seize, et parfois jusqu'à vingt-deux. Cet ouvrage présente une certaine analogie avec les douelles d'une cuve, d'où le nom de *cuvelage* qu'il porte ordinairement. Les cadres sont jointifs si la poussée l'exige ; plus ou moins espacés dans les terrains plus solides. Pour maintenir alors les distances, on insère dans les angles des montants verticaux reliés aux cadres par des goussets.

Pour donner une idée de ce que peut coûter le boisage d'un puits, nous donnons ci-dessous la dépense faite dans un cas simple : puits de 4 mètres sur 1 mètre 30 dans œuvre, divisé en trois compartiments, deux d'extraction et un de retour d'air ; un cadre par mètre se composera de deux pièces de $4^m 40$, deux pièces de $1^m 70$, deux bois de refend de $1^m 30$, soit 14 mètres 80 de bois équarri de $0^m 20$ de côté ou $0^m 592$ cube à 80 fr., soit 47 fr. 36 ; quatre poteaux dans les angles pour relier les cadres, 4 fr. ; 25 mètres de garnissage, 3 fr. 75 ; 5 mètres de coulantage des compartiments, 15 fr. ; main-d'œuvre de pose et frais divers, 10 fr. Ce qui donne un total de 80 fr. 11 par mètre de puits.

Muraillement et blindage.

Le muraillement convient surtout aux ouvrages à grandes sections qui doivent être établis dans les conditions d'une longue durée et d'un faible entretien ; il est quelquefois nécessaire même dans les ouvrages à petite section, lorsque ces ouvrages traversent des terrains argileux qui se renflent par le contact de l'air et exercent des pressions que le boisage aurait peine à supporter. Les muraillements souterrains se font soit en *moëllons* bruts, soit en *briques*. Pour le *mortier*, on emploie d'ordinaire la chaux hydraulique gâchée serrée avec peu d'eau ; les joints doivent être minces, mais bien liaisonnés.

On fait certaines maçonneries en *pierres sèches*, en supprimant le mortier ; ce système n'est autre chose qu'un remblai très soigné, et il fonctionne bien quand il ne s'agit que de soutènements provisoires menacés de poussées ; on donne de la solidité à l'ouvrage en disposant en parpaings, c'est-à-dire perpendiculairement au parement les pierres les plus longues, ou encore du vieux bois.

Le *muraillement* complet d'une *galerie* se compose d'une voûte à plein cintre établie sur deux piédroits pour soutenir le couronnement et les parois. La figure 35 représente la section d'une galerie muraillée ; on y remarque la charpente qui a servi à la construction de la voûte. Souvent on dispose une voûte renversée pour empêcher la poussée et le gonflement du sol. Cette disposition a même conduit dans beaucoup où l'on a besoin de donner l'écoulement aux eaux, à adopter un muraillement *elliptique* (fig. 69) ; un plancher établi au-dessus du fond sert à l'écoulement des eaux et facilite le roulage. Si le terrain présente une solidité suffisante, on supprime les piédroits et l'on se contente d'une voûte en *plein cintre* ou *surbaissée*, suivant les cas, qui prend ses naissances dans la roche même. On ne doit pas murailler trop tôt dans un terrain en mouvement, il faut y établir un boisage qui plie et cède en conservant son intégrité.

Pour donner une idée de ce que peut coûter le muraillement dans un cas simple, on a établi ci-dessous la dépense faite : galerie formée de deux piédroits de . 1 mètre de hauteur, entrés de 0^m10 à 0^m20 dans le sol, et ayant de 0^m60 à 1 mètre d'épaisseur, construits en moëllons et surmontés d'une voûte en plein cintre d'un mètre de rayon et de 0^m50 d'épaisseur, construite en briques ; deux piédroits de 1^m20 sur l'épaisseur moyenne de 0^m80 donnent par mètre courant 1^m92 à 11 fr. 60, soit 22 fr. 27. Une voûte d'une brique 1/2 sur 1 mètre de rayon donnera 1^m37 par mètre courant à 18 fr., soit 24 fr. 66, et enfin un total par mètre courant de galerie de 46 fr. 93 cent. Cette dépense peut être considérablement réduite si on a les briques à meilleur marché et les moëllons dans la mine même.

De même que le boisage, le muraillement s'exécute par portions, suivant les besoins; on peut combiner des portions de boisage avec des portions de muraillement; enfin, l'on emploie quelquefois le muraillement dans les tailles d'exploitation pour maintenir des galeries au-dessous des déblais.

Les puits muraillés sont ordinairement ronds ou elliptiques; on y emploie le moëllon piqué et surtout la brique; la pierre de taille, les moëllons artificiels de béton et le béton monolithe coulé d'une manière continue, sont beaucoup plus rares. La méthode la plus simple consiste à foncer le puits jusqu'à la profondeur qu'il doit avoir, en soutenant les parois par un boisage provisoire, puis à élever le muraillement à partir du fond. La fondation de ce muraillement est établie sur un cadre carré dont les pièces sont saillantes et engagées dans des entailles faites aux parois; sur ce cadre est posé un rouet également en bois de chêne et ayant la forme du puits. Il ne reste plus qu'à monter la maçonnerie, en ayant soin d'engager de distance en distance des cadres fondamentaux, pour que les matériaux de la base ne soient pas écrasés par la charge de tout le muraillement. On peut également renforcer en forme de double tronc de cône l'épaisseur de la maçonnerie. L'épaisseur d'un revêtement cylindrique est au moins de $0^m 25$ à $0^m 30$ avec les moëllons et de $0^m 30$ à $0^m 50$ pour les briques. Lorsque la section est circulaire, la maçonnerie est disposée suivant le mode hélicoïdal; on y ménage souvent une gouttière en hélice ou gargouille refouillée dans l'épaisseur, pour recueillir, avant qu'ils se résolvent en gouttes, les suintements qui suivent la surface par capillarité. Des bâches disposées de distance en distance recueillent ces eaux.

Si la section appartient au type rectangulaire, on adopte un profil de voûtes très surbaissées, qui ont pour cordes les côtés du rectangle et qui prennent leurs naissances les unes sur les autres. Quand ce rectangle est très allongé, on peut l'étrésillonner par des refends en maçonnerie.

Le revêtement de maçonnerie peut coûter de 15 à 20 francs le mètre carré. Le prix du mètre courant est bien plus variable avec les dimensions et peut aller de 100 à 300 francs environ.

L'emploi des métaux ou *blindage,* pour les revêtements souterrains, se recommande par des avantages caractérisés ; la matière première est à peu près inusable : si on la retire en abandonnant un ouvrage, elle conserve encore une partie de sa valeur ; la tôle peut prendre des profils courbes auxquels le boisage se refuse et la brique ne s'adapte qu'à peu près. La fonte par le moulage peut également prendre toutes les formes. Enfin le danger d'incendie se trouve écarté.

On reproche aux blindages leur complète raideur, qui ne permet pas comme le bois de prévoir une rupture quelque temps à l'avance ; c'est pourquoi leur emploi n'est pas très répandu. Le mode le plus simple de l'emploi du fer pour le soutènement des galeries consiste à l'associer au bois en posant sur deux rondins un chapeau formé d'un tronçon de vieux rails ; le prix du mètre courant peut s'abaisser à 34 francs. On emploie, d'un autre côté, des revêtements complètement métalliques, en formant les cintres en fer. A Steierdorf (Banat), on a, dans des terrains qui ne permettaient pas le déboisage, réalisé une conception plus complexe, en inscrivant un cintre métallique complet dans un boisage provisoire et remblayant l'intervalle.

On a proposé, pour soutenir le plafond des tailles, des buttes métalliques formées de deux parties cylindriques (fig. 70) réunies suivant un plan oblique ; un manchon établit la solidarité en emboîtant les deux parties. Si, plus tard, on vient à abaisser ce manchon, la pression du toit fait glisser l'une sur l'autre les deux parties suivant le plan qui les sépare, et la butte se démonte d'elle-même.

Pour le *blindage des puits,* on opère par anneaux successifs ; on emploie les viroles pleines ou les panneaux. Les anneaux pleins ont une hauteur qui varie de 1ᵐ 50 à 2 mètres ; les collets doivent être dressés avec une grande rigueur, dans un plan bien perpendiculaire à l'axe. Les joints se font au plomb ; un petit grain d'orge circulaire est pratiqué dans les collets, et l'on y place une baguette de plomb qui s'écrase sous la pression. On a fait aussi des joints en caoutchouc, qui au premier abord ne paraissent pas inspirer autant de sécurité. Les viroles sont essayées à l'usine de fabrication au double de la pression qu'elles sont présumées devoir supporter, et l'on a soin de s'assurer, par le son du marteau, que le transport n'a déterminé dans le métal aucune altération.

Le système précédent ne saurait s'appliquer au-dessous d'une partie déjà cuvelée, à moins de se résigner gratuitement à une diminution de diamètre ; dans ces conditions, on a recours à la segmentation. A cet effet, on divise l'anneau en un certain nombre de panneaux et on laisse entre eux un vide de 1 à 2 centimètres, destiné à être picoté pour réaliser l'étanchéité des joints. Les bords sont renforcés suivant les génératrices et les arcs de cercle, par une surépaisseur de 0ᵐ 15 de large. Le revêtement est double ; à l'extérieur, on dispose une première ceinture de panneaux, percés de trous ronds servant à donner prise aux outils pour manier plus aisément ces pièces ; en outre, ils laissent tamiser l'eau qui, en tendant la pression derrière la surface pleine, en rendraient la manœuvre difficile. Cette première couronne mise en place, on aveugle toutes les veines liquides au moyen de chevilles de bois enfoncées à force et recépées. C'est alors qu'on construit à l'intérieur le revêtement définitif formé de panneaux pleins : on a soin de croiser ses joints avec ceux de la première ceinture, à la fois suivant les génératrices et les parallèles du cylindre de révolution. Les panneaux sont à ergots afin que l'on puisse revêtir l'intérieur d'une chemise de bois formée de douelles que l'on glisse entre ces ergots. Ce revêtement a pour but de protéger le métal contre les chocs qui peuvent se produire dans le service. Le joint entre les anneaux successifs est fait par une rondelle de plomb. Enfin on établit à l'extrados un garnissage de béton coulé entre la première ceinture et la roche.

Percement des galeries de mine.

Les galeries de mine peuvent être classées suivant leur emplacement dans le gîte ou suivant les fonctions qu'elles ont à remplir dans l'aménagement général. Au point de vue géométrique, on distingue d'abord les galeries tracées suivant l'horizontale du gisement. Elles portent le nom de *galerie de direction, galerie d'allongement, galerie chassante, rue, niveau, costresse*. Les galeries tracées horizontalement, mais perpendiculairement à la direction, dans un gîte puissant, sont appelées *traverse, cul-de-sac, volée, riaille*. Celles qui sont menées suivant la ligne de plus grande pente du gisement sont désignées sous les noms de *montage, remonte, descenderie, vallée* ; les plus raides prennent la dénomination de *cheminée, fendue, puits incliné.* Les galeries tracées dans le plan du gîte suivant une droite quelconque, autre que la direction ou l'inclinaison, sont appelées *demi-pente, diagonale, voie thierne.* Celles pratiquées en dehors du gîte sont les *galeries en roches,* les *travers-bancs,* les *bowreaux,* les *bacnures.*

Si l'on envisage les galeries au point de vue des services auxquels elles sont destinées, on distingue les *galeries de roulage,* les *mères-galeries,* les *voies de fond* quand elles sont horizontales ; les *plans inclinés* dans le cas contraire. Viennent enfin les *galeries de traçage,* les *voies d'air,* les *retours d'air,* les *galeries de recherches.*

Pour diriger le percement d'une galerie, il faut fournir au mineur sa direction et sa pente, d'après les mesures relevées sur les plans de mine, ou les calculs qui ont servi à asseoir le projet. La plupart des roches qui ont besoin d'être soutenues présentent assez de solidité pour qu'on puisse percer environ un mètre, puis poser le boisage, c'est-à-dire un cadre et ses garnissages ; mais lorsqu'on perce des roches véritablement *ébouleuses,* les conditions changent complètement. Non seulement le plafond et les parois ne se soutiennent pas, mais la paroi du fond forme elle-même talus d'éboulement. Si après avoir rencontré un terrain de cette nature, par exemple des argiles coulantes ou des sables mouvants, on tentait d'enlever le talus d'éboulement, les matières enlevées seraient bientôt remplacées par d'autres ; il se formerait des affouillements, soit dans les parties latérales, soit le plus souvent dans les parties supérieures, de telle sorte que l'on se trouverait bientôt en présence du danger d'un écrasement des travaux. En pareil cas, il faut simplement relever l'éboulement et appliquer des madriers horizontaux contre la roche, de manière à rétablir la verticalité des parois ; on procédera ensuite à l'avancement. Pour cela, un cadre étant établi devant la paroi verticale du fond soutenue par les madriers formant bouclier, on chasse, suivant le périmètre extérieur du cadre, des palplanches contiguës et divergentes qui pénètrent d'autant plus facilement dans le terrain que ce terrain est plus meuble. Les palplanches sont formées de planches de chêne dont l'extrémité est taillée en coin, de telle sorte qu'en frappant sur la tête à grands coups de masse, on les chasse successivement les unes à côté des autres. On obtient de cette manière un garnissage contigu, à l'aide duquel on isole le prisme de terrain qui doit être enlevé.

Le garnissage précède ainsi l'excavation ; on peut alors démonter le bouclier et enlever une certaine partie de terrain ; mais à mesure que le vide se fait à l'intérieur des palplanches, la pesanteur et la poussée du terrain tendent à ramener le garnissage, et avant que ce mouvement soit complet, on place un second cadre contre lequel on les coince. Ce second cadre, placé à une certaine distance du premier, permet d'enfoncer un second garnissage de palplanches divergentes qui dépassera le premier. On recommence alors comme précédemment, et l'on procède à l'avancement de la galerie pas à pas, toujours sous la protection du boisage qui précède l'excavation et en démontant seulement par parties le bouclier, de manière à ne découvrir que de petites surfaces du terrain ébouleux.

Dans les terrains ébouleux, le boisage ne peut être considéré que comme un soutènement provisoire ; les

9.

efforts qu'il supporte ne tarderaient pas à le déformer et à le rompre, il faut donc le remplacer par un muraillement.

Supposons enfin un terrain absolument fluide ; on arrive encore à le traverser en lui donnant la consistance qui lui manque par l'enfoncement de picots de bois dont on garnit tout le front de taille et que l'on pousse en avant à coups de masse ; on peut même s'aider pour cela d'un bélier formé d'une poutre assez lourde suspendue horizontalement sur des chaines. Ce procédé a été imaginé par V. Simon dans la mine de calamine de Dos pour le passage sous la Meuse de la galerie d'écoulement d'Engis ; on avançait de 0^m 10 par jour lorsque le travail marchait régulièrement. Si le terrain trop refoulé refuse de céder davantage, on perce dans cette masse de bois quelques trous de tarière, pour laisser couler les matières boueuses. Quand on juge que le bouclier de picots est assez soulagé, on aveugle les trous avec une cheville enfoncée à force et l'on recommence le poussage. Le poussage et le muraillement se font simultanément.

Fonçage des puits.

Les puits de mine sont également appelés *fosses* lorsqu'ils débouchent au jour, et *bures* ou *beurtias* lorsqu'ils sont renfermés dans l'intérieur. On désigne sous le nom d'*avaleresse* un puits en fonçage, particulièrement lorsque l'opération est très gênée par les eaux. La hauteur des puits peut varier depuis les chiffres les plus minimes jusqu'à l'énorme profondeur de 1,000 mètres ; le puits Adalbert de Przibram a 1,024 mètres, celui de Damprémy à Sacré-Madame (Charleroi) 1,080 mètres.

La section est souvent rectangulaire ; cette forme se subdivise facilement en compartiments destinés aux divers services ; il convient de placer le petit côté du rectangle parallèlement à la direction de la stratification, il se trouve dans de meilleures conditions pour résister à la coulée du terrain que les bois de plus longue portée. La section carrée est moins commode pour le service, et en outre elle présente comme la précédente l'inconvénient des angles vifs. Dans les polygones réguliers, ces angles deviennent de plus en plus obtus, ils sont plus faciles à picoter et à calfater. La forme circulaire présente l'avantage d'une parfaite symétrie pour les stratifications horizontales ; mais si les couches sont inclinées, cette propriété perd beaucoup de sa valeur. En même temps, l'aire totale est plus difficile à utiliser pour les différents services, si ce n'est pour l'aérage. La section elliptique ne se recommande que pour le cas où on voudrait opposer le sommet du grand axe à la poussée des terrains inclinés. Enfin la disposition trapézoïdale ne peut se justifier que par des circonstances exceptionnelles.

Les dimensions de la section sont très variables, on tend à les exagérer ; on atteint $6^m 50$ pour le diamètre de certains puits circulaires à Zwickau (Saxe) ; à Kladno (Bohême), le puits rectangulaire Frantz-Joseph a 2 mètres sur 10 mètres ; le puits de Wilkiebarre (Pensylvanie) présente $3^m 43$ sur $13^m 73$. On doit considérer comme limites qu'il y a rarement lieu de dépasser, les diamètres de 3 à 5 mètres pour les puits circulaires, et des rectangles atteignant 2 à 3 mètres pour leur petit côté et 4 à 6 mètres au plus pour le grand axe.

Si le terrain est suffisamment solide, le fonçage des puits ne présente aucune difficulté, on n'a qu'à exécuter successivement les opérations de l'abatage et du boisage. Après avoir effectué le fonçage sur la hauteur jugée convenable, on pose un cadre porteur au pied de cette travée, et sur cette base on élève des cadres successifs en les mettant autant que possible en serrage contre la roche, pour soulager le cadre porteur ; c'est le *mode montant*. Si au contraire le terrain ne peut être laissé à nu que sur de très faibles hauteurs, on emploie le *mode descendant* ; on commence alors par poser pour la première travée un cadre de superficie qui déborde largement sur les dimensions de la section, de manière à porter sur la roche, et pour les suivants un cadre porteur enclavé dans des potelles. On se rattache alors à ce point d'appui, en suspendant les uns aux autres au moyen d'écoins, les cadres successifs, chaque fois que l'on s'est approfondi suffisamment pour la pose d'un nouveau cadre. On peut admettre que ces procédés de fonçage appliqués à un puits de 4 mètres de diamètre occasionneront une dépense variant de 300 à 1,000 francs par mètre courant, suivant les circonstances. On procède dans cette méthode comme dans les exemples suivants par *niveau bas*, c'est à dire en épuisant les eaux au fur et à mesure de leur venue.

Si le terrain est *inconsistant*, sans être encore aquifère, on franchit cette passée au moyen du poussage, tel qu'il a été décrit pour les galeries, en remarquant qu'ici le front de taille se trouvant horizontal et placé sous les pieds de l'ouvrier, il est inutile d'introduire la complication du bouclier.

Il reste à considérer le cas d'un terrain éminemment *aquifère*. Les morts-terrains ne sont pas uniformément spongieux sur toute leur hauteur ; leur stratification présente des alternances au milieu desquelles certaines couches spéciales donnent des quantités d'eau considérables ; il s'agit de passer ces niveaux. Jusqu'à ce que l'on rencontre l'un d'eux, les moyens précédents permettent de s'approfondir. Quand on arrive à un pareil lit, il s'agit de passer le niveau pour atteindre des strates plus solides et moins aquifères. Le terrain est défoncé et encavé par les moyens ordinaires, les roches sont soutenues par des boisages provisoires et les eaux rassemblées dans un puisard sont enlevées immédiatement par des pompes manœuvrées de la surface et suspendues à des chaînes. Dès que l'équilibre a pu être établi par les pompes, on entame la couche imperméable et solide sur laquelle coule le niveau ; on creuse dans cette couche une banquette bien nivelée tout autour du fonçage et un puisard de 1 mètre de profondeur dans lequel les aspirants des pompes sont établis. On pose sur la banquette un premier cadre dit *trousse à picoter* ; ce cadre de bois de chêne de fort équarrissage, soigneusement dressé et assemblé, doit laisser un vide de 0^m06 entre sa face intérieure et la roche. Dans ce vide, on place la *lambourde,* cadre un peu plus haut que la trousse et composé de planches de sapin ayant 0^m04 d'épaisseur.

La lambourde est d'abord serrée sur la trousse par des coins chassés contre la roche, puis on bourre à refus de la mousse dans le vide qui reste entre elle et les parois ; on complète ensuite le joint en enlevant les coins dont on remplit de même la place avec de la mousse. Le joint ainsi préparé, il ne s'agit plus que de le serrer et de rendre la pression entre la mousse et la roche telle que ce joint ne puisse jamais céder et que la trousse encastrée dans le terrain puisse devenir la base imperméable du cuvelage. Tel est le but de l'opération dite *picotage.* Entre la lambourde et la trousse, on enfonce des coins plats en bois blanc dits plats-coins. Ces coins sont d'abord faiblement engagés sur tout le pourtour, de manière à être bien contigus ; on les enfonce ensuite simultanément et aussi également que possible. Lorsque l'écartement déter-

miné entre la trousse et la lambourde par la compression de la mousse contre les parois est suffisante pour
que les coins puissent être retournés la tête en bas, on
chasse sur chaque face un coin en fer plus épais que
les plats-coins, de manière à pouvoir dégager le coin
voisin, qu'on remplace par un autre placé la tête en
bas. On double chaque coin retourné par un second
superposé et, de proche en proche, on dégage tous les
premiers coins, qu'on remplace par des doubles coins
superposés ; le serrage est ensuite forcé jusqu'à refus
d'enfoncement.

A ce moment, la zone extérieure du cadre présente
trois lignes concentriques, l'une formée par les coins,
l'autre par la lambourde et la troisième par la mousse
déjà serrée contre les parois du puits. On prend alors
un coin quadrangulaire en fer aciéré dit *agrape à
picoter*, on l'enfonce entre les plats-coins, puis, dans le
vide produit, on enfonce des coins en bois dits *picots*.
Les premiers picots sont en sapin et on les chasse
jusqu'à refus, entre tous les interstices des plats-
coins. Alors tout se trouve serré ; le joint de mousse d'a-
bord large est devenu à peine visible. On recèpe
toutes les têtes des picots et plats-coins, puis on refend
avec une agrape les têtes de chaque plat-coin pour y
enfoncer des picots en bois de chêne préalablement
séchés au four. On continue ainsi à picoter partout où
l'agrape peut entrer, et ce n'est que lorsqu'elle-même
ne peut pénétrer sur aucun point que le picotage est
regardé comme complet. Il ne reste plus alors qu'à
picoter les angles de la lambourde pour que la trousse
soit définitivement établie, c'est à dire pour que le
joint soit fait entre l'extrados du cadre et le terrain
imperméable.

On place habituellement l'une sur l'autre deux
trousses picotées (fig. 72), afin d'avoir toute sécurité

sur la solidité de ce joint inférieur qui est la base du cuvelage. Lorsque la pression du picotage a déversé les pièces, on a soin de donner une pente aux surfaces inférieures du cadre superposé, afin de rétablir la verticalité des trousses. On monte ensuite le cuvelage, qui est composé de cadres contigus et dont les joints sont faits par un simple calfatage. Derrière les cadres, c'est à dire entre le cuvelage et la paroi du puits, il reste un vide dans lequel se trouve le boisage provisoire; on y jette et on y pilonne du mortier hydraulique.

Il s'agit enfin de raccorder l'ouvrage avec la trousse picotée sur laquelle repose la retraite précédente : on a eu soin pour s'approfondir de laisser sous cette dernière une console de roche suffisante en s'élargissant en dessous pour reprendre le même diamètre. Quand on parvient en remontant à cette corniche, on la détruit successivement pour faire la place de chacun des derniers cadres ; celui qui arrive au contact de la trousse porte le nom de *clef*. On n'abat pas du reste la corniche d'un seul coup sur toute la circonférence, mais au contraire par portions successives, en comblant immédiatement chacune d'elles par le voussoir correspondant.

Ce n'est que pour de faibles profondeurs que l'on exécute d'un seul coup le muraillement d'un puits du fond à la surface : ordinairement, on le compose de retraites distinctes dont chacune repose sur un *rouet-porteur*. Quand on ne peut trouver nulle part de paroi suffisamment solide, on suspend le rouet à l'aide de longues tringles de fer à un grand cadre-porteur placé au jour et débordant largement sur la section du puits. Lorsque la retraite du cuvelage de maçonnerie aura été élevée sur ce rouet et colletée au ferme de toutes parts pour soulager le porteur, on posera plus bas un nouveau rouet, à l'aide de tringles que l'on attache à des corbeaux encastrés dans des potelles. On construira sur cette base une nouvelle retraite, et quand elle sera venue soutenir la coulisse précédente, on pourra débarrasser celle-ci de ses tringles de suspension. On continue ainsi de proche en proche. Quand on atteint la base du puits, on établit une fondation solide pour soutenir définitivement le tour, et si le terrain ne présente pas une solidité suffisante, on bat des pilotis ou bien on garnit la base d'une voûte sphérique renversée, très surbaissée.

Fonçage des puits à niveau plein.

Avec les méthodes précédentes, on risque d'avoir à dominer de telles venues d'eau, que tous les efforts y échouent et que l'on est obligé d'abandonner le fonçage. Avec le système à niveau plein, on supprime l'épuisement et l'on évite l'affouillement du massif environnant par les terrains souterrains qui alimentent la venue d'eau dans le puits, en y entrainant toutes les parties meubles. On rattache à ce principe quatre méthodes distinctes : le système de la trousse coupante, et les procédés Triger, Chaudron et Pœtsch.

Trousse coupante.

On emploie ce procédé pour traverser des terrains que leur manque de consistance rend impraticables. Le cuvelage se construit alors hors de terre par anneaux successifs au fur et à mesure que l'on détermine son enfoncement dans le sein de la terre. Pour aider cette descente, on munit la couronne inférieure d'un sabot tranchant qui coupe le terrain en le refoulant dans le sens de son biseau, vers l'intérieur d'où on l'extrait directement avec des dragues. L'enfoncement est provoqué par le poids de la trousse, du cuvelage et, s'il le faut, de poids supplémentaires. On contrôle incessamment la verticalité à l'aide d'un fil à plomb ; lorsque la trousse tend à se déverser, d'un certain côté, on soutient sur des tiges reliées à la surface la partie qui prend cette accélération et l'on agit du côté opposé, en affouillant par-dessous et pressant sur le sommet, de manière à redresser le cuvelage.

Quand l'opération est terminée et le cuvelage assis sur sa base, on le trouve ordinairement trop fatigué pour offrir des chances suffisantes de durée ; on ne le considère alors que comme une défense provisoire, et l'on élève avec soin à son intérieur une tour définitive en maçonnerie.

Procédé Triger.

Dans cette méthode, on conserve l'appareil de la trousse coupante et on lui adjoint l'emploi de l'*air comprimé* ; on arrive ainsi à tenir les eaux basses, en leur opposant une tension égale à la pression hydrostatique qui est due à leur niveau extérieur. Les hommes travaillent alors au pied de la trousse, sans pourtant que l'on ait besoin en principe d'extraire aucune quantité d'eau. Un cuvelage mécanique, muni d'un sabot tranchant, s'accroît à la partie supérieure par l'adjonction de viroles successives. Des cloisons placées dans ce cuvelage y ménagent deux compartiments fermés ; le premier, appelé la *chambre de travail,* se trouve au fond du puits et constamment soumis à la tension du compresseur, dont il reçoit l'air par un tube débouchant au plafond. Le second compartiment porte le nom de *sac à air ;* on le met en équilibre de pression, tantôt avec la chambre de travail, tantôt avec l'air extérieur. L'air comprimé lui est fourni au moyen d'une tubulure insérée sur le tuyau précédent. Deux trappes, qui ne seront jamais ouvertes à la fois, servent à ménager ces communications alternatives.

Le fonçage à l'air comprimé ne pourra être employé que lorsque la hauteur d'eau à maintenir ne dépassera pas 30 mètres, les ouvriers ne pouvant travailler sans danger dans une atmosphère comprimée à plus de trois atmosphères effectives. Il devra être préféré toutes les fois que, sur une hauteur de quelques mètres, on aura à traverser des terrains très inconsistants.

Procédé Chaudron.

Ce procédé peut s'appliquer au plus grand nombre des cas, mais il n'est économique et par conséquent indiqué que lorsque les morts-terrains aquifères atteignent des profondeurs supérieures à 30 mètres ; leur traversée est présumée devoir présenter quelques difficultés malaisément surmontables par une avaleresse ordinaire. On y doit distinguer deux parties essentielles, le sondage à niveau plein tel que nous l'avons décrit, et l'établissement du cuvelage qu'il nous reste ici à envisager.

Le cuvelage s'accroît à son sommet par l'adjonction de viroles successives ; il est soutenu par six tringles de suspension filetées en vis à leur partie supérieure et passant dans des écrous supportés par une charpente. En tournant ces derniers, on fait descendre les tringles d'une longueur égale à la hauteur d'une virole ; seulement, il est évident que sans l'emploi de moyens détournés, il n'y aurait pas de charpente capable de supporter des cuvelages métalliques ; c'est ici que s'introduit l'une des deux créations essentielles de M. Chaudron, le *tube d'équilibre*.

Supposons que le cuvelage soit complètement fermé par une cuvette à la partie inférieure, ce sera un navire qui finira par flotter librement sur l'eau, quand il s'y sera enfoncé de la quantité que l'on appelle le déplacement et qui se mesure par un nombre de mètres cubes égal au nombre de tonnes de son poids. Arrivé à ce point, le cuvelage refusera d'enfoncer, mais il n'exercera plus de pression sur les tringles. Pour le faire filer plus bas, il faudra le charger de lest. A cet effet, la cuvette inférieure, réduite à une simple couronne annulaire évidée en son centre, porte un tube s'allongeant par le haut comme le cuvelage lui-même. L'eau y prend son niveau naturel, et il suffit pour l'introduire en quantité voulue dans l'espace annulaire en vue d'accroître le lest, d'ouvrir des robinets ménagés à travers des viroles successives de ce tube.

Lorsque les écrous ont été tournés de manière à déterminer un enfoncement du cuvelage égal à la hauteur d'une virole, il devient nécessaire d'ajouter une couronne de plus au sommet. On soutient le cuvelage sur une clef de retenue, on démonte les tringles, on amène la virole que l'on assemble à la dernière, et l'on y rattache les tiges qui ont été remontées dans leurs écrous. Il ne reste alors plus qu'à enlever légèrement tout l'ensemble, pour dégager la clef, que l'on retire ; après quoi, l'on reprend la descente.

Le système arrive ainsi au fond ; mais rien n'assure encore, dans ce qui précède, l'étanchéité du joint avec la roche. C'est ici que se place la seconde conception de M. Chaudron, *la boîte à mousse*. On a commencé avant la descente par disposer à la base du cuvelage une virole spéciale appelée numéro zéro, et faisant partie du système qui porte le tube d'équilibre.

A un niveau inférieur à celui de la cuvette, se trouve
une cornière annulaire à travers laquelle sont passés
des boulons suspendus par leurs têtes, mais susceptibles de remonter quand ils y seront sollicités par-
dessous. Pour le moment, ils soutiennent la boîte à
mousse, c'est à dire un cylindre d'un diamètre un peu
moindre que celui du cuvelage et capable d'y glisser
en remontant, s'il s'y trouve provoqué. Entre son col-
let inférieur et celui du numéro zéro, on a accumulé
une quantité suffisante de mousse comprimée et retenue sur le pourtour par un filet, pour empêcher
qu'elle ne se disperse pendant la descente (fig. 73).

Quand le cuvelage arrive au fond, c'est la boîte à
mousse qui porte la première ; la colonne continue
son mouvement en comprimant la mousse. Ce n'est
que lorsque cette dernière aura acquis un degré de
tension élastique, capable d'équilibrer ce poids gigan-
tesque, que celui-ci s'arrêtera ; on comprend d'après
cela que la mousse pénètre dans les moindres interstices.

Il est nécessaire d'unir le cuvelage à la roche, dont
il est séparé, par un jeu nécessaire pour éviter les
frottements à la descente ; on y parvient à l'aide de
béton descendu dans des cylindres appelés *cuillers*.
Au fond, se trouve un piston par dessus lequel on
tasse le béton et la cuiller descendue au fond dans la
position renversée ; on tire plusieurs fois de manière à chasser le contenu en dehors, tant par sa propre masse que par celle du piston.

Procédé Pœtsch.

Ce procédé repose pour le fonçage des puits sur la
congélation. On congèle la masse du terrain sur une
épaisseur suffisante pour maintenir la pression hydro-

statique environnante pendant le temps nécessaire pour effectuer le fonçage et exécuter le muraillement.

M. Pœtsch, dans ce but, enfonce en ceinture autour du puits une série de 23 tubes creux en fer de 0^m20 de diamètre, munis à leur partie inférieure d'un sabot tranchant. Une fois arrivés au ferme, on les obture à la base avec une fermeture de plomb, de ciment et de goudron ; puis on descend dans leur intérieur d'autres tubes plus petits percés de part en part, coiffés de chapeaux à tubulures et permettant d'y distribuer un liquide réfrigérant qui arrive du jour par un tuyau unique. Le courant pénètre dans chaque tube central sous la pression d'une pompe foulante et remonte tout autour jusqu'au chapeau ; tous ces courants de retour sont eux-mêmes réunis et renvoyés à la surface dans un autre tuyau unique. Le liquide froid soutire le calorique du terrain en s'en chargeant par lui-même et retourne s'en dépouiller sous l'action d'une machine frigorifique à ammoniaque. Le fluide est une solution de chlorure de calcium à 40 degrés Baumé et la machine frigorifique l'envoie dans la profondeur à une température de -25 degrés ; il en ressort à -19 degrés pour être de nouveau refroidi et refoulé d'une manière continue.

On a ainsi obtenu, au bout de trente jours de congélation, une masse qui excédait de 1 mètre environ les dimensions de la section du puits, et l'on jugea son épaisseur suffisante pour la traverser par le fonçage. Plusieurs puits viennent d'être foncés par cette méthode, qui, en réalité, doit se ranger plutôt dans les méthodes de sondage à niveau bas, dont nous avons parlé précédemment. L'inventeur attend de ce procédé une grande certitude dans les résultats, en ramenant les conditions les plus compliquées des terrains aquifères au cas simple d'une masse solide de dureté moyenne et en évitant les soutènements immédiats, ainsi que les dépenses qu'entraîne l'épuisement des eaux.

CHAPITRE VIII.

Exploitation à ciel ouvert.

Lorsque les gîtes minéraux se trouvent dans une proximité suffisante de la surface, on les exploite à ciel ouvert. Cette méthode est la moins coûteuse de toutes : on supprime l'éclairage, le boisage ; on évite l'éboulement du plafond, les coups d'eau ; le triage à la lumière du jour est plus parfait, on peut retirer la totalité du minerai sans en rien perdre, avec une facilité que ne comportent pas les méthodes souterraines. Le dégagement facile des masses, la possibilité d'opérer sur de grands ateliers y rendent l'abatage prompt et économique ; cette méthode doit être préférée pour tous les gîtes peu distants de la surface ; elle est même employée, comme nous le verrons, pour des couches horizontales d'assez grande profondeur. Lorsque ces couches sont recouvertes par des terrains friables et ébouleux, il est en effet souvent plus économique de déblayer les terrains supérieurs que de les soutenir dans des excavations souterraines.

Les roches exploitées à ciel ouvert sont d'abord les roches friables telles que les sables et les roches décomposées, superficielles, qu'on doit enlever pour remblais ou déblais ; les minerais d'alluvions tels que les alluvions ferrifères, stannifères, et surtout, en France, les minerais en grains généralement disséminés dans des roches friables. On exploite encore à ciel ouvert les roches consistantes employées dans la construction, telles que le gypse, les calcaires, les marbres, les granites, les schistes ardoisiers, les pierres meulières, etc.; enfin certains minerais en amas, parmi lesquels les minerais de fer, dits mines en roche, tiennent le premier rang, les pyrites cuivreuses ; la tourbe doit nécessairement être exploitée d'après cette méthode.

On ne doit pas dissimuler certains inconvénients de ce principe ; c'est en premier lieu la nécessité pour l'exploitant de se rendre acquéreur en totalité de la superficie qu'il veut dépecer ; c'est surtout la limitation caractéristique et très étroite qui est imposée par l'épaisseur des morts-terrains de recouvrement. Les frais du découvert croissent rapidement avec ceux de la hauteur stérile, tandis que ceux qu'entraîne l'exploitation souterraine ne sont pas affectés. La limite d'épaisseur n'a, du reste, rien d'absolu ; elle dépend, dans chaque cas, de la valeur du minerai, de la puissance et de la nature du recouvrement. En dehors de la question économique pour régler le point où l'exploitation doit s'arrêter en profondeur, on se trouve également limité par des considérations résultant de l'impossibilité de maintenir les parois des excavations au-delà d'une certaine hauteur. Cependant on peut citer à cet égard des exemples remarquables : les fers en grains de la Haute-Marne ont été excavés jusqu'à des profondeurs de 50 mètres ; les découverts de Nordmark (Suède) ont dépassé 120 mètres, ceux de Dannemora 150 mètres ; les ardoisières de Trélazé ont dépassé ce chiffre.

Dans les divers cas d'exploitation à ciel ouvert, on ne doit pas perdre de vue les principes généraux qui peuvent seuls les rendre économiques ; on doit donner

aux excavations une forme telle que les massifs se
trouvent toujours dégagés sur deux faces, ce qui conduit à les disposer en gradins superposés ; on doit
ménager des rampes pour les transports, ou, si l'exploitation est trop profonde, établir des treuils d'extraction, en ayant soin de faire le triage dans le fond,
afin de ne pas avoir à remonter des matières inutiles ; on doit enfin expulser les eaux atmosphériques
ou les eaux d'infiltration, soit par des tranchées, soit
par des puits ou des galeries d'absorption, soit enfin
par des moyens mécaniques, après les avoir réunies
dans des puisards.

L'exploitation des terres pour déblais ou remblais
rentre dans l'établissement et la conduite des chantiers de terrassement. Cette exploitation se compose
de trois éléments : les tranchées ou points d'abatage
et de chargement, les voies de roulage, les points de
déchargement. Dans les tranchées, on doit proportionner le nombre des chantiers d'abatage au cube à
enlever et au temps qu'on veut y mettre. Comme ces
travaux doivent être en général poussés avec vigueur,
on leur donne à la fois dans le sens horizontal et
dans le sens vertical, la forme de banquettes. Les
voies de roulage doivent être disposées de telle sorte
qu'on n'ait à élever dans les tombereaux ou wagons
de chargement que les terres qui, d'après leur position, ne peuvent y descendre. Dans des tranchées bien
disposées, on comptera pour la fouille d'un mètre
cube, terre végétale 0 fr. 60, terre franche 0 fr. 90, terre
glaise 2 francs, roche dure 2 fr. 50. Pour faciliter les
cubages, les ouvriers laissent de distance en distance
des témoins, c'est à dire des pyramides de terre qui
marquent le niveau du sol primitif. On prend la
moyenne de ces témoins pour le règlement des
comptes.

Le transport de terres abattues se fait à la brouette, au tombereau ou au wagon sur voie de fer. Les dimensions des gradins en hauteur et largeur sont généralement fixées à 2 mètres comme étant les plus favorables aux chargements. Les points de déchargement doivent être choisis sous le rapport de la position, à un niveau plus bas que les points d'abatage et de chargement. Sous le rapport de leur capacité, il faut calculer le foisonnement des terres abattues entre $\frac{1}{3}$ et $\frac{1}{5}$ suivant la nature des roches. La disposition de ces chantiers de déchargement est des plus simples lorsque le niveau du sol permet de déverser les brouettes, tombereaux ou wagons au-dessus des talus inclinés à 45° qui se forment naturellement ; si la disposition du sol est telle que la pente manque, on fait remonter les véhicules par des rampes, de manière à faciliter l'accumulation des déblais.

L'élément essentiel qui permet de s'enfoncer sans danger est le talus ou le fruit, c'est à dire l'angle d'inclinaison qu'il s'agit de donner au terrain. Certaines roches dures peuvent se tenir verticalement sur de grandes hauteurs ; beaucoup de filons de Suède sont excavés à pic, entre leurs épontes. Mais, en général, il faut compter sur une certaine pente variable avec la nature des terrains ; il est important d'ailleurs de distinguer deux sortes de talus : celui de la roche en place et celui sous lequel se tient la même roche ameublie dans les cavaliers de déblais. Il sera souvent prudent de s'en tenir à cette dernière valeur pour tenir compte à l'avance de l'action prolongée du temps. Quand on ne connait à priori aucune donnée immédiate, on admet un de base sur un de hauteur.

Lorsqu'il ne s'agit que d'abattre des roches, comme par exemple, dans les carrières de gypse, la disposition des travaux en gradins, les précautions pour ménager des rampes qui facilitent le transport, un aménagement bien entendu des eaux suffisent pour constituer une bonne exploitation. Si l'on exploite du moëllon et de la pierre de taille, il ne suffit plus que l'abatage soit économique, il faut encore qu'il fournisse des blocs parés, les plus gros possibles et d'une forme telle qu'ils puissent être employés avec avantage dans les constructions. Un chantier étant préparé par l'enlèvement des terres superficielles et la préparation d'escarpements qui mettent la roche vive à découvert, on profite d'abord des fissures de stratification et des fissures verticales pour abattre le moëllon à l'aide de leviers, de coins et de masses. Arrivé à des parties saines, propres à fournir des blocs pour la taille, on les isole par des entailles faites avec le pic et lorsque ces blocs isolés n'adhèrent plus que par une de leurs faces, on les détache par un effort exercé simultanément sur toute la longueur de cette face à l'aide de coins ou par une série de coups de mine. Cette méthode d'abatage, dite *méthode à la trace*, est d'une application générale pour tous les matériaux d'un grand échantillon.

Beaucoup de minerais en amas, peu distants de la surface, sont exploités à ciel ouvert ; les inépuisables mines de fer de l'île d'Elbe, la plupart de celles de la Suède, les mines de cuivre de Fahlun sont dans ce cas. La forme du gîte, la position en plaine ou à mi-côte, sa composition plus ou moins homogène, qui conduit à poursuivre certaines parties tandis que d'autres sont abandonnées, donnent à ces diverses exploitations des aspects très variés. Il faut ne procéder que d'après un plan d'ensemble largement, mais nettement conçu, et qui, laissant place aux détails de l'imprévu, établira néanmoins de grandes lignes qui

devront rester invariables dans le système à suivre.
On s'attachera à atteindre directement sur chaque
point, le maximum de profondeur auquel il est appelé ;
dans ces conditions, la plate-forme mise à nu pourra
être utilisée comme place de dépôt pour les stériles de
de l'exploitation, sans cela on se trouverait conduit
quelque jour à déplacer ce nouveau recouvrement
pour prendre la tranche subordonnée. Il convient
d'attaquer dans la partie du champ d'exploitation qui
est destinée à atteindre la plus grande profondeur, afin
que les eaux puissent s'y concentrer en asséchant les
chantiers ultérieurement ouverts.

Lorsque le gîte se trouve à *flanc de coteau*, on
attaque l'affleurement en rejetant les matières stériles
en arrière, au niveau de chaque berne, afin de n'avoir
rien à monter. Si la vallée se trouve par là comblée,
on a soin d'y assurer préalablement l'écoulement au
moyen d'un tunnel dont la section sera établie en prévision des plus grandes crues. Quand on se trouve en
plaine avec un affleurement et un plongement sur lequel s'établit un aval-pendage, l'exploitation souterraine
existe à partir du point où le recouvrement ne peut
plus être économiquement enlevé, l'on commence par
pratiquer une galerie suivant la pente pour conduire
à une recette du puits les eaux et même les matériaux
excédants.

La hauteur des gradins devra être d'autant plus
restreinte que l'on sera conduit à se mettre plus complètement en garde contre la tendance au glissement.
Elle varie depuis 1^m.50 à 3 mètres jusqu'à 16 mètres
dans les grands abatages. Avec les gradins élevés, la
tombée est plus fructueuse ; cependant il ne faut pas
aller jusqu'à l'exagération. Si la roche est dure, elle
se divisera en gros blocs, qu'il faudra de nouveau
fractionner et souvent dans des situations moins com-

modes que l'emplacement naturel. Si elle est ébouleuse, on obtient peu d'avantage et l'on s'expose à un grand encombrement. Le cas le plus favorable sous ce rapport est celui d'une stratification présentant des lits de consistances très diverses, que la chute en grandes masses continue à fragmenter.

De nombreux exemples intéressants peuvent être cités comme exploitation à ciel ouvert : les salpêtres du Pérou, l'alunite de la Tofna (Italie), la boracite du Colorado, le bitume du lac de la Braie (île de la Trinité), les exploitations d'ambre de la presqu'île de Samland (Prusse), le guano du Chili et du Pérou.

Parmi les mines de fer : les mines en roc du Berry, de la Champagne, de la Franche-Comté ; les mines oolithiques de l'Est et du grand duché de Luxembourg; les mines en masses de Filhols (Pyrénées-Orientales), Eisenerz (Styrie), Dannemora, Erzberg, Norberg, Taberg (Suède), Rio (île d'Elbe).

En ce qui concerne les autres métaux : les gîtes calaminaires de Moresnet (Vieille-Montagne), Saint-Laurent-le-Minier (Gard) ; les grès imprégnés de galène de Commern et de Mechernich (pays de Siegen); les poudingues de Marbach (Cologne) mélangés de carbonate de plomb ; les pyrites cuprifères de Rio-Tinto et de Tharsis (Huelva) ; le cinabre de Sulphur-bank (Californie) ; les alluvions d'étain de Cornouailles et de Saxe, etc. Nous examinerons de près quelques exemples remarquables.

Ardoisières de Trélazé.

Pour ouvrir une carrière, lorsqu'on se trouve dans des terrains bas, on commence par endiguer la surface. La digue est formée de terre battue sur $0^m.80$ d'épaisseur, comprise entre deux murs de pierres sèches, que l'on protège eux-mêmes avec un amoncellement de débris de carrière. On procède ensuite à la *découverture* du terrain, c'est à dire à l'enlèvement des *cosses* dont l'épaisseur dépasse parfois 20 mètres. En même temps on prépare sur le chef de l'ouest qui est le plus solide, un arrêt en pierres sèches pour asseoir les engins d'extraction ; on procède alors au fonçage, c'est à dire à l'ouverture d'une rigole de 3ᵐ.30 de profondeur entre les deux chefs de règle qui limitent la carrière dans le sens du fil de pierre ou de la longueur. Pour abattre le schiste ardoisier, après l'ouverture de chacune de ces foncées, on exécute des coupes verticales et l'on tire à la poudre.

Mine de fer de Rio.

La célèbre mine de fer de Rio (île d'Elbe) est placée à mi-côte sur les escarpements qui dominent la mer. L'ensemble du gîte a été divisé par des plans horizontaux en cinq gradins de 10 à 15 mètres de hauteur et de 30 à 60 de largeur ; les faces verticales de ces gradins sont ensuite attaquées sur les points les plus riches, et découpées en petits gradins ayant les dimensions ordinaires. Les divers plans de cette exploitation sont réunis par des rampes.

Mines de fer de Sommo-Rostro.

Les gîtes de fer de Bilbao (Biscaye) sont des amas couches d'hématite intercalés entre un grès schisteux ou micacé au mur et un calcaire argileux au toit. Ils présentent par places 73 mètres de puissance ; on distingue quatre espèces de minerais : la *vena dulce* située à la surface, tendre, très pure et présentant une structure rhomboédrique, la couleur est d'un rouge sombre ; la *rubio* hématite brune, plus dure, caver-

neuse et ordinairement moins pure ; le *campanil*
hématite rouge de couleur pourpre, moins ferrifère,
mais moins siliceux ; enfin le *minerai spathique*
plus exceptionnel. On a extrait, en 1882, 3.700.000 tonnes
occupant 12.000 ouvriers.

L'enlèvement du gîte a lieu exclusivement à ciel
ouvert. A Orconora, on exploite en trois gradins de 12,
de 21 et de 14 mètres ; la longueur des fronts de taille
dépasse 300 mètres. La totalité du minerai descend
par des couloirs en planches au fond de la vallée.

A Conche, la Compagnie franco-belge a d'abord
percé un puits, qui est passé de la vena dans le rubio.
Après l'avoir rejoint par une galerie sortant au jour,
on a procédé à la partie supérieure par élargissements
successifs. Les abatages se font en grande masse et
quelques-uns fournissent jusqu'à 3,000 tonnes. Le
triage se fait à la main et amène le minerai à une
teneur de 55 %. Le prix de l'abatage et du triage varie par tonne depuis 1 fr. 25 pour le campanil jusqu'à
3 fr. 25 dans le rubio.

Mines de fer de Mokta-el-Hadid.

Le mur du gisement de Mokta (Algérie) est formé
de schiste imperméable ; il présente une inclinaison
qui varie de 15 à 45 degrés. Le toit est un calcaire
cipolin quelquefois remplacé par un schiste plus tendre que celui du mur. Le gîte forme une masse continue de 1600 mètres en direction dont les affleurements sont visibles sur un développement de 1500
mètres. Son épaisseur, qui est en moyenne de 5 mètres,
atteint et dépasse même 15 mètres dans les renflements. La mine est aménagée pour une production
annuelle de 300,000 tonnes et les travaux à ciel ouvert
fournissent les $\frac{4}{5}$ de cette production. Les travaux

sont conduits en gradins droits et conservent une connexion très étroite avec l'intérieur, dans lequel ils écoulent l'eau et le minerai par des puits de chute maçonnés et évasés par le bas. Les wagons chargés sont reçus sur le chariot-porteur d'un grand plan incliné à contrepoids qui les remonte.

Mines d'étain de Pérak.

Le mur de la formation des alluvions stannifères de Pérak (presqu'île de Malacca) est un kaolin blanc; la couche riche d'argile blanche, aux rognons de quartz, présente $2^m.25$ de puissance. Un recouvrement de $7^m.50$ est formé d'argiles ou sables stériles superposés, et de terre végétale ; la teneur du minerai se tient en général entre 0,008 et 0,010. Pour exploiter, on pratique une tranchée perpendiculaire à l'axe de la vallée, en rejetant le stérile en arrière. Le minerai est monté à dos d'homme, de la tranchée jusqu'à la laverie. Le travail est fait par des coolies chinois et le prix du mètre cube de terres remuées s'élève à 5 fr. 75.

Mines de pyrites cuivreuses de Huelva.

La province d'Huelva, située au sud-ouest de l'Espagne, présente une zone métallifère dirigée de l'est à l'ouest sur 20 lieues de longueur et 4 lieues de large environ. On y rencontre à l'est Rio-Tinto, au centre Tharsis, à l'ouest Santo-Domingo en Portugal. L'importance des amas est très variable et peut aller comme à Rio-Tinto jusqu'à 2,500 mètres de longueur, 200 mètres de puissance et une profondeur jusqu'à présent inconnue, mais ayant en ce moment dépassé 100 mètres. Chacune de ces mines possède un chemin de fer spécial à voie étroite pour le transport de ces produits. Le mode commun d'exploitation pour ces

trois mines est l'extraction à ciel ouvert et par conséquent la création de grands chantiers de terrassements
pour l'enlèvement, au-dessus du minerai, des couches
de stérile, atteignant des hauteurs de 25 jusqu'à 40
mètres.

A *Rio-Tinto*, il y a trois grands filons parfaitement
déterminés, mais un seul est actuellement en exploitation ; le gouvernement espagnol qui possédait cette
mine jusqu'en 1872, époque à laquelle il l'a cédée
moyennant 100 millions de francs à une société anglaise, n'avait que des travaux souterrains dans ce
même filon sur 7 étages. Aujourd'hui, le filon est
déblayé sur 500 mètres de longueur et 80 à 90 mètres
de largeur, avec une hauteur moyenne de 25 mètres
de déblais. L'extraction du minerai se fait alors à
ciel ouvert par grands gradins droits de 8 à 10 mètres
de hauteur sur une profondeur de 40 mètres environ.
Les déblais se transportent par chemin de fer à voie
de 1ᵐ.20, avec faible inclinaison vers la décharge, et
desservie par locomotives. Le transport du minerai se
fait également par voie ferrée. Un triage à la main se
fait dans la mine. L'abatage est singulièrement facilité
et l'on a vu des explosions électriques fournir d'un seul
coup 32,000 tonnes. La Compagnie de Rio-Tinto s'est
syndiquée avec Tharsis et Santo-Domingo ; elle
extrait un million de tonnes par an et emploie 13.000
travailleurs. Le prix de revient très économique est
de 3 fr. 50 pour une tonne de pyrite extraite à ciel
ouvert.

La mine de *Tharsis* se compose de 3 filons, dénom-
més nord, centre et sud. Le dernier n'est pas encore
en exploitation ; celui du centre est exploité depuis
peu d'années à ciel ouvert. Le filon du nord est celui
sur lequel s'est portée l'exploitation ; ce filon, d'une
longueur de 1,500 mètres, a un découvert sur 600

mètres de longueur, 50 mètres de largeur au niveau du minerai, avec des hauteurs de déblais de 30 à 45 mètres. Ici, l'on est moins bien placé qu'à Rio-Tinto pour le transport des déblais, car on est obligé d'en remonter la plus grande partie pour en opérer la décharge. Ce transport du stérile ne se fait que par traction de chevaux. Le minerai est abattu par gradins droits de 7 à 8 mètres de hauteur et doit sortir par un tunnel avec rampe de 5 % pour arriver à la station du chemin de fer.

Le filon de *Santo-Domingo* est de plus petite dimension que les précédents ; cependant le découvert est de 500 mètres de longueur sur 50 mètres de largeur au niveau du minerai, et des hauteurs de déblais dépassent 45 mètres. Le transport des déblais se fait par traction de chevaux et par locomotives sur voies de $1^m.08$. L'abatage du minerai s'opère par grands gradins droits de 7 à 8 mètres de hauteur ; le transport a lieu de différentes façons suivant sa profondeur. Pour celui compris entre 0 et 12 (0 étant la cote de l'affleurement du minerai), on le remonte par locomotive sur rampe de 5 % par tranchée à ciel ouvert. Pour les étages inférieurs à la cote 12 mètres, on se sert d'une machine fixe remontant les wagons au moyen d'un câble.

Placers d'or de Nevada.

L'exploitation des placers de Californie se fait à l'aide de l'eau comprimée, employée dans des appareils qui portent le nom de *géants* ; cette méthode a pris un grand développement et fait disparaître en peu de temps des collines entières d'alluvions atteignant souvent une puissance de 80 mètres. On commence par barrer une vallée pour faire une retenue d'eau, que des canaux de 2 à 3 mètres de largeur con-

duisent à un distributeur carré, d'où partent des
tuyaux de tôle se terminant par des ajustages assemblés à l'aide de joints en cuir ou en métal. On dirige
alors un jet sous pression vers le point où l'on veut
déterminer une perforation : le liquide sort du trou
en bouillonnant et entraînant les matières. Un éboulement ne tarde pas à se produire : telle est la marche
employée pour les parties supérieures. Pour enlever
le fond du bassin qui est la partie la plus riche, on
pratique un tunnel à partir du point le plus bas
des vallées environnantes ; on rejoint cette galerie
par un puits foré dans le placer et boisé. On commence ensuite à déboiser la travée supérieure, et, avec
les lances d'eau, l'on coupe le terrain dont on détermine l'écoulement dans le puits et à travers le tunnel.
Au sortir de la galerie, les eaux sont reçues dans des
canaux en bois, présentant des ressauts remplis de
mercure, pour y faire barboter les matières et dissoudre l'or qui s'y trouve disséminé. Après un certain
nombre de passages dans le mercure, on rejette le stérile et l'on traite l'amalgame pour en retirer l'or.

Mines de diamants du Cap.

Les mines de diamants de l'Afrique australe (Kimberley, Bultfontain, Old de Beer's, Du Toits's Pan)
sont au nombre des exploitations les plus curieuses ;
elles sont situées dans le district de Griqua land
West, non loin du fleuve Orange. Les gîtes sont formés d'une roche dure analogue à la serpentine et à
l'ophite ; la teinte altérée et jaunâtre près de la surface est d'un coin verdâtre dans la profondeur. Le
type d'exploitation doit ses défauts essentiels aux
conditions du début ; à Kimberley, le chantier forme
une excavation à peu près elliptique de 300 mètres
sur 200 environ, avec une profondeur qui atteint, au

centre, une centaine de mètres ; elle s'enfonce verticalement sur le gîte de serpentine diamantifère. La surface fut divisée à l'origine en *claims* d'environ un are chacun et répartie sous cette forme entre les premiers occupants ; nul ne devait alors exploiter plus d'un claim. Depuis cette époque, la limite a été portée à dix claims, de même que certains carrés ont été subdivisés et que l'on voit des propriétaires d'un seizième de claim. Chacun creusait pour son compte, en se débarrassant comme il pouvait de ses déblais. Il y eut à un certain moment 1,600 exploitations distinctes à Kimberley, dont chacune possédait son appareil d'extraction ; de là, une forêt de câbles, tendus entre le fond et les chefs de l'excavation, avec les roues ou les manèges correspondants. Aujourd'hui, une certaine entente a permis de desservir le service de l'épuisement. La nécessité de donner un talus à ce précipice, et, pour cela, d'en débarrasser les abords des cavaliers de déblais qui les encombrent, s'impose en outre dans un avenir prochain, sous peine de voir entraver l'approfondissement de l'exploitation à ciel ouvert.

Mines de diamants du Brésil.

Au *Brésil*, la terre de laquelle on extrait les diamants porte le nom de *carcalho ;* elle provient d'une chaîne de montagnes assez élevées, et couvre un canton de 120 lieues carrées, aux environs de la ville de Tejaco. On extrait le carcalho du fond des rivières et on le transporte à des ateliers où il est soumis aux lavages ; on le remue avec des râteaux sur de grandes tables inclinées, à la partie supérieure desquelles arrive un courant d'eau continu. Après un quart d'heure environ, toutes les parties terreuses sont enlevées, et il ne reste plus que le gros gravier dont on fait le triage à la main, afin d'en séparer les diamants.

CHAPITRE IX.

Exploitation souterraine.

Travaux préparatoires.

Les gites en filons et en couches inclinées nécessitent l'emploi de travaux souterrains; la plupart des grandes exploitations, commencées à ciel ouvert sur les amas et les stocwerks métallifères, finissent elles-mêmes par être transformées en exploitations souterraines, à cause des difficultés de maintenir les parois de ces grandes excavations, d'y épuiser les eaux et d'en extraire économiquement les minerais. Mais avant de pouvoir entrer en exploitation, il convient de bien étudier le gite, c'est à dire d'en définir la puissance en épaisseur et la continuité en direction d'où dépendra le choix de la méthode d'exploitation ; on doit exploiter en bon père de famille; l'intérêt bien entendu des Compagnies, celui de la fortune publique y sont également intéressés. Tous les jours, on voit s'accuser davantage la tendance à prendre plus au sérieux la méthode d'exploitation adoptée et à en imposer l'application d'une manière étroite. Nous sommes de l'avis de Devillaine : « Une méthode médiocre, mais pratiquement observée, présente plus d'avantage qu'une méthode théoriquement excellente, mais imparfaitement appliquée. »

L'organisation d'une mine comprend deux sortes de travaux ; on doit, en premier lieu, créer l'agencement général des organes permanents de fonctionnement, et il faut, en second lieu, mettre d'une manière rationnelle ces moyens d'action en rapport avec des chantiers toujours renouvelés, s'éteignant sur un point pour se développer sur un autre. Les premiers travaux à exécuter sont les travaux préparatoires dont le but est : d'abord de reconnaître le gite, en second lieu de préparer les voies de transport et d'aérage nécessaires à l'exploitation. Ces travaux consistent en *puits*, *galeries*, percés dans le gite ou en dehors, et *descenderies* ou *montages*, suivant l'inclinaison du gite. Etant donné par exemple l'affleurement d'un filon incliné à 75 degrés, le travail qui se présente le plus naturellement à l'esprit est d'y pénétrer directement, c'est à dire d'y ouvrir un puits incliné suivant le mur ou le toit. Ce puits incliné sera une descenderie à 75 degrés dans laquelle on descendra par des échelles appliquées contre la paroi du mur. Cette descenderie fournira une certaine quantité de minerai ; elle permettra d'examiner la richesse de ces minerais et la nature des gangues, de constater la structure intérieure et les niveaux auxquels il paraitra le plus avantageux d'ouvrir des galeries suivant la direction, afin de reconnaître la continuité du filon. Mais si l'on examine les conditions de circulation des ouvriers, d'extraction des matières abattues et d'épuisement des eaux, on reconnaitra que l'inclinaison de ce puits est un obstacle à ces divers services et que, pour atteindre une profondeur déterminée, un puits vertical percé en dehors du gite eût été bien plus avantageux. Cet avantage d'un puits vertical sera encore bien mieux démontré si le gite, au lieu de suivre un plan régulier incliné à 75 degrés, subit une inflexion ou bien un rejet, accidents si fréquents dans les filons.

Les filons étant situés en pays ordinairement montagneux et accidentés, il est possible en général de les recouper à une certaine profondeur, en contre-bas des affleurements, par des galeries prises dans une vallée voisine. Ces galeries dites *galeries d'écoulement*, dont nous parlerons plus tard au chapitre de *l'assé-chement*, donnent issue aux eaux et aux produits de l'abatage. Aujourd'hui, l'on préfère les puits verticaux qui pourront recouper le plan des filons à une profondeur déterminée à l'avance. Cette recoupe une fois obtenue, le puits pourra être approfondi de manière à obtenir des niveaux d'exploitation inférieurs à la recoupe ; pour cela, il suffira de rejoindre le plan du filon à partir du puits, au moyen de galeries de traverse. Tel est en réalité le moyen normal d'atteindre les gites minéraux et de les poursuivre à de grandes profondeurs, en conservant les conditions essentielles de sûreté et d'économie des services. On ne trouve guère que dans le Hartz des exceptions à cette manière de procéder ; beaucoup de puits y ont été commencés par les anciens suivant les inclinaisons de 80 degrés ; on a dû accepter le legs du passé et les appareils mécaniques ont été adaptés aux exigences de cette position inclinée, mais ils ont mis en évidence plus que partout ailleurs les avantages des puits verticaux.

Une fois le filon recoupé, les travaux de reconnaissance et de préparation sont ouverts par deux niveaux : le premier pris au niveau même de la recoupe et le second environ 30 mètres au-dessus, au moyen d'une galerie de traverse ouverte dans le puits. On procède ainsi par galeries prises suivant la direction du filon, à droite et à gauche des recoupes, de manière à dégager une tranche de 40 à 50 mètres suivant l'inclinaison. Les *galeries d'allongement* suivent toutes les inflexions du filon et le recherchent si un rejet ou un accident quelconque vient à le faire dévier. Elles satisfont par conséquent au double but : exploration de la richesse du filon que l'on peut examiner ainsi pas à pas en suivant les deux niveaux ; préparation de massifs à exploiter, que l'on découpe au moyen de montages ouverts de distance en distance suivant l'inclinaison, de manière à joindre les deux niveaux d'allongement.

L'acte le plus important des travaux préparatoires est sans contredit l'*emplacement* d'un puits. Ce puits engage en effet l'avenir par le capital dépensé à le foncer et à le pourvoir de tous les appareils nécessaires à son service ; sa position par rapport au gîte et par rapport aux conditions de la surface déterminera ensuite les dépenses à faire en travaux souterrains préparatoires, en travaux superficiels à exécuter pour le transport des produits. En plaçant un puits, on ne doit songer absolument qu'au gîte à exploiter et à ses allures probables en profondeur. Pour s'éclairer sur ces allures, on doit exécuter tous les travaux préliminaires qui peuvent être utiles, fonçages d'essai, sondages ; on doit procéder autant que possible du connu à l'inconnu et ne pas compter sur les chances les plus favorables.

La situation de l'emplacement des puits de service a pour résultat de déterminer le *champ d'exploitation* de chacun d'eux. Pour la délimitation de cet élément essentiel, on tient le plus grand compte des accidents géologiques, tels que failles, rejets, colonnes de richesse ou zones d'appauvrissement. Sur le continent, l'étendue du champ d'exploitation se chiffre en général par quelques centaines de mètres ; il est important de remarquer que la durée de ces aménagements croît avec leurs dimensions, et qu'ils peuvent ainsi devenir d'un entretien extrêmement onéreux.

On a soin d'établir dans le puits un certain nombre d'accrochages intermédiaires comme nous l'avons dit ; chacun d'eux est relié au gîte par un *travers-bancs* qui constitue l'artère de son activité. Si l'on conduit

par la pensée des plans horizontaux à partir de cha
cune de ces recettes, on divise le gîte en autant d'é-
tages ; chacun d'eux est caractérisé par sa voie de
fond, qui le dessert suivant son horizontale inférieure,
pour aboutir au travers-banc et de là au puits. Ces
divisions forment l'élément le plus essentiel de l'aménagement, on les définit soit par leur *hauteur* verticale, soit par la *relevée*, estimée suivant l'inclinaison.
Les hauteurs d'étages sont extrêmement variables
elles s'abaissent à 10 ou 15 mètres, de même qu'elles
s'élèvent à 50. Ces grandes divisions sont encore trop
étendues pour fournir une base qui soit en rapport
suffisamment direct avec l'installation des chantiers ;
un nouveau mode de subdivision, superposé au précédent, s'impose et il devient nécessaire à cet égard de
distinguer dans le chantier en ce qui concerne le sens
vertical ou le sens horizontal. L'épaisseur verticale
que l'on peut prendre d'un seul coup, au-dessus d'une
étendue horizontale quelconque, ne saurait franchir
certaines limites ; on l'a poussée, dans des cas assez
fréquents, jusqu'à 5 mètres et très exceptionnellement
jusqu'à 10 et 15 mètres. En thèse générale, il faut se
restreindre à une hauteur de chantier en rapport avec
la taille de l'homme et les dimensions ordinaires des
bois de soutènement. On peut admettre pour fixer les
idées un type de deux mètres ; on y parvient en divi-
sant les masses en *tranches* superposées. au moyen
de plans horizontaux, ou parallèles à la stratification.

Quant à l'étendue en projection horizontale du
champ d'exploitation, on l'embrasse parfois d'un seul
coup par les méthodes dites *de grandes tailles*, quand
le gisement présente une homogénéité et une régularité suffisantes. Mais, dans les autres cas, on y établit
un *traçage* au moyen d'un réseau formé de galeries
menées en direction, et de montages conduits suivant

l'inclinaison. On partage ainsi la tranche en rectangles qui prennent le nom de *lopins*, *massifs* ou *piliers*. Chacun d'eux constitue l'unité définitive sur laquelle on pratiquera ensuite l'opération du dépilage, en la prenant pour théâtre des opérations d'un chantier.

Méthodes d'exploitation.

Les méthodes d'abatage et les formes à donner aux excavations varient suivant la nature des substances exploitées et suivant la forme des gîtes. Une méthode d'exploitation sera le tracé ou dessin théorique qui satisfera non seulement aux conditions d'un abatage productif et économique, mais aux services essentiels d'aérage, de transport et d'épuisement. Le tracé théorique d'une méthode fait nécessairement abstraction de toutes les ondulations que peuvent présenter la direction et l'inclinaison d'un gîte, ainsi que de tous les accidents qui peuvent en modifier ou en interrompre l'allure. De là, une différence entre les tracés théoriques dont les lignes sont toujours droites et régulières et les plans réels des mines, dont les lignes sont le plus souvent ondulées pour suivre les variations d'allure, et quelquefois brisées pour franchir les accidents.

Les gîtes métallifères sont en général composés de roches consistantes et solides, dont l'exploitation présente rarement de sérieuses difficultés. Cependant l'application des méthodes ne perd rien de son importance ; car on doit, dès le principe, s'occuper de tous les services auxquels cette application doit satisfaire et qui sont : 1° l'aérage (il faut préparer des voies spéciales pour l'entrée de l'air pur, l'air vicié devant sortir par des voies spéciales et les moins fréquentées) ; 2° les transports (on doit diriger les produits des chantiers vers les accrochages du puits, par des voies

directes et dont les pentes seront autant que possible,
dans le sens de la charge) ; 3° l'exhaure (on dirigera
les eaux sur un même point où seront disposés les
moyens d'épuisement) ; 4° les chantiers d'abatage (on
les disposera de telle sorte qu'ils se trouvent dégagés
sur deux faces, les fronts de taille étant d'autant
moins longs que la roche à abattre est plus résistante).

Ces principes posés, nous classerons les méthodes
d'exploitation en distinguant celles qui s'appliquent
aux gîtes dont la puissance est inférieure à 3 mètres,
filons ou couches de faible épaisseur, et celles qui
peuvent être appliquées aux gîtes puissants dont
l'épaisseur va jusqu'à 10 mètres et au-delà.

Cette distinction établie, les méthodes varient, dans
les gîtes de faible épaisseur, suivant que l'inclinaison
est plus ou moins forte ; dans les gîtes puissants,
suivant que les minéraux constituants sont solides ou
ébouleux. On est conduit d'après cette classification
générale à les grouper ainsi qu'il est indiqué par le
tableau ci-dessous, qui comprend les cas les plus fréquents que l'on rencontre dans l'exploitation des
mines métalliques :

PUISSANCE DES GÎTES.		MÉTHODES.
Au-dessous de 3 mètres.	Inclinaison entre 43° et la verticale.	Gradins droits. Gradins renversés.
	Entre 45° et l'horizontale.	Gradins couchés. Grandes tailles. Galeries et piliers.
Au-dessus de 3 mètres.	Roches dures.	Ouvrages en travers et remblais. Galeries et piliers.
	Roches ébouleuses.	Par éboulements. Par remblais.

Ce tableau permet de choisir pour un minerai déterminé, les méthodes qui sont les plus convenables, dont les avantages ou les inconvénients peuvent être ensuite indiqués par une description générale.

Gradins droits.

Cette méthode procède en abattant successivement chacun des massifs préparés, en parallélipipèdes de 2 mètres de hauteur sur 4 mètres de longueur, ce qui se fait en plaçant autant de fronts d'abatage qu'on a dégagé de ces parallélipipèdes, et donnant à l'ensemble de l'atelier la disposition en gradins. A mesure qu'on avance dans l'abatage, on boise le vide qui résulte de cet avancement avec des étais appuyés du toit au mur. Ces étais, solidement assujettis dans les entailles et calés avec des coins, supportent des planchers sur lesquels on accumule les déblais stériles, résultant du premier triage qui se fait dans la mine.

La *figure* 26 représente une exploitation pour gradins droits: PP' est le puits ; *a, b, c, d, e,* les planchers sur lesquels s'établissent les minerais pour commencer les gradins ; *m, n, o, p,* les planchers pour contenir les déblais. On voit que cette méthode n'exige pas de galerie inférieure aux derniers massifs exploités ; les roches abattues sont jetées de gradin en gradin jusqu'au puits ou jusqu'à la galerie qui sert à les enlever. Ce transport irrégulier est un des inconvénients de la méthode par gradins droits. Cette méthode convient bien en général pour les minerais qui ont besoin d'être triés avec soin ; mais d'autre part, le piétinement continuel des mineurs sur le minerai qu'ils vont abattre est un obstacle à ce triage. Aussi ne peut-on l'appliquer aux minéraux qui seraient détériorés par l'écrasement et la boue qui résultent de la circulation des ouvriers.

Gradins renversés.

Dans la méthode par gradins renversés, la disposition est inverse, et les massifs sont attaqués par la partie inférieure. Un boisage solide est établi au-dessus de la galerie d'allongement, ce boisage devant être assez fort pour supporter tous les déblais qui seront produits par l'abatage et le triage du massif à exploiter. Pour l'abatage, les mineurs montés sur les remblais ou sur des planchers mobiles, entaillent le massif, en maintenant la disposition sur gradins. Si le toit est peu solide, il est soutenu par des boisages qui servent en même temps à la circulation des ouvriers; ces boisages avancent avec la taille et sont autant que possible successivement enlevés pour être reportés en avant, à mesure qu'ils peuvent être remplacés par des remblais.

La figure 27 représente l'exploitation par gradins renversés, PP' est le puits, GG' la galerie du roulage, A le plancher établi dans le puits et sur lequel les mineurs se placent pour commencer la première entaille, pp le plancher solidement établi au-dessus de la galerie GG' et sur lequel on entasse les déblais. On voit d'après cette disposition que les matières abattues tombent naturellement sur le plan incliné formé par les remblais qui sont substitués à mesure de l'avancement à l'épaisseur du filon. Ils sont d'abord triés, puis transportés vers la galerie de service, qui se trouve au-dessous du chantier.

Les méthodes par gradins droits ou renversés ont pour avantages communs le dépouillement complet du filon. Dans les deux procédés, le filon évidé se trouve, après l'exploitation, rempli de déblais stériles, maintenus par des lignes de boisage. Enfin, dans les deux cas, les roches se présentent toujours à l'abatage dégagées sur deux faces ; les ouvriers sont constamment rassemblés, faciles à surveiller et parfaitement en sûreté ; les transports sont simples et faciles.

En comparant les détails des deux méthodes, on trouve que, dans les gradins renversés, l'abatage est facilité par le poids des masses et que les boisages abandonnés dans les déblais sont en outre moins coûteux ; mais, d'autre part, le triage est difficile, parce que les minerais tombent sur les déblais où ils peuvent se perdre, leur matière étant généralement plus fragile que les gangues. Cette considération importante suffit, dans certains cas, pour assurer la préférence aux gradins droits, sur lesquels tout peut être exactement recueilli après l'abatage, même les poussières. Enfin, dans les exploitations profondes, la méthode par gradins droits a encore l'avantage de permettre d'exploiter les massifs inférieurs sans qu'on soit obligé de percer une galerie d'allongement pour les dégager ; le choix ne peut donc être déterminé par des considérations spéciales qui résultent de la manière d'être des gîtes. Les gradins renversés sont d'un usage plus répandu ; c'est ainsi que sont exploités la plupart des filons du Cornwall, du Hartz, de la Saxe, et ceux de Villefort, de Pontgibaud et de Poullaouen, en France. On peut d'ailleurs, ainsi qu'on le fait au Hartz, combiner les deux méthodes en réservant les gradins droits pour les parties du fond, tandis que les parties supérieures sont abattues par gradins renversés.

Dans la plupart des filons, les déblais sont trop abondants, de telle sorte que tout se trouve remblayé, sauf les voies de service ; l'excédant des remblais doit encore être monté au jour et versé à proximité des haldes. Ces travaux sont en réalité faciles à conduire sous le rapport de la méthode. Une seule difficulté est à prévoir, c'est la solidité des planchers qui suppor-

tent les remblais ; cette solidité est facilement obtenue
dans les filons dont la puissance ne dépasse pas
1 mètre à 1m.50 et dont les épontes sont solides ; mais,
pour des filons de 2 mètres et au-delà, il faut des bois
tellement forts, que, dans plusieurs cas, des éboulements se sont produits qui ont écrasé les voies de
service et rendu des quartiers inaccessibles. Dans ce
cas, il est plus sûr et plus économique de poursuivre
la méthode par gradins renversés, en construisant sur
les galeries de service, des voûtes solides qui peuvent
en toute sécurité être chargées de déblais sur des hauteurs considérables.

Un filon peut être exploité sur plusieurs kilomètres
de longueur par des puits plus ou moins rapprochés.
Plus l'exploitation sera étendue, plus on obtiendra
des produits constants ; on doit, en effet, en parcourant
ainsi toute l'étendue d'un filon, trouver des zones plus
ou moins riches et subir des alternatives de richesse
et de pénurie. Plus les niveaux seront étendus, les
champs d'exploitation étant en nombre d'autant
plus grand, on pourra compenser les espaces stériles. Cette condition d'un produit moyen régulièrement soutenu est considérée comme tellement essentielle que, dans les exploitations du Hartz et de la
Saxe, on ferme par des portes l'accès des chantiers
les plus riches, afin de pouvoir, à un moment donné,
compléter les produits d'une année et en maintenir le
caractère rémunérateur. Si, au lieu d'un filon, on peut
exploiter à la fois un groupe de plusieurs filons, les
compensations s'établissent encore plus facilement et
les travaux préparatoires exécutés en dehors des filons
prennent alors un développement d'autant plus considérable. La proportion des produits obtenus permet
en effet de foncer des puits d'autant plus profonds et
des galeries d'écoulement qui servent à la fois pour

l'assainissement des mines et pour l'établissement de machines hydrauliques destinées à tous les services.

Les travaux préparatoires du Hartz peuvent servir de modèle pour tous les districts métallifères. Ceux de Freyberg en Saxe, de Schemnitz en Hongrie, conçus dans le même esprit, peuvent également être cités comme ayant pu maintenir les exploitations à de grandes profondeurs. Ces travaux peuvent seuls compenser les charges onéreuses qui résultent de l'approfondissement des mines, approfondissement qui marche vite dans les filons dont l'inclinaison se rapproche de la verticale.

Couches inclinées de moins de 45°.

Le gisement en masses aplaties, comprises entre deux plans parallèles, avec une inclinaison au-dessous de 45°, appartient généralement à des couches. Pour les exploiter, la position des mineurs est sensiblement différente ; ils peuvent marcher sur le mur, y déposer des remblais, sans qu'il soit nécessaire de les soutenir par des boisages ou des voûtes. Dans ce cas, les conditions plus ou moins faciles de l'exploitation dépendent principalement de la puissance du gîte et de la solidité du toit. Dans une couche de un à deux mètres de puissance, une galerie suivant l'inclinaison du montage et même une galerie d'allongement pourront être entaillées dans l'épaisseur du gîte sans presque attaquer les épontes. Si le toit est solide, on pourra dépouiller le gîte, en le contenant par des bois ou par des murs de remblais, et régler à volonté les conditions de l'affaissement qui se produira toujours par le tassement des remblais ou par l'écrasement des étais, mais à une certaine distance, en arrière des

ouvriers qui travailleront aux tailles. Les dispositifs
et les dimensions de ces tailles donnent un caractère
distinct à chacune des méthodes d'exploitation désignées sous les dénominations de *gradins couchés,
grandes tailles* et enfin *galeries* et *piliers*.

Gradins couchés.

Cette méthode ne diffère de celle des gradins renversés qu'en ce que les gradins se trouvent couchés
suivant le plan de la masse minérale : les ouvriers
mineurs, au lieu de s'élever sur des remblais ou sur
des planchers, marchent sur le mur du gite. Ainsi, la
division préparatoire en massifs ayant été pratiquée
comme d'habitude, on abat un de ces massifs en le
découpant en gradins en boisant sur autant de lignes
qu'il est nécessaire et en accumulant les déblais entre
les boisages. Ces déblais, au lieu d'être portés sur des
planchers étayés, reposent sur le mur du gite. Les
gradins ont le plus souvent dans ce genre de travail
4 mètres dans les deux sens, et pour hauteur celle de
la couche exploitée. La couche de schiste cuivreux du
pays de Mansfeld, dite Küpferschiefer, est exploitée
suivant cette méthode. Le schiste n'ayant que $0^m 30$ à
$0^m 50$ de puissance, on le dégage en havant le mur, puis
on chasse des coins dans le toit et l'on y place des
coups de mine. Les galeries de service ont la hauteur
habituelle de $1^m 60$, mais les travaux en gradins n'ont
que de $0^m 70$ à $0^m 90$. L'inclinaison facilite d'ailleurs
l'entrée de ces tailles étroites et les ouvriers se cou-
chant sur le côté peuvent encore travailler assez rapidement ; cette exploitation constitue le travail *à col
tordu* dont nous parlerons dans le chapitre des transports souterrains.

Grandes tailles.

Dans cette méthode, on place des ouvriers de front suivant toute la longueur du massif ; ces ouvriers abattent à la fois sur toute la ligne en procédant au dépouillement de la couche métallifère, en boisant derrière eux avec des étais à mesure qu'ils avancent, puis en rejetant les déblais entre les boisages. Cette méthode a des avantages particuliers : elle est rapide, permet d'employer beaucoup de monde, oblige tous les ouvriers à marcher du même train dans le travail et ne laisse pas au toit le temps de se déliter. S'il existe quelques parties stériles, on peut les négliger dans l'abatage et les laisser comme piliers ; puis enfin, elle permet plus qu'aucune autre de concentrer les ateliers et de n'entretenir que le moins possible de travaux souterrains. Mais il est évident aussi qu'elle ne peut être employée que pour des matières assez tendres pour être facilement entaillées au pic, le dégagement successif des masses ne facilitant pas l'abatage. On exploite par exemple de cette manière les couches de calcaire argileux pénétré de galène qui se trouvent aux environs de Tarnowitz en Silésie. L'abatage s'y fait comme d'habitude en havant le mur, la couche n'ayant que 0 m. 70 d'épaisseur. Chaque mineur opère sur un front de 4 mètres, de telle sorte qu'un massif de 100 mètres compris entre deux galeries d'allongement n'est enlevé que par 25 mineurs. De chaque côté des massifs dépilés, on maintient, par de bons murs construits en pierres sèches, les voies nécessaires au roulage ou à l'aérage. Les tailles, qui enlèvent les massifs ou piliers, sont disposées de telle sorte qu'une taille est toujours en retraite sur la suivante, afin de ne pas briser le toit suivant une ligne droite et trop étendue.

Galeries et piliers.

Cette méthode consiste à tracer dans le gîte une série de galeries parallèles suivant la direction, puis à recouper ces galeries par une série d'autres galeries parallèles, prises suivant l'inclinaison ou suivant des lignes diagonales entre la direction et l'inclinaison. On divise ainsi le gîte en piliers ou massifs, que l'on abandonne comme soutènement si la roche a peu de valeur et que l'on enlève en procédant au *dépilage*, si, au contraire, elle en a assez pour que l'exploitation complète puisse être avantageuse. On exploite sans dépilage la plupart des couches de minerai de fer, en ayant soin d'espacer et de diriger les galeries de façon à enlever les parties les plus riches du massif et à laisser en piliers les parties les plus pauvres, ce qui donne toujours à ces exploitations une assez grande irrégularité.

La division du gîte en massifs d'une longueur plus ou moins grande et la faculté de conduire le dépilage de ces massifs à distance, permettent d'ailleurs de suivre une disposition en gradins, dont le tracé tend à se rapprocher de celui de la méthode par gradins couchés ; les deux méthodes ne diffèrent alors que par une condition particulière, c'est que chaque pilier a dû être dégagé par un traçage préalable. Ce traçage peut, suivant les conditions du gîte, être ou ne pas être onéreux ; si le gîte a une puissance telle qu'il ne soit pas nécessaire d'entailler le toit ou le mur, si la solidité du toit permet de donner aux galeries de traçage une certaine largeur de 3 ou 4 mètres, sans les boiser, la division en massifs de 10 à 15 mètres de longueur suivant la direction, et de 30 à 50 mètres suivant l'inclinaison, s'exécute dans de très bonnes conditions ; le dépilage peut ensuite être conduit par gradins espacés à la distance la plus convenable pour la solidité des tailles.

En général, le travail au massif exige une plus grande proportion de main-d'œuvre et de poudre pour un cube déterminé. Pour l'enlèvement des piliers ou dépilage, l'abatage est facilité par le dégagement des massifs, mais les frais de soutènement sont toujours onéreux. Les minerais ont en général une valeur suffisante pour que tout le gîte doive être enlevé ; mais les roches destinées à fournir des matériaux de construction ont une valeur en général si faible, que l'on évite le dépilage. La méthode consiste alors en deux systèmes de traçages, croisés à angles droits ou obliques, laissant en place des piliers assez résistants pour qu'ils puissent soutenir la pression du toit ; de là, la dénomination de méthode par galeries et piliers. C'est sous cette forme que se présentent aux environs de quelques grandes villes, comme Paris, les anciennes exploitations dites catacombes, qui ont fourni les matériaux de leur construction.

Il est difficile d'indiquer des dimensions pour les galeries et pour les piliers ; cela dépend de la solidité du gîte et du terrain encaissant. En prenant une moyenne, on peut découper une couche en laissant cinq mètres de plein et en perçant autant de galeries de trois mètres, poussées parallèlement entre elles, qu'il y aura de fois huit mètres dans le front attaqué. On recoupera ensuite toutes ces galeries par galeries perpendiculaires aux premières et disposées de la même manière, de sorte qu'on ne laissera plus, pour supporter le toit, que des piliers de 5 mètres sur 5 mètres, espacés de 3 mètres et disposés en damiers. Lorsqu'une couche est inclinée, on doit donner aux piliers une plus grande longueur dans le sens de l'inclinai-

son que dans le sens de la direction, afin d'éviter tout
effet de glissement.

Gîtes d'une puissance supérieure à 3 mètres.

L'exploitation n'a plus cette marche assurée et cette
simplicité lorsque les gîtes sont en couches ou filons
très puissants ou qu'ils affectent la forme d'amas et
de stocwerks. En effet, au-delà de trois mètres, il devient impossible de placer des bois du toit au mur, et
il faut nécessairement supporter les excavations par
la matière elle-même ou par de véritables constructions faites avec les remblais. Les difficultés croissent
surtout lorsque les matières sont ébouleuses, ce qui a
déterminé pour le choix des méthodes une première
distinction entre les roches solides et les roches ébouleuses. L'exploitation par remblais se fait le plus souvent par ouvrages en travers, c'est à dire par galeries
de traverse, successivement remplies de déblais, de
manière à enlever une tranche horizontale, à laquelle
succède une seconde tranche prise en s'élevant sur les
remblais de la première.

Ouvrages en travers.

La méthode consiste à ouvrir au mur de la masse
minérale une galerie d'allongement qui en suit toutes
les ondulations, puis à pratiquer dans cette galerie
des tailles d'exploitation perpendiculaires à la direction moyenne de la galerie d'allongement et par conséquent dirigées du toit au mur. Ces tailles sont d'a-
bord séparées par des massifs pleins qui font l'office
de piliers pour soutenir les masses supérieures ; de
plus, elles sont elles-mêmes divisées en galeries acco-
lées et successives dont l'avancement inégal forme

des gradins horizontaux ; puis enfin, elles sont remblayées à mesure qu'elles avancent, de manière qu'à
la fin du travail, c'est à dire lorsque le mur est
atteint, elles soient complètement remplies. Lorsqu'on
a enlevé et remblayé les premières tailles ouvertes
dans le gîte, on attaque les massifs intermédiaires
eux-mêmes et l'on arrive à enlever dans le gîte toute
une tranche horizontale, en lui substituant une tranche de remblaie. Un premier étage étant ainsi enlevé
et remblayé, on s'élève sur les remblais et l'on procède
de la même manière à l'enlèvement d'une seconde
tranche ; on passe ensuite à une troisième tranche, et
ainsi de suite jusqu'à l'épuisement du gîte, qui, par
conséquent, doit avoir été attaqué aussi bas que possible.

La figure 28 donne un exemple d'exploitation par
ouvrages en travers, figuré au plan. M M est le mur
du gîte, T T le toit, G G la galerie d'allongement, pp'
les puits montant du premier étage aux étages supérieurs et servant à faire parvenir à ce premier étage
le minerai des étages supérieurs ; a, b, d sont les
tailles remblayées ; c, c les tailles en exploitation ; m,
m, m les massifs de roches stériles réservés dans les
tailles comme piliers de sûreté.

La figure 29 est la coupe verticale des travaux suivant E F du plan ; p, p' sont les puits montant du
premier étage aux étages supérieurs ; a, b, d les tailles
remblayées du premier étage ; c la taille en exploitation au même étage ; a', a' les tailles en exploitation
au second étage ; b', c', d' les tailles non commencées.

La figure 30 est la coupe verticale des travaux suivant A B de la figure 28 et C D de la figure 29 ; M est
le mur du gîte, T le toit, G la galerie d'allongement
du premier étage, G' la galerie d'allongement du se-

cond étage, *a*, la taille remblayée au premier étage, *a'* la taille en exploitation au second étage.

La méthode par ouvrages en travers permet l'enlèvement complet du minerai, consomme peu de bois et est cependant aussi sûre que possible ; elle peut conduire à une exploitation des plus faciles et des plus rapides et présente des masses bien dégagées qui facilitent l'abatage. Mais elle est basée tout entière sur l'existence de déblais en quantité suffisante pour remblayer toutes les excavations, et, d'après le foisonnement des roches dures, elle ne permet pas d'amener au jour plus d'un tiers des matières abattues. S'il ne manquait que peu de remblais, on pourrait sans doute en faire descendre de l'extérieur ; mais si la proportion des déblais était faible ou nulle, cette méthode deviendrait coûteuse et même impossible, à moins que le minerai ne fût d'une grande valeur, et il faudrait avoir recours à la méthode par galeries et piliers.

Le plus souvent on laisse intactes, entre toit et mur, des parties de filons qui deviennent ainsi des massifs de protection, en choisissant pour remplir cette fonction les niveaux qui paraissent les moins riches. Cette disposition fractionnée facilite le choix des parties pauvres ou stériles destinées à servir de massifs de sûreté. Mais il est des mines où cet abandon serait en réalité très coûteux, vu l'égale répartition du minerai dans tout l'ensemble et la valeur de ce minerai. Citons pour exemple les filons d'Almaden, en Espagne, où certaines zones montent presque verticalement des profondeurs du sol dans des conditions de richesse telles que, sur des longueurs de plus de 100 mètres, on ne saurait trouver des massifs de filon qui puissent être abandonnés. Les deux filons principaux d'Almaden, San-Francisco et San-Nicolas, ont 8 à 9 mètres de puissance moyenne vers le niveau de 300 mètres et sont séparés par une zone schisteuse concordante de 3 mètres d'épaisseur (fig. 74). Ces deux filons ont d'abord été exploités isolément, et, pour supporter les remblais, on jetait de distance en distance des voûtes de 7 à 8 mètres de portée entre toit et mur en choisissant les points où les roches étaient les plus résistantes. Vers le niveau de 300 mètres, le mur du filon ayant présenté une ondulation saillante et solide, on se décida à construire une voûte de 20 mètres de portée, en enlevant ainsi toute l'épaisseur des deux filons et de la couche intercalée. Grâce à ce travail, on put ensuite enlever au-dessous toute l'épaisseur des filons sans avoir à redouter l'écroulement des remblais supérieurs. La hauteur actuelle des travaux atteint 350 mètres. Le minerai, qui est le cinabre à peu près massif, rend 8 °/₀ de mercure en moyenne : le produit des meilleures années s'est élevé jusqu'à 12 millions.

La *méthode par remblais* peut être appliquée par galeries contiguës, prises dans le gîte suivant n'importe quelle direction. Ainsi, pour exploiter les *amas calaminaires* de la Belgique, on commençait par définir le gîte au moyen d'une galerie de contour : ensuite on le traversait par une ou plusieurs galeries, et le parement de chaque galerie devenait une taille que l'on conduisait jusqu'à limite, en bourrant chaque jour les remblais à la place du minerai enlevé, de manière à laisser un espace libre très étroit entre eux et le front d'abatage. On enlevait ainsi une tranche horizontale et l'on s'élevait ensuite de tranche en tranche, en montant sur les remblais, jusqu'à ce qu'on atteignît les remblais de l'étage précédemment exploité.

Galeries et piliers.

Cette méthode consiste à exploiter une tranche par deux systèmes de galeries croisées, comme si l'on atteignait une couche horizontale ayant seulement trois mètres de diamètre. Pour les couches puissantes, on abandonne des piliers assez forts pour supporter le toit des excavations; mais, dans ce cas, on donne aux galeries de traçage les plus grandes dimensions possibles en hauteur aussi bien qu'en largeur. Pour cela, on attaque les traçages au moyen de trois et de cinq gradins qui se suivent à distance, en donnant aux galeries 6 et 10 mètres de hauteur, sur une largeur de 3 mètres 40. On laisse ensuite des piliers qui, en plan, doivent représenter un peu plus de la moitié de la surface. Si le gite est fortement incliné ou vertical, lorsqu'un étage a été exploité sur cette hauteur, on en exploite un second en laissant une sole intacte entre les deux et ayant soin de faire correspondre les piliers à ceux de l'étage supérieur ou inférieur, afin d'éviter les éboulements.

Cette méthode est évidemment imparfaite, puisqu'elle occasionne l'abandon d'au moins la moitié du gite; mais c'est la seule qui puisse être employée pour les matières de peu de valeur, qui ne fournissent pas de déblais et ne supporteraient pas la dépense de remblais venus de l'extérieur. Ainsi le fer oxydulé, les hématites, le fer carbonaté, le gypse, l'ardoise, le sel gemme ne peuvent guère être exploités souterrainement que de cette manière. Nous parlerons de l'exploitation du sel gemme à la fin de ce chapitre et nous donnerons ici quelques exemples de l'exploitation par galeries et piliers.

Dans les ardoisières de Fumay (Ardennes), on attaque une couche de 20 mètres de puissance, inclinée de

20 à 30 degrés, en donnant aux galeries toute la hauteur du gîte et 10 mètres de largeur ; les piliers sont égaux aux excavations. Les rigoles pour l'abatage se font perpendiculairement à la stratification et le havage suivant la stratification. Dans plusieurs de ces ardoisières, on a donné à la section horizontale des piliers des formes découpées en gradins, afin d'augmenter leur résistance.

Les exploitations souterraines de gypse des environs de Paris se font également par galeries qui ont jusqu'à 10 mètres de hauteur et qui sont soutenues par des piliers de 4 à 5 mètres.

Dans les ardoisières de Rimogne (Ardennes), la couche principale de schiste ardoisier affecte la forme d'un coin dans le sens de la direction et présente une inclinaison d'environ 45°. Sa puissance, qui se réduit à 0 vers l'est, atteint 50 mètres à l'ouest. Cette masse est exploitée à la carrière de la Grande-Fosse par la méthode des piliers longs. On enlève le schiste par chambres carrées appelées ouvrages, de 13 à 15 mètres de côté, entre lesquelles on ménage des piliers de 10 à 12 mètres que l'on dispose en décrochements plus ou moins réguliers, afin de chercher les portions les plus compactes, en évitant les filières naturelles.

Le gîte de la mines d'étain d'Altenberg (Saxe) consiste dans une masse d'elvan ou de horsteinporphyr, contemporaine de la venue de l'étain, qui l'a imprégnée complétement. On traite les parties profondes de ce stocwerk par la méthode des cloisons et estaus, ou galeries et piliers ; ces derniers ont environ 4 mètres d'épaisseur et séparent des tranches d'exploitation de 12 à 15 mètres de hauteur. On y pénètre avec des travers-bancs partant du puits. On glane dans cet étage, au moyen de chambres de 12 à 18 mètres de diamètre, en cherchant dans toutes les directions pour exploiter les parties riches, et laisser les plus pauvres dans la masse du squelette abandonné. On s'attache dans la mesure du possible à faire correspondre d'étage en étage les chambres et les cloisons suivant la verticale ; mais parfois des crevasses se produisent, et la mine d'Altenberg a été le théâtre d'effondrements formidables.

Méthode par éboulements.

Les divers procédés d'exploitation décrits prouvent que les méthodes doivent se modifier suivant les propriétés des roches exploitables. Nous en trouverons un autre exemple dans l'exploitation des roches ébouleuses, en admettant que ces roches aient si peu de valeur que toute méthode par remblai ne puisse être appliquée. On a employé, dans ce cas, la méthode par éboulement, que l'on désigne plutôt aujourd'hui sous le nom de *méthode de foudroyage*. Cette méthode a été appliquée dans la vallée de la Meuse, par exemple, à l'exploitation des schistes alumineux destinés à la fabrication de l'alun. La couche de 25 à 30 mètres de puissance, est inclinée à 70 ou 80 degrés ; elle est formée de schistes feuilletés et fendillés, très peu consistants. Après avoir exploité à ciel ouvert, on a foncé des puits dans les roches formant le mur du gîte que l'on rejoignait ensuite par des traverses. Une galerie d'allongement était ensuite ouverte dans le mur et l'on perçait à partir de cette galerie des traverses fortement boisées conduites jusqu'au toit, ces traverses étant séparées par 3 ou 4 mètres de parties pleines. Une fois le toit atteint, les mineurs enlevaient l'extrémité du boisage et laissaient ébouler les parties supérieures ; un simple pelletage opéré sur le talus d'éboulement fournissait les schistes. Lorsque ce talus ne donnait plus assez, on se reculait en enlevant quelques paires de bois ; les éboulements se propageaient ainsi à 4 ou 5 mètres de hauteur sur une largeur totale de 4 à 5 mètres et l'on reculait progressivement jusque vers la galerie d'allongement. Lorsqu'un niveau ne fournissait plus dans des conditions assez faciles, on en établissait un autre 6 ou 7 mètres plus bas et l'on arrivait ainsi à obtenir le quart du gîte à des conditions très économiques.

Les figures 32 et 33 représentent la méthode que nous venons de décrire ; la figure 32 est la coupe des travaux suivant la ligne $u\,v$ du plan ; $p\,p'$ est le puits d'extraction ; $m\,m$ le mur du gîte ; $t\,t$ son toit ; $a\,b$ la galerie de traverse servant à l'exploitation actuelle ; g la galerie d'allongement sur le mur ; c l'éboulement tel qu'il a lieu dans chaque traverse à mesure qu'on déboise. La figure 33 est le plan des travaux à la hauteur de $x\,y$ de la figure précédente ; les lettres y ont la même signification.

Ce genre de travail, malgré les précautions du boisage, exige une surveillance assidue pour éviter les accidents ; il a l'avantage d'être peu coûteux, mais d'un autre côté, il amène dans les travaux les eaux de la surface et oblige, s'il y a triage, à ne le faire qu'au jour et à extraire même les matières stériles. Cette méthode a été employée pour les minerais de **fer de** Stahlberg (pays de Siegen) et pour les amas **calaminaires** de la Haute-Silésie.

Méthode par remblais.

La méthode par remblais est plus coûteuse, mais elle n'a pas les mêmes inconvénients. Très variable dans ses procédés, elle consiste en principe à attaquer le gîte par des ouvrages d'une forme quelconque et à remblayer immédiatement les excavations, soit avec les débris du triage, soit par des matériaux descendus de l'extérieur; puis enfin, à s'élever sur un étage ainsi remblayé pour attaquer un étage supérieur. C'est l'inverse de la méthode par éboulement, puisqu'on procède de bas en haut. Le plus souvent, on suit par la forme des ouvrages, la marche des galeries et piliers que nous avons indiquée précédemment; mais au lieu de faire des étages élevés, on ne procède que par étages de hauteur d'homme, afin d'éviter les éboulements; on remblaye immédiatement, en ne laissant que les vides nécessaires au service et les boisant au besoin. Quant aux remblais qui consistent en matières diverses, il est nécessaire d'en indiquer les diverses provenances. Les matières argileuses fournissent un bon remblayage, qui fait prise et qui permet de passer sous le remblai: mais elles tassent beaucoup et se laissent pénétrer par les bois quand la charge donne; il faut avoir soin de ne pas les introduire humides ou gelées, car elles formeraient dans les travaux une boue sans talus naturel. Les pierres, les galets de rivière, la gangue des filons, fournissent un remblai solide et qui se tasse peu; mais il ne fait pas prise et n'arrête pas l'eau, en même temps qu'il laisse perdre le courant d'air. Le sable, le gravier, le laitier, les scories présentent les mêmes inconvénients. Les résidus de la préparation mécanique des minerais se tassent bien également et forment un bon pisé. Il faut ajouter à la liste des matériaux employés pour combler le vide des travaux souterrains, la maçonnerie proprement dite; mais son prix de revient le rend inabordable en dehors de cas exceptionnels (mines d'Almaden).

Nous avons successivement exposé les conditions générales des méthodes d'exploitation; il n'y a pour les minerais que peu de latitude dans la marche et le tracé de l'exploitation, la méthode se trouve imposée par les conditions de composition et de nature du gîte. Il nous reste à indiquer quelques procédés particuliers aux mines de sel gemme.

Exploitation du sel gemme.

Les conditions particulières qui déterminent les méthodes d'exploitation du sel gemme sont : la nature minéralogique des gîtes qui peuvent être assez réglés et assez purs pour être abattus et extraits tels qu'ils existent, ou trop irréguliers dans leurs formes et trop mélangés d'argiles (salzthon) pour être exploités directement par les méthodes déjà citées ; la stratification ordinaires de ces gîtes avec des couches argileuses ou calcaires qui contiennent des niveaux d'eau très abondants et très dangereux pour les travaux inférieurs. Dans le cas d'une exploitation directe, il faudra laisser du sel au couronnement des excavations, afin d'éviter de découvrir les argiles qui se déliteraient au contact de l'air : en second lieu, soutenir l'exploitation par des piliers de la matière elle-même pour éviter des mouvements du sol qui pourraient troubler le régime naturel des niveaux supérieurs d'eau et les amener dans la mine ; enfin distribuer les tailles de telle sorte qu'elles puissent être au besoin isolées les unes des autres, afin que, s'il arrivait quelque irruption des eaux, le chantier envahi pût être abandonné et facilement isolé. L'ensemble de ces conditions conduit nécessairement au système par *galeries et piliers*.

Le sel gemme se prête d'autant mieux à ce mode de travail qu'il est naturellement solide, et c'est de cette manière qu'on exploite de temps immémorial la mine de sel gemme de Wieliczka (Pologne), où

Mines métalliques.

exagéré les dimensions des vastes galeries comparées à des cathédrales.

Dans l'est de la France, les salines de Vic et de Dieuze ont aussi une exploitation directe qui mérite d'être conservée comme le type le plus parfait de la méthode par galeries et piliers. Une couche de 5 mètres de puissance fut le siège de l'exploitation principale, le traçage étant fait par galeries de 6 mètres de largeur et de 4 mètres de hauteur, taillées en voûte de manière à laisser 1 mètre de sel à la clef. On craignait, en effet, de donner issue avec ceux des niveaux supérieurs, dont on avait constaté l'abondance en établissant les puits cuvelés. Afin de se préserver du danger de l'irruption des eaux, l'exploitation fut divisée en compartiments isolés les uns des autres par des massifs pleins dits murs de sûreté. Ces murs n'étaient percés que par des galeries de 1^m.50 de largeur et 1^m.80 de hauteur, de telle sorte qu'on pût y établir rapidement des barrages ou serrements, pour le cas où l'exploitation pratiquée dans l'intérieur aurait donné issue aux eaux. Les trois périodes distinctes de la méthode par galeries et piliers avec compartiments, appliqués à la couche principale de Dieuze, sont établies dans les conditions suivantes : on procède par une division en grands massifs carrés de 90 mètres de côté, par des tailles de 6 mètres de largeur et de 4 mètres de hauteur, prises en deux gradins et laissant 1 mètre de sel à la clef; on divise l'intérieur de chaque massif de 90 mètres en neuf gros piliers de 26 mètres de côté, avec une investison de 5 mètres d'épaisseur, qui ne communique avec l'extérieur que par des galeries de section réduite; on divise enfin les gros piliers en 56 piliers de 5 mètres de côté.

La figure 34 représente cette exploitation; $g\,g$ est la galerie principale; l, l, l, les galeries latérales menées perpendiculairement à la galerie principale; *t, t, t,* les galeries de traverse parallèles à la galerie principale; *c, c, c,* les cloisons ménagées autour des groupes.

On arrivait à enlever plus de la moitié du gîte et l'on procédait ainsi depuis 30 ans, lorsque, en 1865, malgré toutes les précautions prises, les eaux firent irruption et remplirent tous les travaux; mais le système fut alors remplacé par l'exploitation *par dissolution.*

Dans les mines de sel gemme de Marmaros (Hongrie), à une époque très reculée qui paraît voisine de l'année 600 après J.-C., on a commencé à exploiter *par bouteilles* : on s'enfonçait à l'aide de deux puits séparés par une distance de 6 à 8 mètres (fig. 24). L'un d'eux servait à l'extraction et l'autre à la circulation du personnel. Après la traversée du recouvrement et d'un estau de protection de 10 mètres dans le sel, on réunissait les deux percements et l'on s'élargissait progressivement en cercle ou en ellipse, jusqu'à une largeur de 50 à 75 mètres, après quoi, l'excavation s'enfonçait verticalement, jusqu'à ce que l'irruption des eaux ou des menaces d'éboulement fissent abandonner la mine, que l'on rouvrait plus loin à une distance suffisante pour assurer la solidité des parois de séparation. Certaines de ces chambres ont duré 2 ou 3 siècles. La cloche d'Apafy formait une ellipse de 52 mètres sur 62, avec une hauteur sous clef de 120 mètres; on a atteint jusqu'à 147 mètres de hauteur, sur 47 de diamètre.

La méthode *par dissolution* exige de vastes surfaces de contact des eaux avec le sel; cette méthode est employée quand le sel est mélangé d'argile, de gypse ou de calcaire, à *tel* point que l'abatage direct de la roche salifère ne pourrait donner aucun bénéfice. Ces mélanges de sel et d'argile sont tellement en-

chevêtrés et intimes, qu'il n'y a de triage possible que
par voie de dissolution ; dès lors, le procédé le plus
simple est de rassembler les eaux existantes dans la
mine et même d'en introduire de la surface, afin de
les saturer de sel. Pour mettre cette méthode à exécution, il est nécessaire de pénétrer dans la masse salifère ; car le sel est tellement peu soluble à l'état compacte ou cristallin, qu'il faut une action très prolongée
des eaux et une surface de contact très étendue pour
qu'elles puissent se saturer.

Les salines d'Hallein dans le pays de Salzbourg,
peuvent être considérées comme présentant le type de
cette méthode ; une description rapide donnera idée
des moyens employés et des résultats obtenus. Le
terrain salifère est contenu dans une série de collines
assez élevées à travers lesquelles, lorsqu'on veut créer
une exploitation, on ouvre une galerie de recherche.
De distance en distance, on pousse à droite et à gauche de cette galerie principale, des galeries latérales
qui facilitent l'exploration du sol. Sur les points
reconnus riches en sel et d'une exploitation avantageuse, on ouvre des *lacs* ou *salons*, vastes chambres
destinées à devenir des ateliers de dissolution. Lorsque les parois d'une galerie ont été reconnues assez
riches pour qu'il soit utile de la convertir en lac, on
y introduit de l'eau douce provenant des infiltrations
supérieures ou même de la surface et on la maintient
par une digue à la hauteur d'environ $0^m.60$; cette eau
ronge les parois de la galerie et l'élargit ; on en
augmente peu à peu le volume et l'on finit par attaquer de cette manière le plafond lui-même, en élevant successivement la digue jusqu'au-dessus de son
niveau.

Un lac définitivement établi présente une excavation
allongée, barrée par une digue. On pénètre vers le

fond de cette excavation au moyen d'une petite descenderie communiquant avec les travaux supérieurs, par laquelle on fait arriver l'eau douce ; un escalier placé dans cette descenderie permet de venir constater le niveau des eaux et l'état des parois. Immédiatement après l'ouverture du lac, on pratique une espèce de caisse carrée (fig. 25ª , 25ᵇ) de 2ᵐ70 de côté ; elle est couverte d'un toit incliné et formée de planches laissant entre elles l'intervalle nécessaire pour le passage de l'eau. A la suite de cette caisse, se trouve une galerie revêtue de planches et d'argile, dont la largeur est la même que celle de la caisse carrée et dont la longueur est de 2ᵐ.60 : elle offre dans son intérieur une charpente en bois (fig. 25ᵈ) sur laquelle se trouve une paroi également en bois et percée de trous obliques de manière que l'eau puisse s'écouler facilement. On dispose cette paroi au-dessus du niveau de la galerie pour que les terres insolubles ne viennent pas boucher l'ouverture des trous. A l'extrémité de la galerie, on construit une petite digue de 2ᵐ.39 de largeur sur 0ᵐ.65 d'épaisseur, établie au moyen d'une forte charpente soutenue par des massifs d'argile pétrie avec de l'eau salée. Elle est traversée par les tuyaux qui servent à l'écoulement de l'eau salée : ces tuyaux sont en bois et formés par des cônes tronqués qui entrent les uns dans les autres, en sorte que l'eau qui s'écoule éprouve à chaque cône un ressaut favorable à la précipitation des sels les moins solubles ; les particules terreuses sont retenues par un crible. Une grande digue D arrête les eaux en cas de rupture de la première digue ; elle a 5 mètres de largeur et 0ᵐ.30 d'épaisseur. Les tuyaux qui traversent les deux digues sont munis à leur extrémité d'un robinet, au moyen duquel on peut juger le degré de saturation de l'eau. La figure 25ᵇ représente le plan général de toute la

digue et la figure 25ᵃ le profil. La figure 25ᶜ est l'élévation de la digue supposée garnie d'argile, et la
figure 25ᵈ l'élévation du crible *b* placé au milieu de la
galerie étroite. A est la caisse à eau, servant à la
filtration, B la galerie étroite, C la petite digue d'argile, D la grande digue, *f* le tuyau qui conduit l'eau
salée filtrée à l'auge *l* qui la distribue dans les canaux
placés dans les galeries, K une planche inclinée et
cannelée qui ramène dans l'auge les égouttures du
robinet *h*, *m* est un support du robinet, et *n* des
branches de fer qui le soutiennent latéralement.

On surveille constamment l'action des eaux ; si l'on
veut attaquer le plafond, on élève leur niveau de
manière à faire baigner les aspérités sans les noyer
complètement ; si l'on veut attaquer les parois latérales, on baisse le niveau. Le sel se dissout lentement
et les roches désagrégées tombent au fond du lac ; à
mesure que ce fond s'exhausse, on exhausse également
la digue. L'eau est regardée comme saturée quand elle
contient 20 % de sel. Lorsqu'elle est arrivée à ce
point de saturation, on vide le lac pour le remplir de
nouveau après avoir nettoyé le fond. L'action dissol-
vante de l'eau sur le sel s'exerçant lentement, il faut
toujours avoir un certain nombre de lacs ; la mine de
Durenberg renfermait 33 lacs contenant en moyenne
20,000 mètres cubes d'eau. Le temps de saturation est
très variable ; de petits lacs sont saturés au bout de
deux mois, tandis que les plus grands exigent deux et
trois années pour arriver à saturation.

On voit que la méthode par dissolution exige un
niveau supérieur pour l'entrée des eaux douces et un
niveau inférieur pour la sortie des eaux salées ; on a
soin d'isoler les eaux des lacs des eaux d'infiltration
qui pourraient apporter des perturbations dans le
régime adopté. Cette méthode convient aux terrains

argileux dans lesquels le sel se trouve mélangé. A Bex, le sel étant disséminé en veines et nodules dans des calcaires non délitables, on était obligé pour créer des lacs de dissolution, d'exploiter la roche salifère. d'en accumuler les fragments dans des excavations qui une fois remblayées de cette manière, étaient noyées et converties en lacs.

CHAPITRE X.

Transports souterrains.

Les transports souterrains sont une des grandes difficultés de l'exploitation, surtout pour les substances de peu de valeur que l'on doit produire en grandes quantités, telles que les minerais de fer, les minerais pauvres dont le triage ne peut se faire dans la mine, le sel gemme, etc. Ces transports sont effectués le plus souvent par l'homme et par les chevaux sur le sol des galeries ou sur des voies perfectionnées consistant en chemins à rails de fer ou de bois. Les conditions du roulage souterrain résultant du tracé des galeries dans lesquelles il doit s'effectuer et les éléments qui déterminent la construction du matériel, sont la *longueur*, les *pentes* et la *section* des galeries.

La longueur est un élément très variable dans une mine. Lorsque, par exemple, une exploitation est à son début, les points d'abatage sont rapprochés du puits d'extraction, mais ils s'en éloignent progressivement ; de telle sorte qu'un roulage souterrain doit toujours être organisé en prévision des distances les plus grandes. Quant aux longueurs auxquelles on arrive, on peut dire que celles de 500 mètres sont dans les conditions moyennes et que celles qui dépassent 1,000 mètres sont les plus longues. Les pentes doivent être, autant que possible, dans le sens du transport, c'est à dire aider au roulage des wagons pleins et remontées seulement par les wagons vides. En général, les grandes galeries de roulage sont des galeries d'allongement, et on leur donne une pente d'au moins 5 millimètres par mètre qui satisfait à la double condition de maintenir le sol asséché et de faciliter les transports. Mais pour l'exploitation des plateures, on est obligé de suivre des voies inclinées ou diagonales dites tiernes, dont les pentes sont en général de 5 à 10 degrés. Ces voies, difficiles à remonter, sont même difficiles à descendre, parce que les véhicules y prendraient une accélération dangereuse ; on est donc obligé d'enrayer les roues et de descendre par l'effet du glissement ; on a un véritable traînage, qui s'exécute sur le sol des galeries ou sur des rails.

Les galeries inclinées à 15 et 30 degrés ne peuvent être parcourues rationnellement qu'à l'aide de plans inclinés automoteurs, si la charge doit être descendue, et à l'aide de plans ascendants avec treuils de manœuvre si la charge est en remonte, comme, par exemple, lorsqu'on exploite une vallée. Sur les pentes supérieures à 33 degrés, les produits de l'abatage peuvent glisser par leur propre poids ; on ne se sert de plans automoteurs que dans le cas où l'on veut ménager les matières abattues. Lorsque les matières doivent être remontées sur des pentes aussi raides, on emploie des plans inclinés ascendants avec treuil à bras, manège à chevaux ou machine à vapeur ; l'appareil rentre alors dans ceux qui sont employés généralement pour l'extraction.

Dans les mines dépourvues de matériel, on a recours au portage à dos ; ce moyen, tout barbare qu'il puisse être, est cependant susceptible d'être employé avec avantage pour les gîtes de peu d'importance. Dans l'exploitation des mines, tout moyen doit en effet être proportionné au but qu'on se propose, et les moyens les plus grossiers sont quelquefois ceux qui doivent être préférés. En résumé, les procédés à employer pour le transport se lient d'une manière intime à la section et au tracé des galeries à parcourir ; l'ingénieur doit, au moment où il commence les travaux, avoir déterminé les procédés qu'il emploiera. Dans la plupart des mines, l'homme est le moteur le plus employé : suivant les voies qu'il doit parcourir, il agit comme *porteur*, chargé de sacs ou de hottes ; comme *brouetteur*, en roulant devant lui avec une brouette ; comme *traineur*, en tirant ou poussant des traineaux à patins ; enfin comme *rouleur* ou *hercheur*, en poussant ou tirant des chariots, soit sur le sol même de la galerie, soit sur des voies perfectionnées.

Les transports souterrains s'effectuent suivant un certain nombre de moyens différents qui sont : portage à dos ; traînage ; brouettage ; chien de mine ; navigation souterraine ; circulation aérienne ; chemin de fer. Nous examinerons successivement ces divers modes de transports.

Portage à dos.

Le porteur n'est employé que dans les voies étroites, dont l'inclinaison ou les sinuosités rendent le parcours difficile ; il porte la charge dans un sac qu'il maintient sur ses épaules. Ce mode de transport, lent et pénible, est d'un usage très répandu dans les mines de l'Amérique méridionale ; dans certaines mines, les

Indiens s'attachent au corps de petits paquets de minerai, de manière à conserver l'usage de leurs membres, pour la gymnastique nécessaire dans ces circuits difficiles. Les tenateros de la mine de Valentiana (Pérou) portaient autrefois pendant six heures des charges de 100 et même 175 kilogrammes dans des passages inclinés à plus de 30 degrés. Mais, dans les mines de l'Europe, le portage est très rare ; il n'a été conservé que dans les galeries courtes et inclinées, conduisant des tailles aux voies de trainage et de roulage. Les voies consacrées à la circulation des porteurs doivent avoir 1 mètre 50 de hauteur et 1 mètre de largeur.

Suivant les pentes des galeries et leur section, la charge d'un porteur variera de 46 à 60 kilogrammes ; la pente maxima devra être de 45 degrés, encore est-il indispensable pour qu'on puisse y circuler, que le sol soit taillé en escalier ; cette précaution est même avantageuse à partir de 15 degrés. Pour des pentes qui excèdent 20 degrés, le transport à la descente est aussi pénible qu'à la montée ; les pentes à la descente ne sont avantageuses que jusqu'à 12 degrés. Enfin, il faut éviter de faire dépasser aux relais des porteurs une longueur de 60 à 80 mètres. Dans les meilleures conditions, avec des galeries à grandes sections et des pentes faibles, un bon porteur chargeant 60 à 70 kilogrammes dans un sac ou dans une hotte légère, produira dans sa journée un effet utile de 300 kilogrammes transportés à 1 kilomètre de distance. Sur les inclinaisons de 20 degrés, cet effet utile se réduira à 190 kilogrammes transportés à 1 kilomètre.

Le portage à dos disparait chaque jour des habitudes des exploitations et ne doit plus être considéré que comme un moyen de transport accidentel, em-

ployé dans quelques galeries basses et inclinées. On
peut encore rattacher à ce mode de transport, celui
qui se fait à bras dans beaucoup de mines, au moyen
de caisses, entre le front de taille et la cheminée, dans
les ouvrages à gradins, ou le chariot sur la voie ferrée, dans les autres méthodes.

Brouettage.

C'est en quelque sorte le second degré des transports ; c'est un mode que l'on emploie encore aujour-
d'hui avant d'en établir un plus perfectionné. Avec la
petite brouette, roulant sur le sol des galeries et chargeant 60 kilogrammes, l'effet utile d'un brouetteur
atteint facilement 500 kilogrammes transportés à 1 kilomètre pour un travail de huit à dix heures. Dans
certaines mines, on a établi des voies régulières avec
des longrines et des plateaux et l'on a pu porter ainsi
l'effet utile d'un brouetteur à 1,000 ou 1,100 kilogrammes transportés à 1 kilomètre.

Ce mode de transport n'est d'ailleurs praticable
qu'avec de très faibles inclinaisons : au-delà de quelques degrés, l'ouvrier ne pourrait plus circuler qu'a-
vec désavantage, la brouette pèserait trop sur lui dans
les montées et l'entraînerait dans les descentes. Ces
difficultés ont réduit l'usage de la brouette aux mines
où les transports sont peu considérables ; dans les
mines qui donnent lieu à de grands transports, l'u-
sage en a été généralement abandonné. Appliqué à des
transports partiels, le brouettage peut être quelquefois préférable à tout autre système. On profite d'ailleurs de la construction des brouettes pour obtenir le
mesurage des quantités transportées. Pour le transport, on emploie soit la brouette sans pieds, soit des
brouettes fermées à l'arrière, en forme de caisse ou-

verte seulement vers le haut, soit enfin la brouette ordinaire.

Traînage.

Le traînage sur le sol par glissement simple s'exécute au moyen de bennes posées sur des patins, auxquelles les traîneurs sont attelés par des bricoles. En plaçant un peu haut sur le corps de l'homme le point d'attache, on détermine, dans la force de traction, une composante verticale qui tend à soulever l'avant des patins et les aide à franchir les petits obstacles de la voie. Le poids ordinaire des véhicules est de 33 kilogrammes ; l'on y charge de 60 à 80 kilogrammes dans les galeries basses, qui n'ont guère plus de 1 mètre de hauteur, et 120 à 160 kilogrammes dans les galeries élevées.

Ce mode de transport convient mieux que le brouettage dans les galeries inclinées ; il comporte une inclinaison de 10 degrés ; mais pour remonter les pentes, on commence à 12 degrés à faire aider le traîneur par un enfant pousseur. Les distances ou relais sont, en moyenne, de 100 mètres. L'effet utile d'un traîneur est très variable : il sera de 200 à 300 kilogrammes transportés à 1 kilomètre pour les galeries basses dont le sol est mauvais, et de 500 kilogrammes à 1 kilomètre dans les galeries élevées ; il atteint jusqu'à 800 et 1,000 kilogrammes dans les meilleures conditions de la voie, lorsque les traîneurs travaillent à forfait.

Le traînage se fait aussi à l'aide de chevaux attelés, soit à une benne double, soit à deux bennes ; on les emploie de préférence à l'homme dans les grandes voies de roulage, lorsque les distances à parcourir dépassent 150 mètres. Les deux méthodes sont ordinairement combinées de telle sorte que les traîneurs

amènent les bennes par les petites galeries sur les
voies principales, où elles sont prises deux à deux par
les chevaux, dont la charge est ainsi de 66 kilogrammes en poids mort et de 200 à 400 kilogrammes
en poids utile. Le chiffre de l'effet utile du cheval
varie de 800 à 1.100 kilogrammes à 1 kilomètre pour
les voies dont le sol est en mauvais état, et de 1,500 à
2,500 pour les voies en bon état. Lorsque la pente
d'une galerie dépasse 8 degrés et va jusqu'à 25, le cheval doit toujours être utilisé en descendant. On lui
fait remonter la charge au moyen d'une poulie de
renvoi, et de cette manière on obtient un effet utile
bien supérieur à celui qu'il rendrait en remontant directement les bennes. Sur des pentes supérieures, il
faut faire glisser les bennes pleines et remonter
les vides au moyen d'un treuil, ou mieux encore,
avoir recours aux plans automoteurs dont nous parlerons plus loin.

Lorsqu'on doit effectuer des transports actifs et des
trajets supérieurs à 100 mètres, l'entretien du sol des
galeries conduit presque toujours à adopter des voies
perfectionnées. Dans les mines métallifères, la nature
de la roche ordinairement très dure et dont la surface
inégale se prête mal au trainage, oblige à construire
immédiatement des voies perfectionnées, soit en bois,
soit en bois et fer.

Chien de mine.

Les *chemins de bois* ont été pendant les derniers
siècles les moyens de locomotion par excellence pour
les mines allemandes ; on les rencontre encore à
Schemnitz et dans quelques autres exploitations métalliques, quoiqu'ils soient de plus en plus en voie de
diminution devant l'emploi des chemins de fer. La

voie est composée de deux lignes de madriers laissant
un petit intervalle entre eux de 3 centimètres qui sert
à guider le véhicule au moyen du clou qui pend verticalement sous l'essieu. Le véhicule porte le nom, con-
sacré par une pratique immémorable, de *chien de
mine* (fig. 39, 40, 41) ; il se compose d'une caisse posée sur un train à quatre roues. La caisse est fixe et
s'ouvre sur le devant, la face correspondante étant
mobile au moyen de charnières placées à la partie
supérieure. Le train se compose d'une flèche formée
d'un large madrier sur lequel repose la caisse, de
deux essieux carrés fixés en travers de cette flèche, et
de quatre roues à jantes plates tournant sur les fusées
de ces essieux. Les roues de devant sont plus petites
que les roues de derrière, de sorte que tout le système
incline vers l'avant ; enfin la direction du train est
maintenue par une barre ou clou C en fer placé verticalement devant la flèche et engagé dans le vide que
laissent entre eux les deux madriers F et G de la voie.
Le clou peut être armé d'une petite roulette horizontale qui en diminue les frottements latéraux. Un
homme est attelé par une bricole à l'anneau A que
porte la face antérieure du chariot, tandis qu'un autre
pousse le chien par derrière. Le rouleur s'appuie sur
l'arrière, afin de soulager l'avant pour faciliter le roulement des petites roues.

La charge des chiens de mine varie de 150 à 250 kilogrammes ; avec cette dernière charge, un rouleur,
aidé d'un enfant, produit dans son poste un effet utile
de 1,400 à 1 500 kilogrammes transportés à 1 kilomètre. Les relais sont de 80 à 100 mètres. Dans les
croisements de voie, le rouleur soulève l'arrière de
manière à faire pivoter le train sur les roues de l'a-
vant. On a construit dans quelques mines des chiens
contenant jusqu'à 500 kilogrammes de minerai ; et

dans de bonnes conditions de voie, des rouleurs ont
pu atteindre jusqu'à 2,000 kilogrammes d'effet utile.
Aujourd'hui la facilité presque générale de se procurer des barres de fer, si ce n'est de véritables rails, a
fait substituer dans presque toutes les mines l'emploi
des chemins de fer à celui des chemins de bois.

Navigation souterraine.

On a dans certaines mines disposé les galeries d'é-
coulement dans des conditions de hauteur et de forme
telles qu'elles fussent transformées en canaux souterrains ; il suffit pour cela de les traiter horizontalement
et d'y maintenir une hauteur d'eau de 1 mètre à
1 mètre 50. On peut alors construire des bateaux de
petit modèle qui permettent de transporter les produits à des conditions très avantageuses. Dans les
mines du Hartz, on a toujours maintenu à l'état de
canaux souterrains les parties des galeries d'écoulement qui raccordent entre eux certains filons, de telle
sorte que les minerais puissent être transportés à tel
ou tel puits d'extraction. On y fait circuler des bateaux qui portent 7 à 8 tonnes de minerai et, pour
effectuer le halage, un câble en fil de fer est suspendu
au plafond de la galerie ; le haleur le saisit et pousse
le bateau avec les pieds en marchant sur un plat-
bord.

Dans ces conditions, un haleur produit un effet utile
de 30,000 kilogrammes transportés à 1 kilomètre, c'est
à dire fait un travail qui exigerait dix rouleurs sur
un chemin de fer souterrain. En revanche, ce mode de
transport présente de sérieux inconvénients ; les frais
de premier établissement sont considérables et on ne
pourrait créer une semblable organisation qu'en opérant sur un massif considérable, assuré d'une longue

production. On ne peut s'établir que dans des roches
très compactes, non fissurées ; la véritable utilité du
système ne concerne du reste que l'amont-pendage ; le
réseau ne pouvant se ramifier indéfiniment, de manière à pénétrer dans les tailles, il reste toujours à
combiner avec le système de batellerie un certain
transport secondaire. Si les réparations sont moins
fréquentes qu'avec les chemins de fer, elles sont en
revanche beaucoup plus difficiles ; la moindre avarie,
un bateau coulé, peuvent paralyser pendant longtemps toute l'activité du trafic. Pour ces motifs, le
procédé de la navigation souterraine doit être considéré comme très intéressant, mais probablement
appelé à peu d'applications dans l'avenir.

Circulation aérienne.

On a essayé autrefois, sans grand succès, dans les
galeries dont la sole tourmentée obligeait à un re-
maniement incessant des chemins de fer, le *système
Palmer*, consistant en un rail unique suspendu à la
galerie par des corbeaux en charpente fixés à l'un des
piédroits. Un cuveau suspendu à un galet à gorge
roule sur ce rail. On réduit ainsi considérablement le
poids mort, mais le ballottement fâcheux des véhicules
et l'encombrement de la galerie ont fait abandonner ce
système ; en outre la paroi dans les mauvais terrains
n'étant pas beaucoup plus solide que la sole, le rail
se trouve faussé et le transport en devient d'autant
plus défectueux.

Ce principe s'est beaucoup simplifié par la substitution aux supports rigides, de câbles en fer tendus
aux deux extrémités des travées à parcourir et le
véritable essor s'est développé pour les transports à
ciel ouvert dans les pays de montagnes, au milieu de

conditions locales qui entraîneraient des dépenses inabordables pour l'établissement de voies terrestres. Elles sont beaucoup plus réduites pour ces plans aériens auxquels on a donné le nom de *zéonifères*. Dans les systèmes Bleichert, Otto, Balan, deux câbles porteurs sont tendus d'une manière fixe, quoique avec une flèche très accusée pour d'aussi grandes longueurs. Chacun d'eux sert à la circulation d'un véhicule, formé de deux roulettes à gorge, assemblées avec un petit châssis. Celui-ci supporte à l'aide d'un crochet la benne de minerai que l'on y accroche à la partie supérieure et que l'on reprend en bas, pour la vider et la suspendre de nouveau. Le châssis est attelé à l'un des trains d'un câble sans fin, plus mince que les porteurs ; ce câble passe sur des poulies de renvoi, placées aux extrémités de la travée. La poulie supérieure est munie d'un frein, pour modérer la descente du minerai, ou de son excédant de poids sur les matières utiles à l'exploitation que l'on remonte dans la caisse vide.

Les chemins de fer aériens de montagnes sont applicables aux pentes les plus fortes et particulièrement appropriés pour la descente des matières. Ils deviennent automoteurs lorsque les pentes moyennes dépassent 8 pour cent. De nombreuses installations marchent actuellement, nous citerons la ligne de 10.500 mètres en exploitation aux mines de fer de Sophienshutte-Nassau, transportant par jour 150 tonnes avec une inclinaison maxima de 220 millimètres et une force motrice occupée de 23 chevaux ; ce réseau funiculaire dessert un groupe de mines ; le terrain est très accidenté avec des portées de 120 à 180 mètres entre les poteaux. La ligne passe au-dessus de routes et de fleuves avec une portée de 220 mètres et à une hauteur de 40 mètres. La ligne de 1750 mètres à

Rodange (grand duché de Luxembourg) rend par jour 360 tonnes de minerai de fer, et la force employée est de 2 chevaux. La ligne établie à Bilbao (Espagne) par l'Orconera Iron Ove, a 150 mètres de long et fournit 590 tonnes par jour ; l'inclinaison maxima par mètre est de 280 millimètres et le système est automoteur.

Dans le système Hodgson, le câble sans fin porte un système de bennes équidistantes ; il constitue une sorte d'immense chaîne à godets. Les récipients, espacés de 50 mètres, portent 100 kilogrammes et la vitesse n'est que de 1^m.60 par seconde, tandis qu'avec le système précédent on peut marcher à 5 mètres.

On peut rattacher indirectement à ce principe, le transport à de petites distances, au moyen de toiles sans fin en sparteries ; ce moyen est surtout utilisé dans les ateliers de préparation mécanique.

Chemin de fer.

C'est dans les mines que le chemin de fer a pris naissance, pour de là se répandre à la surface et y devenir par l'application de la vapeur, le plus merveilleux engin de locomotion de l'homme. Le type du chemin de fer de mine se composait autrefois de *barres de fer méplat* posées de champ et maintenues par des coins dans des traverses entaillées. Les dimensions le plus ordinairement adoptées étaient pour le *rail*, 0^m.014 d'épaisseur, sur une hauteur de 0^m.07 ; pour les *traverses*, 0^m.11 d'équarrissage, en les espaçant de 0^m.63. Les entailles pour recevoir les rails ont 0^m.035 de profondeur et l'écartement de la voie est en moyenne de 0^m.50. Dans ces conditions de construction, le prix des chemins de fer peut être évalué, suivant les dimensions des rails et de la voie, de 5 à 7 francs le mètre courant.

Dans les courbes on double les traverses pour éviter la flexion du rail extérieur et on élève le rail
de 0ᵐ.02 à 0ᵐ.03 au-dessus du rail intérieur. Sur des
chemins ainsi établis, les chariots descendent seuls
sur des pentes de 6 millimètres par mètre ; dans les
mines boueuses, il faut 1 centimètre de pente. Pour
les *croisements de voie,* on ne met pas ordinairement
d'aiguilles ; on dispose une plaque de fonte avec les
entrées et les rouleurs soulèvent l'arrière des chariots
pour engager les roues de devant dans la voie qu'ils
veulent suivre. Le grand avantage des chemins de fer
ainsi construits est d'être en harmonie avec les
dimensions de toutes les galeries et de convenir également aux diverses parties d'une mine ; ils peuvent
se démonter et se remonter facilement, de manière à
permettre un déplacement rapide des voies à mesure
que les chantiers d'abatage avancent et se déplacent.

Ces chemins de fer économiques conviennent pour
les percements et pour les mines qui n'ont à effectuer
que des transports peu importants. Mais dans une
exploitation où les transports atteignent un chiffre
élevé, le point de vue change d'une manière complète ;
l'économie ne doit plus être cherchée dans les frais de
premier établissement, mais dans les frais d'entretien.
Dès lors la voie doit être établie plus solidement. Les
rails les plus en usage pèsent de 6 à 8 kilogrammes,
la forme est celle des rails employés pour les chemins
de fer du jour. L'acier se recommande par de nombreux avantages ; il procure une durée au moins triple de celle du rail de fer qui correspond aux mêmes
conditions : s'il est en métal Bessemer, comme c'est le
cas général, il n'a pas tendance à s'exfolier comme le
rail de fer laminé et il se cintre plus facilement dans
les courbes. Les rails ne sauraient trouver, par leur
faible base, une assiette suffisante dans le sol ; les tra-

verses, en bois ou en fer, sont établies dans les conditions qui peuvent présenter les meilleures garanties de stabilité, conditions que l'on met en première ligne. Un roulage qui s'élève à 100 tonnes exige en effet le passage de deux à trois cents wagons par jour, avec retour à vide et la traction de ce matériel ne peut être régulière et économique que si la voie conserve la précision de pose qu'on a cherché à obtenir. La principale difficulté de l'application des chemins de fer dans les mines résulte des courbes, qui souvent ne peuvent avoir que quelques mètres de rayon dans les croisements des galeries ; c'est par la construction des chariots qu'on s'est efforcé de surmonter cette difficulté.

Dans la construction des chariots, l'indépendance des *roues* supprime le glissement dans les courbes et facilite le passage des véhicules à travers toutes les irrégularités accidentelles que présente une voie ; mais ces avantages se payent par divers inconvénients ; le premier est un défaut de stabilité, le second c'est que l'ensemble du véhicule est moins apte à supporter les chocs violents auxquels il est impossible de soustraire le matériel des mines. Pour ces motifs opposés, la solution devient une question d'appréciation variable d'après les préférences des ingénieurs et les deux systèmes de roues folles ou de roues solidaires avec l'essieu figurent à la fois dans l'exploitation souterraine.

La roue est venue de fonte d'un seul morceau, ou avec des rayons en fer noyés dans la coulée de fonte ; il est bon de mouler en coquille, pour déterminer le durcissement de la surface. On fait également des roues pleines, en tôle plate, ou ondulée, afin d'offrir plus de raideur ; on substitue aussi à la fonte et au fer, l'acier plus résistant sous le même poids, qui permet d'alléger le matériel. Le rayon de la roue ne doit pas excéder des limites assez étroites ; trop petit, il place la traction dans des conditions désavantageuses et la boîte à huile se trouve trop rapprochée de la poussière et de la boue ; trop grand, il alourdit la roue en augmentant le poids mort. Avec les essieux coudés, le diamètre peut augmenter sans que la caisse cesse d'être basse ; elle peut en même temps s'élargir en débordant par-dessus les roues, ce qui a l'avantage de préserver ces dernières des chocs. La fusée doit être aussi mince que possible, car son rayon figure au numérateur de l'expression de la force de traction, cependant la question de solidité doit primer cette considération. L'emploi de l'acier se recommande à cet égard comme tendant à concilier ces deux exigences opposées.

Le *graissage* exerce une influence essentielle sur la traction et il est bon d'y intéresser l'ouvrier. On a proposé bien des types de boîtes à huile spéciales ; l'un des plus simples consiste en une calotte sphérique, boulonnée sur le châssis et dans laquelle débouche la tête de la fusée. Un orifice fermé par une vis sert à introduire tous les 15 jours un mélange d'une consistance pâteuse qui ne se perd pas à travers le joint. Dans les systèmes inversables de M. P. Fayol pour les roues folles et de M. Grand pour les roues calées, la boîte présente la forme d'une double bouteille aplatie, dont les deux parties seraient soudées par le goulot ; elle fait corps avec la roue dans le premier type, et elle est indépendante dans le second et se fixe alors sous le châssis. L'alimentation s'effectue tous les 15 jours et le nettoyage tous les ans, la fourniture annuelle s'abaisse à 4 kilog. 30.

Suivant les localités, les *véhicules* de mine portent des noms divers, il en est de même d'après leur mode de construction. On distingue les wagons, les wagonnets, les berlines ou berlaines, les bennes à roulettes ou bennes roulantes. On peut classer ces chariots d'après trois types essentiels. Dans le premier qui tend à disparaître, quoique son application puisse se justifier dans certains cas, on emploie deux sortes de matériel. L'une formée de petits wagonnets conduits à bras, du chantier à la mère-galerie où ils sont embarqués sur de grands véhicules nommés plates-formes, chariots-porteurs, trucs, *chars à bennes* (fig. 78). On assemble ces derniers en trains ou convois tirés par des chevaux que mènent des conducteurs ; ce système présente l'inconvénient de donner des poids-morts énormes. Il ne peut trouver sa justification que dans le motif d'économiser l'abatage, en employant des tailles basses, où circulera un petit matériel et coupant ensuite le mur pour établir des galeries-maitresses où les chars à bennes viennent affleurer à peu près au niveau des gares d'embarquement des wagonnets. Ce système est poussé à l'extrême dans les mines de pyrites cuivreuses du Mansfeld, on y emploie de petits chariots de 0^m.20 de hauteur et le rouleur attache sous sa cuisse gauche une planchette de bois armée à sa partie antérieure de deux petits pieds en fer. Pour protéger l'avant-bras il saisit de sa main gauche une planchette analogue munie d'une poignée et rampe sur le côté gauche. A son pied droit est attaché avec une courroie de cuir, le chariot qu'il remorque ainsi jusqu'à la galerie des chevaux.

Dans le second système, il n'y a plus qu'un seul type de matériel roulant, mais les wagonnets ne quittent pas l'intérieur, ils déversent à l'accrochage leur contenu dans le cuffat qui l'élève au jour. Cette combinaison exige un transbordement inutile qui prend de la main-d'œuvre.

Le troisième système représente la presque universalité des applications ; le wagonnet, après avoir circulé dans les travaux, est enlevé au jour au moyen de cages guidées, avec son contenu ; il redescend ensuite à vide, pour équilibrer le poids mort, pendant l'ascension d'un nouveau chariot plein. On est obligé de se servir d'un matériel de petites dimensions afin qu'il se loge dans les cages sans augmenter leurs dimensions et par suite celles des puits ; en revanche, cette réduction du chariot le rend apte à pénétrer dans des tailles exiguës et permet l'emploi des jeunes gens comme rouleurs.

Les wagons se font soit en bois, soit en tôle de 2 à 4 millimètres ; celle-ci est plus chère que le bois et les réparations sont plus difficiles ; elle est plus lourde, se mouille et se corrode par les acides, mais elle est plus durable et se prête bien aux formes courbes. Le volume est compris entre 3 et 10 hectolitres ; quand on veut augmenter la contenance, il faut développer le véhicule en longueur, on conserve ainsi aux galeries leur section et les hommes disposent d'un plus grand bras de levier pour tourner le wagon sur les plaques. La forme parallélipédique est avantageuse sous le rapport de la capacité ; les bennes elliptiques présentent par contre plus de solidité que les caisses rectangulaires. Les principales dimensions du chariot varient entre les limites suivantes, exprimées en mètres :

Dimensions.	*Minimum.*	*Maximum.*
Jeu de la roue entre { rectilignes.	0.010	0.015
les rails .... { courbes...	0.020	0.030
Saillie du mentonnet...........	0.020	0.025
Largeur de la jante	0.050	0.060
Diamètre de la roue............	0.200	0.400
Diamètre de la fusée	0.030	0.040
Écartement des essieux	0.400	0.600

Pour les mines exploitant plus de 100 tonnes par jour, un matériel qui convient bien est la voie de 0ᵐ.50 en rails d'acier de 7 kilog. avec les wagonnets (fig. 76) de 500 litres qui peuvent passer dans les galeries ayant 0ᵐ.80 de largeur et 1ᵐ.10 de hauteur. Ces wagonnets avec caisse en bois et angles garnis de tôle douce ont un tampon en fer et sont montés sur roues de 0ᵐ.28 en acier. Leur réparation est facile et leur durée considérable. On fait ce même type de wagonnets tout en tôle d'acier. Le poids chargé dans les wagons de mine varie de 300 à 600 kilogrammes ; or, quand il s'agit d'établir un transport actif, une des questions les plus importantes est le rapport du poids mort au poids utile. On sait que, dans les voitures de terre, il varie de 0ᵐ.27 à 0ᵐ.38 du poids total ; dans le traînage des mines, il est ordinairement de 0.25. Dans les divers cas de roulage souterrain, il a été établi dans les conditions suivantes :

	Poids mort.	Poids utile.
Plates-formes portant 4 bennes	345	600
— — 2 —	340	400
Wagons à caisse fixe.........	180	500
— à bascule	355	750

Le poids mort est donc pour ces divers cas, 0.37, 0.45, 0.28, 0.32 du poids total.

Le nombre de véhicules que doit posséder une exploitation dépend à la fois du tonnage et des distances à parcourir ; il est nécessaire de l'établir avec une grande largeur, pour tenir compte des réparations ou des mauvaises répartitions, afin que les chantiers ne manquent jamais de wagons pour évacuer leurs produits.

L'application des *locomotives* à la traction dans les mines s'est présentée de bonne heure et malgré de nombreux échecs, elle reparaît périodiquement; cependant ce fonctionnement a lieu dans de très bonnes conditions aux mines de Mazenay (Saône-et-Loire), à l'île de Man, aux mines de Rio-Tinto. Le principal obstacle que rencontre l'emploi de ces moteurs est la production d'oxyde de carbone et de fumée qui seront envoyés dans les travaux si la ventilation entre par la galerie des locomotives; on a essayé à Hayange (Lorraine) de laver la fumée dans une bâche à eau, pour fixer les matières fuligineuses, mais ce procédé reste impuissant vis-à-vis de l'oxyde de carbone. Nous donnons (fig. 77) le dessin de la petite locomotive employée dans les galeries de Mazenay : la surface de chauffe est de 16^m.50, le diamètre des roues 0^m.76, le diamètre des cylindres 0^m.204, la course des pistons 0^m.306, le poids de la machine vide 5.600 kilog. et la puissance de traction 1,050 kilog. Cette machine est susceptible de passer dans des courbes d'un petit rayon, jusqu'à 15 mètres et de franchir des rampes qui peuvent aller jusqu'à 0^m.065.

Il semble que l'on puisse trouver des ressources, sous ce rapport, dans l'emploi des machines sans foyer, que l'on appelle également machines à eau chaude et machines à provision de vapeur. Mais une solution plus nette encore pour les mines munies de compresseurs, consiste dans les *locomotives à air comprimé*. Le fluide atmosphérique, provenant de l'extérieur de la mine, que répand alors la machine le long des galeries, au lieu d'être délétère, n'y exerce qu'une action bienfaisante.

Dans les mines de Zankuode (Prusse) on emploie des *locomotives électriques* allégées de toute la pesanteur de l'eau et du combustible, présentant d'après cela un poids plus constant et ne donnant ni fumée, ni vapeur, ni escarbilles.

Plans inclinés automoteurs.

Le tracé des voies de roulage est généralement étudié et établi de telle sorte, que les galeries de direction ou costresses soient raccordées par des voies inclinées qui suivent le pendage du gîte ; il devient alors nécessaire de maîtriser le mouvement des wagonnets en les attachant à un câble ; celui-ci présente la longueur même du plan incliné, il passe sur une poulie installée au sommet dans un plan parallèle. En ce qui concerne l'usage que comportent les plans inclinés, deux cas peuvent se présenter. Si conformément à la règle ordinaire, le minerai n'a qu'à descendre à un niveau inférieur, il est inutile de se préoccuper d'un moteur ; la gravité suffit non seulement pour faire descendre le train et son chargement, mais encore pour remonter au nombre égal de wagons vides, attachés à l'autre extrémité du câble. Les deux poids morts s'équilibrent en théorie, mais l'excédant de charge utile déterminerait un accroissement progressif de force vive si on ne le détruisait au fur et à mesure de sa production par l'application d'un frein. L'ensemble de l'installation porte le nom de *plan incliné automoteur*. Si au contraire des travaux en vallée se trouvent en contre-bas du niveau auquel il s'agit de faire parvenir leurs produits, ceux-ci ont alors à gravir une rampe et un moteur spécial est nécessaire ; on a alors la traction mécanique que nous étudierons plus loin.

Les plans inclinés automoteurs peuvent être à *simple effet* ou à *double effet*. Le simple effet convient pour des services d'une activité modérée ; il emploie en effet deux fois plus de temps que le second, attendu que les manœuvres de descente du matériel plein et de remontée des véhicules vides sont alors successives et ne sont plus simultanées ; de plus on ne fait mouvoir la plupart du temps de cette manière qu'un seul wagon à la fois. Sur la seconde voie circule un *chariot-contrepoids* dont la masse est intermédiaire entre celles du wagon plein et du wagon vide. Le contrepoids est donc entrainé par le chariot plein, mais il remonte à son tour le wagon vide.

Dans une première variante, la seconde voie est latérale à la première ; avec une seconde variante, la seconde voie, celle du contrepoids, est située entre les rails de la première, et ce chariot est assez bas pour pouvoir passer sous la berline, à l'instant de la rencontre. Dans une troisième variante, le plan incliné ne présente plus qu'une seule voie. Le contrepoids descend entièrement dans un puits pratiqué à la tête du plan.

Dans les plans à double effet, une première variante présente d'un bout à l'autre du plan deux voies distinctes ; c'est le mode le plus simple, mais il exige beaucoup de largeur et de portée pour le plafond. Avec une seconde variante dite à trois rails, les deux voies ont un rail commun au milieu de la longueur, et sur une étendue suffisante pour contenir les plus longs convois, l'on rétablit les deux voies complètes pour permettre le croisement des trains montant et descendant. Enfin, dans une troisième variante, le plan ne présente plus qu'une seule voie, c'est-à-dire deux rails ; pour le raccorder avec l'évitement que présente encore les deux voies complètes, on emploie des aiguilles que les wagons de tête manœuvrent eux-mêmes.

Dans les plans inclinés l'importance du *câble* est très grande ; on emploie un *câble sans fin*, ayant une longueur totale double de celle du plan, et passant sur deux poulies dont l'une se trouve installée à la tête du plan incliné et la seconde montée sur un axe porté par un châssis mobile, qui est sollicité par un poids afin de mettre les deux brins en tension. Dans un autre mode on emploie un *câble à deux bouts* et une poulie unique placée à la tête du plan Si le quartier présente plusieurs sous-étages à desservir, on compose le câble de mises distinctes que l'on peut assembler ou désassembler facilement, à l'aide de manchons à vis. Un troisième mode fait intervenir deux câbles à deux bouts mesurant chacun toute la longueur du plan et s'enroulant sur deux tambours distincts ou y demeurant adhérents ; ces tambours sont montés sur un même axe élevé normalement à la tête du plan, et les câbles s'y disposent en deux sens opposés. Si donc on imagine que l'un d'eux soit entièrement enroulé, de manière à permettre d'attacher à son extrémité un chariot plein à la recette supérieure ; l'autre brin sera par cela même complétement déroulé ; on pourra donc, au pied du plan, l'attacher à un wagon vide.

L'axe de la *poulie de renvoi*, ou du tambour d'enroulement s'implante perpendiculairement au plan incliné. La poulie présente un diamètre égal à l'intervalle des axes des deux voies, diminué du diamètre du câble afin que les deux brins se trouvent exactement disposés suivant les axes de ces voies. La gorge est fouillée en demi-tore ou elle est formée de deux troncs de cône réunis par leur petite base, afin que la tension du câble lui communique une tendance à s'imprimer comme un coin dans cette fente, pour augmenter la pression normale et par suite l'adhérence. Une disposition qui se répand tous les jours consiste dans l'emploi d'une poulie de type Fowler avec jante garnie d'une double série de cames à basculcs. Sous l'influence de la pression transver-

sale exercée contre la jante par le câble, en raison de
la tension qu'il éprouve, ces appendices se referment
sur lui comme des tenailles et opposent à sa tendance
au glissement une énergie de serrage qui lui est précisément proportionnelle.

Pour amortir la rapidité du mouvement, nous avons
dit qu'un appareil est nécessaire ; on emploie les
freins ou les *régulateurs*. Le frein fait intervenir
l'action spéciale de l'homme, que celui-ci gradue arbitrairement, d'après son appréciation des besoins de la
manœuvre. Dans un premier dispositif, le serre-frein
développe directement par son action musculaire
la force destinée à fournir la résistance. Pour ralentir
le mouvement, il devra donc augmenter son effort ;
pour activer la vitesse, au contraire, il mollira plus
ou moins son action. Dans un mode inverse on commence par opposer à la tendance au mouvement une
résistance fixe et surabondante, de telle sorte que la
mise en train ne puisse se produire d'elle-même.
L'homme agit alors en sens inverse du cas précédent, en joignant son action à celle de la pesanteur, au
lieu de s'établir en antagonisme par rapport à elle ;
pour ralentir ou pour arrêter, le garde-frein n'a qu'à
diminuer son action.

Dans la pratique le frein doit être normalement
serré, l'ouvrier n'agissant que pour le desserrer ; si
l'homme est mis hors de combat, aucun accident n'est
à craindre, puisque le frein agissant de suite, le train
sera immobilisé. L'organe récepteur sur lequel agit le
garde-frein est le plus souvent un simple levier ou encore une vis, et l'organe opérateur est un simple sabot
de bois qui presse normalement contre la jante. On
emploie aussi le frein à bande de tôle, dont l'action est beaucoup plus énergique et qui, garni de
douelles de bois, présente de la durée.

Le *régulateur* diffère du frein en ce qu'on y substitue à l'action musculaire du garde-frein une résistance passive fonction de la vitesse; on réalise une fixité plus satisfaisante de l'allure, puisque sa réglementation devient alors automatique. La résistance des fluides fournit très simplement le principe de l'action de ces régulateurs; on peut employer l'air ou l'eau. Une roue à palettes est mise en rotation à l'aide d'un train d'engrenage par le tambour d'enroulement du câble; cette action est si puissante qu'on a dû aux mines de fer carbonaté de Saint-Pierre-d'Allevard, réduire successivement la surface des palettes et finir par les supprimer complètement, la carcasse de l'appareil suffisant pour brasser l'air, de manière à équilibrer le travail de la gravité à une vitesse convenable.

On ne doit pas laisser frotter le câble sur le sol, sans quoi il y aurait usure rapide et en même temps une grande résistance développée. Pour éviter ce double inconvénient, on dispose en travers de la voie des *rouleaux* de bois qui tournent sur des axes horizontaux et sur lesquels passe le câble. Aux trois grands plans inclinés de Saint-Pierre-d'Allevard, on a employé 1,200 rouleaux formés de douves comme des barils.

Chariot-porteur.

L'inclinaison des plans présente cet inconvénient que l'axe de symétrie du chargement perd sa verticalité en devenant normal à la voie, au moment où le véhicule s'y engage. Dès que la pente atteint 30 degrés, cette irrégularité devient inadmissible. Pour y remédier, on s'est servi de matériel roulant articulé, de manière que la caisse puisse conserver sa verticalité lorsque le châssis s'engage sur la pente. On a employé aussi des plates-formes circulant à poste fixe sur le plan incliné qu'elles ne quittent pas ; elles portent des plateaux de balance articulés à des axes de suspension, de manière à pouvoir conserver son horizontalité, ainsi que les wagonnets que l'on y charge transversalement. Mais la véritable solution consiste dans l'emploi du chariot-porteur ; c'est un truc attelé en permanence au câble et qui porte un plateau qui lui est assemblé sous un angle égal à l'inclinaison du plan. L'on y chargera transversalement les wagonnets qui débouchent par chacune des costresses, en amenant en regard le chariot-porteur. Une fois installée sur le plateau, la berline descend par un mouvement de flanc en conservant son aplomb ; au pied du plan, une fosse en forme de prisme triangulaire reçoit le porteur de telle sorte que son plan supérieur se trouve au niveau des rails sur lesquels on n'a plus qu'à engager le wagonnet.

Plan bisautomoteur.

On désigne sous le nom de *plan bisautomoteur* un ensemble dans lequel la descente du minerai est employée, non seulement à vaincre les résistances passives des poids morts, descendant ou montant entre la tête et le pied du plan parcouru par un minerai, mais en outre à remonter le matériel vide sur une relevée supplémentaire, à un niveau supérieur à la tête de la travée de descente. Cet appareil très intéressant n'a été appliqué jusqu'ici, croyons-nous, qu'aux mines de houille.

Tractions mécaniques.

On appelle traction mécanique l'ensemble de l'appareil qui sert, à l'aide de machines fixes, soit à remorquer les trains en palier, au lieu de les faire accom-

pagner par des moteurs ambulants, soit à leur faire
gravir des rampes. On peut prendre pour *moteurs* :
1° Une machine à vapeur extérieure. placée vers l'orifice du puits, donnant le mouvement à un tambour sur
lequel s'enroule et se déroule successivement un câble,
de manière à imprimer un mouvement d'aller et de
retour à un train. Le câble, guidé par des poulies de
renvoi et par des galets conducteurs, peut prendre
toutes les positions et directions qu'exigent les travaux souterrains ; mais précisément à cause de toutes
ces inflexions et transmissions à grande distance, ce
système est aujourd'hui abandonné ; 2° une machine
à vapeur intérieure, avec chaudières placées soit dans
l'intérieur même de la mine, soit à l'extérieur, suivant
les convenances locales. Ces machines, placées en tête
des mines qu'elles doivent desservir, sont pourvues de
tambours sur lesquels s'enroulent les câbles de traction ; 3° une machine à air comprimé. Ces machines
ont le grand avantage de pouvoir être multipliées
et placées au point précis où elles peuvent présenter
les meilleures conditions de fonctionnement ; elles évi-
tent l'échauffement considérable des travaux qui résulte de l'emploi de la vapeur, et ce qu'elles peuvent
perdre comme effet utile est plus que compensé par la
simplicité des installations et la sûreté des manœuvres.

La disposition des câbles, leur renvoi, leur guidage
doivent être l'objet d'une étude minutieuse, car de
l'exactitude de ces détails dépend la précision du
service. Les divers modes employés pour la traction
mécanique se rattachent aujourd'hui à quatre types
distincts : le système corde tête et corde queue ; la
chaîne sans fin ; la chaîne traînante ; la chaîne flottante. Nous les examinerons brièvement.

Le système *corde tête et corde queue* ou tail-rope
system, emploie en palier deux câbles distincts qui

sont attachés en tête et en queue du train ; suivant
que l'on agira sur l'un ou sur l'autre, on déterminera
le mouvement vers le puits ou en sens contraire. La
longueur du câble tête doit être égale à la distance
qui sépare le puits de l'extrémité du trajet, pour permettre au train de s'éloigner jusque-là ; celle du câble
queue devra être double, afin que partant de la machine, il aille passer sur la poulie de retour placée au
point extrême et vienne rejoindre le train en lui permettant d'arriver jusqu'au puits. Le brin direct du
câble queue roule à terre sur les mêmes rouleaux
que le câble-tête et le brin de retour, après avoir passé
à la poulie de retour, est supporté par des rouleaux
placés au plafond de la galerie. La machine doit présenter deux tambours distincts appelés tambour-tête
et tambour-queue, sur lesquels s'enroulent les câbles
correspondants. Chacun de ces tambours peut être
actionné par un pignon moteur, ou ralenti par un
frein, selon que le mécanicien engage l'un ou l'autre.
Le tail-rope convient bien à la traction en palier et
sur les rampes, le câble-queue devient inutile puisque
la pesanteur suffit pour ramener le train en arrière.

Dans le système de traction mécanique de la *corde
sans fin*, le câble formant corde sans fin doit avoir
avec la poulie motrice une adhérence suffisante ; dès
lors il suffira de tourner cette poulie dans un sens ou
dans l'autre pour entraîner le convoi suivant les deux
directions opposées. Rien n'empêche dans ces conditions d'atteler plusieurs trains à la fois en divers
points du câble ; on sera assuré contre toute collision
de convois marchant en même sens, mais il devient
nécessaire d'établir une seconde voie pour les trains
inverses, afin que la rencontre puisse s'opérer en des
points quelconques, sans aucun assujettissement pour
le service. La poulie de retour est horizontale et ins-

crite entre les axes des deux voies. L'attelage du premier wagon d'un convoi se fait à l'aide d'une tenaille serrée par un conducteur qui est placé sur le wagon de tête.

Dans le système de la *chaîne traînante* on décompose les trains des véhicules en éléments séparés et chaque wagonnet est attelé au câble, en espaçant le plus également possible les véhicules sur tout le développement du câble. En raison de cette multiplication indéfinie des points d'attelage, il faut renoncer d'une part aux arrêts distincts pour l'embarquement ou la réception des bennes aux gares d'arrivée et de départ, et d'autre part aux grandes vitesses qui n'auraient pas le temps de se développer et de s'amortir, sur des longueurs ainsi réduites outre mesure. On attelle les wagons au câble à l'aide d'une chaînette prestement roulée par le receveur ou déroulée de même par lui, en profitant pour cela de la lenteur du passage.

Dans le système de la *chaîne flottante* on se débarrasse des rouleaux qui sont coûteux et encombrants et on fait reposer la chaîne sur les wagonnets eux-mêmes. Ces derniers doivent présenter à cet effet un espacement assez restreint pour que la chaîne en se courbant sous l'influence de la pesanteur, n'arrive pas à traîner sur le sol ; cette distance varie entre 10 et 35 mètres. Il n'existe plus alors d'attelage proprement dit ; l'union du chariot avec la chaîne s'obtient directement d'une manière très simple ; celle-ci est à maillons oblongs, situés dans des plans alternativement rectangulaires. Le bord supérieur du wagonnet porte une fourchette verticale dans laquelle on engage le plan de l'un des chaînons. Dès lors le suivant vient se mettre en travers et se trouvant dans l'impossibilité de passer à travers la fourche, sert par cela seul de remorqueur. Souvent la simple adhérence suffit, quoique avec moins de netteté. La poulie motrice et la poulie de retour sont à empreintes pour que la circonférence puisse recevoir la chaine.

Nous citerons comme exemple des chaînes flottantes l'installation des mines de fer du Canigou, pour lesquelles la chaine en descente relie à 7 kilomètres de distance les découverts de Filhols à la gare de Prades, et la chaine flottante d'Aïn-Sedma (département de Constantine) qui rachète une dénivellation de 700 mètres, sur une longueur totale de 7160 mètres.

Le prix de revient de la tonne kilométrique varie de 0 fr. 10 à 0 fr. 14 pour le tail-rope et de 0 fr. 07 à 0 fr. 15 pour la chaine flottante.

Il nous reste, pour terminer ce chapitre, à indiquer quelques exemples de *force motrice* dans les mines. La capacité de travail de l'*homme* varie notablement avec la nature de la besogne qu'il est chargé d'effectuer ; elle atteint pour une journée de 8 heures les moyennes suivantes, exprimées en kilogrammètres :

Pelletage à la hauteur de $1^m.60$....	38.880
Brouettage......................	43.200
Elévation des poids à dos........	56.160
Elévation des poids avec une poulie...........................	77.760
Virage à la manivelle............	172.800
Herschage horizontal............	207.360
Roue à marche..................	259.200
Elévation du poids de l'homme....	280.800

L'effet utile du travail d'une femme ne peut être évalué qu'aux deux tiers de celui de l'homme. Il en est de même pour un jeune herscheur de 15 à 17 ans. La variation progressive de la force avec l'âge est mise en évidence par les nombres suivants relatifs à l'effort que l'homme peut développer momentanément avec les bras.

Ans.	Kilog.
14	47,9
16	63,9
18	79,2
20	84,3
25	88,7
30	89,9
40	87,0

Le **plus** grand effort que l'homme puisse exercer accidentellement est de 50 à 60 kilogrammes, en tirant ou en poussant horizontalement. Il peut soulever un poids variant de 200 à 300 kilogrammes et porter à quelque distance 150 kilogrammes. Ces chiffres, bien que déjà excessifs, ont été cependant quelquefois quadruplés dans des cas absolument extraordinaires ; on voit parfois des femmes porter 40 et jusqu'à 50 kilogrammes sur la tête.

Le *cheval* joue un rôle important dans l'exploitation souterraine ; il peut exercer accidentellement des efforts de 300 et 500 kilogrammes. Sa capacité de travail est représentée par les chiffres suivants :

Traction au pas	2.168.000
Traction au trot	1.568.000
Manège au pas	1.166.400
Manège au trot	972.000

On admet pratiquement pour le travail des mines un million de kilogrammètres ; le cheval est sensible à l'état de la température et de la ventilation, et les résultats de son travail en subissent une influence très marquée.

L'extraction dans certaines mines d'Espagne est faite par des mules ou par des ânes ; on peut leur demander, au manège et au pas, les rendements suivants :

Mulet 777.600
Ane 322.560

CHAPITRE XI.

Extraction des Produits.

Les transports souterrains se terminent au puits d'extraction à son intersection avec les galeries, désignée sous la dénomination d'*accrochage* ou d'*envoyage*. Là se constitue l'unité de charge que le câble d'extraction doit saisir et amener au jour, unité comprenant à la fois le poids mort et le poids utile, qui doivent être élevés au jour par l'appareil d'extraction. L'organe essentiel du système élévatoire est le *câble*, son importance est grande et on doit l'envisager au point de vue de sa forme géométrique et de la substance qui le constitue. Au point de vue géométrique, on peut distinguer quatre types essentiels : le câble rond, le câble plat, le câble diminué, la chaine.

L'unité de charge est précise, elle peut varier dans des limites très larges, le maximum étant 4.000 kilogrammes. Mais la profondeur du puits intervient dans la détermination du câble, qui doit non seulement porter l'unité de charge, mais se porter lui-même. Les *câbles* sont *ronds* lorsqu'ils ne dépassent pas certaines dimensions qui ne leur permettraient pas de s'enrouler sur les diamètres usuels ; dans ce câble, l'unité fondamentale est, suivant les cas, le fil de caret formé par la torsion directe des fibres végétales, ou le fil métallique étiré à la filière. Un certain nombre de ces fils élémentaires associés en hélice fournissent un *toron;* plusieurs torons sont à leur tour tordus en hélice pour constituer le câble, et l'ensemble de cette opération porte le nom de *misage,* câblage ou commettage. S'il s'agit de câbles métalliques, en vue de leur communiquer de la souplesse, on place dans l'axe tant du toron que du câble, une *âme* en chanvre, ou même quelquefois un simple fil métallique rectiligne d'un calibre égal ou supérieur à celui des autres. Le misage a pour but de procurer une certaine unité à cette multitude de fils, qu'on ne saurait évidemment accoler les uns aux autres dans des situations rectilignes et parallèles pour supporter la totalité de l'effort ; il a pour effet d'augmenter l'extensibilité et produit une propension au tournoiement, lorsque l'enlevage n'est pas guidé parallèlement à lui-même. Cette tendance s'exerce alors d'une manière alternative dans un sens et dans l'autre, comme sur le pendule de torsion, et constitue des oscillations rotatives très fâcheuses.

Dans le *câble plat* on supprime cette influence ; ce câble est constitué d'un certain nombre de câbles ronds appelés *aussières,* juxtaposés côte à côte et cousus ensemble à la machine, avec du fil recuit quand il s'agit de câbles métalliques. Le nombre des aussières, toujours pair, est ordinairement égal à 4, 6 ou 8 ; elles sont formées de 4 ou 6 torons et chacun de ces derniers de 6 à 11 fils.

Le câble cylindrique ne saurait dépasser une certaine longueur, limite qui est indépendante de sa section et caractéristique de chaque substance en particulier. En effet, son poids varie à la fois en raison de sa section et de sa longueur, tandis que la résistance peut être considérée comme proportionnelle à la section. Il vient donc un moment où à force d'envisager des câbles de plus en plus longs, on amène fatalement la rupture. Les fabricants de câbles ont tourné la difficulté en réduisant le câble d'un demi-kilogramme par exemple, toutes les fois que la charge se trouve suffisamment réduite ; il suffit de réduire pour cela dans cette proportion la force des torons qui composent les aussières. Un tel système prend dans l'application le nom de *câble diminué*, attendu que la section va en se rétrécissant dans la profondeur. En pratique, on se contente de calculer les deux sections extrêmes et l'on substitue une ligne droite au profil théorique qui joint ces extrémités ; on obtient ainsi les *câbles coniques*. Le moyen employé dans l'application consiste à couper à des distances constantes, un des fils dans le misage, de manière à opérer dans la section une contraction successive et uniforme. Ces aperçus conviennent, du reste, indifféremment aux câbles plats et aux câbles ronds ; il suffit pour les premiers d'associer par la couture des aussières coniques.

Les *chaînes* ne sont plus employées aujourd'hui que dans de rares exceptions ; elles sont sujettes à rompre brusquement, le métal s'aigrit et cristallise. Dans les mines on n'emploie que la chaîne dont les maillons sont situés alternativement dans deux plans rectangulaires.

Les câbles se divisent en deux catégories, suivant qu'ils sont formés de matières végétales ou métalliques. Les textiles ont une densité de beaucoup moindre que les métaux, et se prêtent bien jusqu'à 700 et 800 mètres de profondeur ; ils ne cèdent pas sans avertir. Le *chanvre* et l'aloès peuvent être employés indifféremment, cependant le second est un peu plus

résistant à poids égal, et, quand il a été goudronné en
fils, il résiste plus longtemps à la chaleur et à l'air
humide des puits. Les *fils de fer* ou *d'acier* doivent
être employés dès que la profondeur atteint 800 mètres, parce qu'à ces profondeurs l'emploi d'un câble
végétal déroulé dans le puits fait supporter à l'enlevage une fatigue considérable ; en Angleterre et en
Allemagne, on emploie très fréquemment les câbles en
fil de fer, même pour les faibles profondeurs.

Les câbles et les cordes s'achètent ordinairement au
kilogramme ; bien que les prix varient avec les circonstances, on peut prendre comme bases les prix
suivants :

Câble plat en aloès goudronné.	1 fr. 20 le kilog.
— en chanvre —	1 » 25 —
Corde ronde en chanvre gou-dronné......................	1 » 20 —
Corde ronde en chanvre blanc.	1 » 45 —
— en chanvre et fil de fer......................	1 » 25 —
Corde ronde en fil de fer recou-vert de chanvre..............	1 » 30 —
Câbles plats ou ronds en fil de fer......................	1 » 30 —
Câbles plats ou ronds en fils d'acier......................	3 » 00 —

Le *coefficient de rupture* varie pour le chanvre
entre 400 et 650 kilog. par centimètre carré, mais on
restreint l'enlevage à 75 ou 80 kilog. par centimètre
carré ; il en est de même pour l'aloès dont la résistance à la rupture va jusqu'à 800 kilog. par centimètre
carré. Les fils de fer résistent ordinairement à une
charge de rupture de 70 à 75 kilog. par millimètre
carré pour le nº 12, mais on ne leur fait supporter

que 1/10. Dans l'acier, la résistance à la rupture atteint jusqu'à 140 kilog. par millimètre carré, mais on n'impose pas plus de 13 kilog. de charge pratique.

Le *bronze phosphoreux* a été récemment proposé, mais il est encore imparfaitement connu ; on a annoncé 114 kilog. de résistance à la rupture et un allongement élastique considérable, la souplesse et l'inoxydabilité.

La *durée des câbles* varie beaucoup ; on voit dans une atmosphère humide et viciée des câbles mis hors de service en moins d'un an, tandis que dans un air pur et sec ils atteignent dix-huit mois. A conditions égales, la carrière des câbles ronds peut dépasser d'un quart ou de moitié celle des câbles plats. Le câble se fatigue beaucoup par sa partie inférieure qui plonge dans les eaux acides ; en outre la partie qui l'unit à la cage d'extraction subit directement l'allongement dû aux à-coups ; on doit recommander à cet égard de fréquents *coupages à la patte*, qui suppriment périodiquement cette partie si éprouvée. Ce raccourcissement est compensé au moyen d'une provision de câble, emmagasinée sous le nom de fourrure dans l'enroulement sur les bobines. Il est peu d'industries pour lesquelles il soit plus indispensable de pouvoir se reposer sur la confiance que méritent des fabricants ayant fait leurs preuves que celle de la fabrication des câbles. La solidité du câble et, par suite, la vie des hommes dépendra au premier chef des soins et de l'exactitude qui auront présidé à sa fabrication.

Matériel d'extraction.

Le véhicule essentiel de l'extraction appartient à deux types différents, l'un en voie tous les jours plus prononcée de diminution, appelé *benne*, l'autre la *cage guidée*, qui domine presque universellement aujourd'hui. L'ancien procédé consistait à vider le contenu des wagons de roulage dans la benne ou tonne d'extraction ; cette manœuvre était pénible pour les rouleurs du fond ; elle avait en outre l'inconvénient d'en exiger une autre qui l'était encore plus : c'était le vidage des bennes au jour. La benne ne pouvait avoir qu'une vitesse de 1^m à 1^m50 dans le puits d'extraction ; cette vitesse se trouvait en effet très notablement réduite par la nécessité de ralentir le mouvement au milieu du puits, au moment de la rencontre de la benne montante avec la benne descendante. Pour retirer l'exploitation il fallait nécessairement augmenter la capacité de ces bennes d'extraction, et l'on en était arrivé en 1840 à avoir des bennes contenant 20 et 24 hectolitres, divers *cuffats* que l'on était obligé de vider sur le sol de la halde par une manœuvre de la machine ; puis il fallait reprendre le contenu à la pelle, pour le porter aux wagons d'expédition.

Les difficultés et les lenteurs qui résultaient de ces manutentions conduisirent à extraire les wagons d'extraction eux-mêmes en les disposant dans des *cages guidées*. Ces cages furent construites de manière à recevoir deux ou quatre wagons, de telle sorte que l'unité de charge se trouve composée du poids de la cage, du poids des wagons et de la charge qu'ils contiennent. Les cages à quatre chariots sont à deux ou à quatre étages ; les cages à deux chariots sont à deux étages ou à un seul. Les étages ne sont multipliés dans les cages d'extraction que dans le cas où les puits sont à petite section, comme la plupart de ceux qui sont anciens ; dans les nouvelles installations, on les réduit à deux ou à un seul. La multiplicité des étages complique en effet les manœuvres et l'on se borne autant que possible à n'en avoir qu'un seul, de telle sorte que la cage, une fois enlevée au jour, puisse être immédiatement débarrassée de ses deux wagons pleins, qui sont rapidement remplacés par deux wagons vides ; on obtient ainsi une grande rapidité et une grande sûreté de manœuvres. Les cages guidées permettent seules d'obtenir les grandes vitesses de 6 à 10 mètres par seconde qu'exigent les grandes productions.

Les cages ont la forme d'un parallélipipède rectangle dont les arêtes sont figurées par de solides fers à T, avec les cornières nécessaires ; elles sont munies de mains de fer, c'est à dire de fers en U destinés à embrasser le *guidonnage,* de manière à assurer la direction. La cage est surmontée d'un toit protecteur pour garantir de la pluie et de la chute des pierres les hommes qu'elle renferme. Le poids est très variable : il peut aller de 350 kilogr. à 1,700 kilogr. L'enlevage total, cage, wagons et minerai, peut atteindre 7 tonnes ; il est ordinairement de 2 à 4 tonnes.

L'*attelage* du câble avec la cage se fait par un bout de chaîne qui se ramifie en quatre autres chaînes attachées aux angles de la cage ; parfois on interpose dans l'attelage un ressort très fort en vue d'amortir l'à-coup de l'enlevage qui fatigue beaucoup l'élasticité du câble. Le *guidonnage* ou *guidage* est destiné à empêcher le tournoiement et les rencontres ; il permet par cela seul les grandes vitesses. On doit, dans la pose de ces guides, laisser 10 à 15 centimètres de jeu entre les cages et la paroi, et de même entre les deux cages. Il existe trois systèmes de guidonnage : en bois, en fer ou en câbles.

Les guides en charpente sont simples, mais ils tiennent beaucoup de place ; les longuerines régnant du haut en bas doivent être rigoureusement établies suivant la verticale ; des moises équidistantes leur servent de supports. Le fer se substitue au bois quand on veut économiser la place et réaliser une plus grande durée ; on emploie dans ce cas des fers à T, des fers à U ou de vieux rails ordinaires. Le galet des mains de fer doit être alors en bronze, pour ne pas mettre en contact deux surfaces de fer. Ce système présente l'inconvénient, comme nous le verrons, de se prêter difficilement à l'emploi des parachutes. On emploie encore des câbles métalliques raidis suivant la verticale par des poids de 2 à 4 tonnes, par des vis ou par des pressions hydrauliques ; la profondeur, ordinairement limitée avec ce mode de guidage, a été portée exceptionnellement à près de 700 mètres. Les guidonnages en câbles se prêtent encore plus difficilement que les guides métalliques à l'emploi des parachutes.

On s'est préoccupé, pour le cas de rupture du câble, des moyens de retenir la cage suspendue aux parois du puits, au lieu de la laisser précipiter au fond. On emploie à cet effet un déclanchement dont le ressort, replié sur lui-même par l'effet de la tension du câble, prend subitement à l'instant où cette tension se trouve supprimée par la rupture, une expansion qui rapproche du guidage certains organes de prise. Le principe des *parachutes* est salutaire, et si l'on voit encore autant d'exploitants, surtout en Angleterre, ne pas en tenir compte, c'est qu'ils présentent certains inconvénients. Ils augmentent le poids mort de 200 à 250 kilogrammes ; ils fonctionnent parfois hors de propos pendant les oscillations élastiques du câble ; il arrive aussi qu'ils ne fonctionnent pas au moment utile, leur jeu se trouvant entravé par la poussière ou par la rouille. Lors même que tous les organes ont convenablement fonctionné, il peut arriver que le câble se trouvant rompu à une grande distance au-dessus de la cage qui s'est arrêtée sur le guidonnage, sa chute sur le toit de cette dernière y exerce un choc assez intense pour entraîner de nouveau le tout au fond.

On peut d'après le choix du principe essentiel mis en jeu pour arrêter la cage, ranger ces appareils en six catégories distinctes, à savoir : les parachutes à griffes, à frottement, à arc-boutement, à verrous, à chaine, à câbles. Les *parachutes à griffes* sont les plus répandus, nous citerons les parachutes Fontaine et Micha ; dans le premier, les griffes sont portées sur deux pièces divergentes qui tendent à écarter les guides ; dans le second, ces mâchoires sont au contraire convergentes comme des tenailles et déterminent le serrage du guidonnage. Le *parachute à frottement* (Bellhouse, Bourdon, Frédureau, Piérard, etc) n'arrête pas géométriquement, mais seulement en épuisant la force vive de la chute, par le travail négatif d'un frottement suffisamment énergique ; ce principe peut s'appliquer aux guides en fer. Le *parachute à arc-boutement* n'arrête pas non plus géométriquement le parcours, le glissement reste possible au point de vue cinématique ; mais on a soin de disposer les directions des forces d'après les lois du frottement en mouvement, de manière à rendre ainsi le déplacement impraticable ; le mode d'arrêt est si absolu et si dur, qu'il est nécessaire d'interposer des ressorts de choc pour éviter des ruptures de pièces ; nous citerons les parachutes Libotte, Benninghaus, Duvergier, Micha, Otto, etc.

Le quatrième principe est celui des *verrous* destinés à s'enchevêtrer entre les moises du guidonnage, comme dans les systèmes Fayol, Buttgenbach, Turner, etc. Ici encore l'arrêt est trop brusque, M. Fayol associe aux verrous un frein destiné à amortir le choc. On a combiné dans le comté de Cornwall avec la substitution des *chaines* au câble d'extraction, l'emploi de trappes qui sont baissées sur l'orifice du puits pour faire fonction des parachutes ; la chaîne montante a la liberté de passer en les soulevant légèrement, mais si elle vient à casser au-dessus de ce point elle ne peut plus redescendre et reste pincée entre les lèvres des deux trappes qui se referment exactement. Un dernier principe a fourni le *parachute à câble* appelé aussi parachute d'équilibre (système Cousin, Pagès). Il est à peu près le seul qui puisse s'adapter aux guidonnages en câbles. Une corde spéciale, ou même l'un des câbles-guides, ou deux d'entre eux passent sur des poulies à la partie supérieure et s'attachent à un poids plus grand que celui de l'enlevage reposant sur son siège en temps ordinaire. Une main de fer suit ce câble pendant le parcours, mais reste ouverte sans le serrer ; en cas de rupture du câble-porteur, un déclanchement détermine le serrage de cette main. Elle pince alors le câble-parachute et l'entraîne dans le mouvement de la cage, en soulevant de terre le contrepoids dont la masse prépondérante a bientôt amorti la force vive du système.

On appelle *chevalement, chevalet* ou *belle-fleur,* une charpente d'une grande élévation que l'on établit sur l'orifice des puits d'extraction pour supporter les poulies ou molettes destinées à donner au câble sa direction suivant la verticale du puits, en le renvoyant d'autre part à la chambre des machines (fig. 83). La base doit être assez grande pour que les forces aient toujours leurs résultantes dirigées dans l'intérieur du cadre et tombent même à une assez grande distance de leur périmètre, sinon il sera nécessaire d'étançonner cette charpente par quelques jambes de force prenant leur point d'appui, par exemple, contre le bâtiment de la machine d'extraction. Le chevalement a encore deux autres conditions à remplir, il doit avoir une solidité suffisante pour résister aux efforts exceptionnels, ainsi qu'à toutes les secousses et vibrations ; la hauteur doit être importante car elle doit comprendre toute la hauteur de la cage quand elle sort de terre et un espace de sécurité destiné à éviter qu'une fausse manœuvre ne provoque la rencontre des molettes par la cage ; le chiffre de 10 à 15 mètres peut être considéré comme un minimum.

Les ingénieurs et les architectes ont souvent cherché à donner à ces constructions un caractère spécial ; les mineurs tiennent à leur métier et pour eux l'établissement de la fosse représente l'atelier qui fournit le pain de chaque jour ; c'est là que sont les apparaux qui versent au jour les produits du travail. La recherche d'architecture pour les puits d'extraction se retrouve dans toutes les contrées minières ; les modestes installations du Hartz étaient surmontées de girouettes élégantes toutes les fois que l'exploitation était avantageuse, et lorsque le puits cessait de produire des bénéfices, et entrait en travaux préparatoires et onéreux, on leur supprimait ces ornements. Dans chaque pays, les constructions des sièges d'extraction s'individualisent par des caractères particuliers, ces conditions se modifient suivant les convenances ou les nécessités de chaque localité.

Les chevalements se construisent en bois, en fer, ou sur maçonnerie. Les *chevalements en bois* ne présentent rien de bien particulier : c'est un tronc de pyramide quadrangulaire (fig. 83) en charpente établi avec une grande solidité ; les pièces de bois reposent sur des dés en pierre afin que leur pied soit garanti contre l'action de l'humidité.

Les *chevalements en maçonnerie* se rencontrent d'après des habitudes locales, ils sont chers et encombrants, mais d'une durée indéfinie ; ils conviennent aux pays chauds.

Les *chevalements métalliques* sont de plus en plus à l'ordre du jour. L'emploi du fer a permis d'apporter dans ces constructions une légèreté, une simplification et une élégance toutes nouvelles. Le chevalement se trouve réduit aux lignes essentielles pour sa stabilité ; dans les uns, les montants sont façonnés et rivés comme des tuyaux de fer ; d'autres fois on compose leur section de quatre arcs à cornières, en gardant à l'extérieur tous les boulons (fig. 82). On emploie aussi des poutres creuses rectangulaires en tôle. Au chevalement se relie généralement un édifice d'ensemble d'une exécution plus ou moins complète, plus ou moins architecturale.

On désigne sous le nom de *molettes*, de grandes poulies portées par le chevalement et destinées à renvoyer le câble, de la bobine dans le puits. Les molettes peuvent être en fonte, en fer ou en bois pour les petits diamètres ; elles doivent avoir un diamètre aussi grand que possible pour ménager le câble en ne le forçant pas à prendre des courbures trop prononcées ; on l'a dans ces derniers temps poussé jusqu'à 6 mètres pour les câbles d'acier et il ne doit pas être inférieur à 4 mètres. A cet égard, on a indiqué le chiffre de 1000 à 1400 fois le diamètre du fil de fer élémentaire qui entre dans la composition du câble et 2,000 fois celui du fil d'acier ; pour les textiles on prend 50 fois le diamètre du câble lui-même. La gorge des molettes doit être assez large pour laisser au câble un peu de jeu sans excès et elles doivent être établies avec une grande solidité pour résister à la charge à laquelle elles sont soumises.

L'organe d'enroulement du câble peut être varié de bien des façons, en vue de la régularisation du travail de la machine ; nous parlerons d'abord de celui des dispositifs qui est le plus employé sous le nom de *bobines*. Chacune des deux bobines consiste en un treuil extrêmement court dont les génératrices ont pour longueur la largeur du câble plat augmentée d'un faible jeu ; ce câble s'y enroule de lui-même en spirale et pour empêcher que l'entassement des spires ne finisse par provoquer leur déversement, on les maintient entre deux systèmes de bras latéraux encastrés dans le tourteau métallique qui porte le nom d'estomac de la bobine. Un certain nombre de tours de câbles restent accumulés sur l'estomac sans se dérouler à chaque cordée ; ils constituent sous le nom de fourrure une provision destinée à fournir les rallonges nécessaires pour les coupages à la patte, les épissures, etc. La somme du rayon du noyau métallique augmentée de l'épaisseur de la fourrure, forme le rayon initial de l'enroulement, élément essentiel de la régularisation.

Les deux bobines sont calées sur le même arbre en tournant dans le même sens ; par conséquent pour que l'un des câbles puisse monter en même temps que l'autre descend, il faut que le premier s'enroule par-dessus les bobines, et l'autre par-dessous. L'arbre des bobines doit être installé à une distance du chevalement d'au moins 25 mètres et même 40 mètres : sans cela en effet la tangente commune des molettes et des bobines serait très inclinée et ferait un angle trop prononcé avec le brin vertical du câble. La construction des bobines d'extraction comporte certaines dispositions spéciales : des deux bobines calées sur le même arbre, l'une est fixe et de construction très simple ; l'autre est folle, c'est à dire fixée par des clavettes ou par des boulons sur un manchon calé sur l'arbre ; en enlevant les clavettes et les boulons, on peut faire tourner la bobine folle de manière à pouvoir régler les longueurs relatives de deux câbles sans être obligé de les dérouler, opération toujours longue et difficile. On règle ainsi avec précision les deux longueurs de telle sorte que les cages se présentent simultanément l'une à l'accrochage du fond, l'autre à la recette du jour.

On ne saurait se contenter de faire arrêter à peu près la cage devant la galerie d'accrochage ; il est nécessaire de réaliser une coïncidence rigoureuse entre les rails de cette cage et ceux de la recette, et de lui donner une base ferme pour l'entrée et la sortie des berlines. Aussi commence-t-on par enlever au jour la cage pleine, un peu au-dessus de ce niveau ; les moulineurs font alors jouer un système de taquets appelé *clichage* et donnent un signal au mécanicien qui redescend lentement, de manière à déposer doucement la cage. Quand les manœuvres sont effectuées, le machiniste averti par un nouveau signal, enlève un peu la cage ; les accrocheurs effacent le clichage, et le mécanicien attaque en grande vitesse.

Nous n'avons fait qu'indiquer précédemment l'irrégularité apportée dans la répartition des efforts par le poids du câble qui au début s'ajoute en entier à celui de l'enlevage, pour disparaître à la fin en raison de son enroulement ; tandis qu'inversement le second câble, d'abord enroulé, s'ajoute vers la fin de la course à l'action de la puissance. De là un écart total égal au double poids du câble. Loin d'être négligeable, cette influence peut arriver à changer complètement les conditions du fonctionnement. La solution la plus générale pour obtenir *la régularisation de l'extraction* consiste à ne demander au moteur qu'un effort constant ; on introduira dans l'appareil d'extraction les palliatifs nécessaires pour y compenser les effets de l'enroulement du câble ; mais ceci peut se faire par deux voies différentes, en effet les forces qui s'intro-

duisent dans l'expression du moment résistant agissent
par leur intensité ou par leur bras de levier. On peut
donc influencer l'un ou l'autre de ces facteurs. En ce
qui concerne le bras du levier, il s'agit de le faire
varier à chaque instant en raison inverse de l'intensité
actuelle du poids de l'enlevage, afin que le moment
reste constant. Il suffit pour cela d'effectuer l'enroulement, non plus sur un cylindre à rayon constant,
mais en corps de révolution dont le profil soit tellement choisi, que le rayon de l'enroulement ait continuellement la valeur voulue. Cet organe a reçu le
nom de *tambour spiraloïde* (fig. 79), attendu que
pour en assurer le fonctionnement, on y ménage une
spirale à double courbure dans laquelle vient se loger
le câble rond. Dans la pratique courante on se contente de faire des *tambours coniques*.

Dans un autre ordre d'idées on conserve le tambour
cylindrique et on agit sur l'intensité variable du
poids. La solution se trouve dans le système anglais
des *chariots de contrepoids ;* une chaînette passée
sur le treuil se déroule en même temps que le câble
et porte à son extrémité un chariot de contrepoids
qui descend par une voie courbe, tracée dans un plan
vertical. Là où cette dernière présente une pente très
raide, le chariot pèsera de tout son poids sur la
chaîne, tandis qu'au contraire, une fois parvenu sur
une partie presque horizontale, il ne le sollicitera
plus que pour une composante très atténuée. On con-
çoit donc la possibilité d'adopter un tracé tellement
déterminé qu'il établisse à chaque instant une com-
pensation exacte.

Une seconde solution est fondée sur l'emploi d'un
contrepoids vertical descendant dans une bure et
fournissant un travail moteur tant que le câble-porteur, plus long que celui de la cage vide, occasionnera

dans la machine une résistance à vaincre. Le contrepoids remonte quand ce dernier câble est, après la
rencontre, devenu le plus long, en créant au contraire
un supplément de force motrice.

On a introduit enfin le système des *chaînes de
contrepoids* que l'on met en liberté en quantité
variable, de manière à compenser les effets de l'enroulement des câbles-porteurs. Mais à tous les principes précédents, il s'en ajoute un autre plus radical,
qui résout la difficulté et qui, au lieu de s'attacher
comme ci-dessus à remédier aux inconvénients de
l'enroulement, supprime cet enroulement lui-même ;
on y arrive au moyen du *câble d'équilibre*. Au lieu
d'un treuil d'enroulement, on n'a plus qu'une simple
poulie de commande actionnée par la machine à
vapeur et sur laquelle passe en embrassant les deux
tiers de la circonférence, un câble-porteur. Celui-ci
passe également sur les molettes et ses deux brins
descendent dans le puits pour supporter les cages.
Sous le plancher de ces dernières est attaché un contre-
câble dont la longueur est égale à la hauteur du puits,
de manière à pouvoir encore unir les cages quand
elles se trouvent aux deux extrémités de leur course.
L'ensemble du câble et du contre-câble constitue une
ligne sans fin dont les divers éléments matériels se
déplacent sur toute la longeur et présentent dans son
ensemble une figure constante et qui par conséquent
ne donnera lieu à aucun défaut d'équilibre, aux divers
instants du mouvement.

Ce système empêche l'emploi des câbles diminués
qui sont une ressource de l'avenir pour les grandes
profondeurs ; il supprime aussi le coupage de la patte ;
de plus, la chute simultanée de tout le câble-porteur
et du contre-câble rend plus fatales les conséquences
d'une rupture.

Machine à vapeur d'extraction.

Une machine d'extraction destinée à donner le mouvement alternatif à des bennes ou à des cages guidées contenant seulement 500 à 600 kilogrammes de poids utile, sans qu'il soit nécessaire d'imprimer de grandes vitesses, se compose d'un *seul cylindre à vapeur* donnant le mouvement de rotation à un arbre qui porte le volant (fig. 90). Cette machine ne présente rien de particulier ; elle est généralement à cylindre horizontal, l'arbre du volant portant un pignon qui donne le mouvement à une roue d'engrenage d'un diamètre double ou triple. Cette roue est calée sur l'arbre qui porte les bobines ou le tambour Ces machines, dont la force varie suivant le poids à enlever, suivant la vitesse qu'on veut obtenir, et surtout suivant la profondeur du puits, ont souvent été portées jusqu'à 60 et 80 chevaux. Elles sont pourvues d'une distribution qui permet de renverser le mouvement et d'un frein assez puissant pour déterminer un arrêt rapide ; ce frein est placé sur l'arbre qui porte le tambour ou les bobines sur lesquelles s'enroule le câble. La distribution par tiroir ou par soupapes permet d'obtenir avec précision toutes les manœuvres.

Les études nouvelles se sont portées sur les machines puissantes, de 100 à 300 chevaux qui permettent d'enlever des charges de 1,000 à 3,000 kilogrammes avec des vitesses de 8 à 12 mètres par seconde, de profondeurs qui généralement dépassent 200 mètres et vont à 500 et à 600 mètres. Quelles que soient la force et la disposition des moteurs, l'appareil des bobines est la partie spéciale et caractéristique de la machine d'extraction ; cet appareil doit être d'une solidité exceptionnelle, non seulement pour échapper à toute éventualité, mais aussi pour servir de masse intermédiaire, amortissant tous les chocs et préservant ainsi la partie fragile des machines, c'est à dire les cylindres et leur distribution. Pour assurer ces conditions de masse et de solidité, on a été jusqu'à donner aux *arbres* portant les bobines des diamètres de 0^m.35 s'ils sont en fer et de 0^m.45 s'ils sont en fonte ; les masses calées sur ces arbres, telles que estomacs des bobines et poulies de frein sont en proportion.

L'expression la plus complète et la plus perfectionnée de l'appareil d'extraction est la machine à *deux cylindres*, dont les pistons conjugués sont directement attelés sur l'arbre des bobines. Les conditions auxquelles doivent satisfaire ces appareils peuvent être définies dans les termes suivants : enlever la charge avec facilité et sans chocs ; imprimer aux câbles une vitesse croissante jusqu'à 10 et 12 mètres par seconde ; ralentir, puis arrêter le mouvement ascensionnel avec précision ; déposer la charge, doucement et sans choc, sur les taquets du clichage. Toutes ces manœuvres doivent être exécutées par le mécanicien avec facilité, c'est à dire sans qu'il ait à développer de grands efforts, condition essentielle pour la sûreté et pour la précision. Pour obtenir l'enlevage facile, il faut une force qui sera toujours exubérante pour achever le mouvement ; cette force est précisée par le moment de la résistance. Or, dans ces machines, lorsqu'un des deux cylindres est au point mort, un seul peut agir pour démarrer. Ce cas se présente souvent parce que l'arrêt est surtout obtenu lorsqu'une des deux manivelles arrive au point mort. Un seul cylindre doit donc enlever la charge. C'est pourquoi on est arrivé à employer des cylindres de 0^m.60 et 0^m.80 ; mais après un quart de tour, le second cylindre est venu joindre son effort au premier ; l'accélération du mouvement sera donc obtenue avec une facilité d'autant plus grande que les moments de la résistance décroissent en général assez rapidement.

Dès que la machine dépasse la vitesse d'une demi-révolution par seconde, le mécanicien la modère ; arrivé à 50 ou 60 mètres du jour, un *signal* l'avertit de fermer la vapeur : l'ascension s'achève sous l'impulsion de la force vive des masses en mouvement. Un second signal indique l'arrivée de la cage au jour et le mécanicien, renversant la vapeur, met la pression du côté opposé au mouvement, de manière à obtenir l'arrêt immédiat. Il a levé la cage un peu trop haut et un léger mouvement pour laisser la contre-vapeur s'échapper, permet de la déposer doucement sur les taquets. Pendant toutes ces manœuvres, le mécanicien, tenant d'une main le régulateur d'adduction et de l'autre le levier de manœuvre, sent par les trépidations de ces organes, les résistances s'accroître ou diminuer ; il arrive à une appréciation tellement nette des mouvements à exécuter, que l'on voit la charge lui obéir avec la plus grande précision.

Les conditions d'une extraction étant précisées, on en déduit facilement les dimensions des câbles, les moments de résistance et les vitesses. Quant au moteur, on a la faculté de faire varier certains éléments ; ainsi pour obtenir des vitesses déterminées, on peut employer des rayons d'enroulement très différents. Une même machine peut, par exemple, être attelée à des bobines de 1 ou 2 mètres de rayon initial, le second cas exigeant une vitesse des pistons moitié moindre que le premier. Les vitesses de $1^m.30$ à $1^m.50$ peuvent être considérées comme les plus grandes qu'on puisse admettre sans inconvénients ; les vitesses de 2 mètres et au-delà donnent lieu non seulement à des chocs et à des vibrations de tous les organes mécaniques, mais à des pertes considérables résultant de l'étirage de la vapeur et des contre-pressions à l'échappement.

L'application de la *détente* aux machines d'extraction, en vue de réaliser une économie de combustible, prend tous les jours plus d'importance. La détente variable doit être disposée de manière à pouvoir être complétement supprimée pendant les manœuvres, au départ et à l'arrivée des cages, et à être poussée aussi loin que possible pendant l'ascension des cages ; lorsque la détente est fixe, elle ne peut dépasser $\frac{1}{2}$. L'application des divers systèmes de détentes a résolu un problème important pour l'extraction en permettant d'accepter franchement toutes les conditions d'inégalité des moments de la résistance. On peut alors déterminer les rayons des bobines, sans autres considérations que celles qui résultent des bonnes conditions d'enroulement des câbles et des vitesses normales à imprimer aux pistons des machines. La *condensation* n'a pas encore été adoptée d'une manière courante.

La disposition la plus usitée pour les machines d'extraction à cylindres conjugués est le *système horizontal ;* deux cylindres placés horizontalement attaquent directement les manivelles perpendiculaires de l'arbre des bobines ; cet arbre porte en même temps la poulie du frein. Le mécanicien placé entre les deux cylindres a sous la main : l'organe mécanique d'admission de vapeur ; celui de changement de marche ; celui qui gouverne le frein. Ces machines sont pourvues d'un avertisseur qui met constamment sous les yeux la position relative des cages et qui annonce par une sonnerie 50 mètres à l'avance, l'arrivée au jour de la cage ascendante. Il est en outre placé de manière à voir le clichage du puits et les câbles sur lesquels sont disposés des indicateurs qui lui précisent les points d'arrêt pour le service des divers accrochages qui peuvent exister dans le puits. La disposition horizontale de toutes les pièces mécaniques dans une même salle les met à portée du mécanicien pour tous les détails de graissage et de l'entretien. Pendant les interruptions du service, il peut vérifier ces détails, serrer un boulon, une clavette, en un mot prendre tous les soins que nécessite un entretien minutieux. Enfin, en cas de réparations et de changements de pièces, la position espacée et peu surélevée de ces pièces facilite les manœuvres.

Le *système vertical* se présente aujourd'hui dans des conditions souvent justifiées ; il domine presque exclusivement en Angleterre ; il offre les meilleures conditions d'équilibre général des pièces dans le cas de deux cylindres conjugués, évite l'usure des cylindres et de leurs tiges par le poids des pistons, permet d'élever l'arbre des bobines à une grande hauteur, de manière à diminuer l'inclinaison des câbles. Le mécanicien, placé à une plus grande hauteur, domine le clichage, dont il est d'ailleurs plus rapproché et suit plus directement le détail des manœuvres. La disposition verticale exige des entablements et des colonnes d'une grande solidité dont le prix doit être ajouté à celui de la machine proprement dite ; mais cette considération est de peu d'importance pour les cas où cette disposition est jugée avantageuse.

Le machiniste a parfois en face de lui une *sonnerie* mécanique commandée par l'arbre des bobines, au moyen d'engrenages, et mettant en mouvement une vis sur laquelle se trouve monté un écrou curseur se mouvant au dessus de deux échelles graduées. Ce curseur indique au machiniste, à tout instant de la

15.

marche, la position respective des cages dans le puits ;
il met aussi en mouvement deux sonnettes disposées
de façon à éveiller l'attention du machiniste un instant avant l'arrivée des cages à la recette. L'arrêt de
cages placé sous les yeux du machiniste est disposé de
telle sorte, qu'au moment où il est mis en mouvement
par la cage elle-même, il ouvre l'admission de la
vapeur dans le cylindre du frein, ferme l'arrivée de
vapeur aux cylindres de la machine et ouvre aussi les
purgeurs de ces cylindres.

La salle d'une machine d'extraction doit être l'objet
d'un soin tout particulier ; elle sera parfaitement
éclairée et ordonnée de telle sorte que la moindre imperfection ou altération des pièces mécaniques frappe
aussitôt le regard. Les organes principaux du mouvement seront polis et toujours entretenus de manière à
être facilement détaillés par le regard. Pour que cet
entretien soit possible, il faut que les câbles et les
bobines, le plus souvent mouillés, soient isolés de la
salle. Une fois l'appareil d'extraction établi avec tous
les détails qui peuvent en assurer la marche, cet
appareil est confié à un mécanicien chargé d'exécuter
toutes les manœuvres ; un porte-voix, établi près du
clichage et aboutissant dans la salle des machines,
permet à l'ouvrier clicheur de transmettre toutes les
demandes exigées par le service : En avant, en
arrière, arrêtez, doucement, etc. Les signaux sont
transmis des accrochages par des marteaux dont le
nombre de coups indique le mouvement exigé. On a
généralement renoncé à la télégraphie électrique, qui
exige trop d'entretien et dont la suspension fortuite
arrête le service. Enfin, on a appliqué à quelques mines le téléphone, quoiqu'il s'accommode difficilement
du vacarme des recettes et du bruit causé par le roulement des véhicules.

Pour faire apprécier au mécanicien l'importance de sa mission, non seulement la machine est pourvue des *avertisseurs* par sonnerie, comme nous l'avons dit, mais une réduction du puits lui montre constamment la position relative des cages ; un petit appareil est mis en mouvement par des cordes enroulées sur un axe de diamètre réduit, placé à l'extrémité de l'arbre des bobines, de manière à annoncer par la vue l'arrivée de la cage au jour, dans le cas où l'ouïe n'aurait pas perçu le son de l'avertisseur. Enfin à ces précautions, on ajoute encore celles des repères fixés sur les câbles ; ce sont d'ordinaire des tampons de paille attachés sur les points qui signalent l'arrivée des cages à telle distance du jour ou des accrochages intérieurs. Le mécanicien, prévenu par le passage de ces indicateurs, ralentit le mouvement de manière à l'arrêter ensuite avec précision au point voulu. Un signal spécial annonce de l'accrochage que des hommes vont monter ; le clicheur transmet l'ordre en y ajoutant l'avertissement : Attention aux hommes. On comprend qu'un mécanicien qui resterait dix ou douze heures à un pareil service ne pourrait plus prêter aux manœuvres qu'une attention émoussée ; aussi, dans ce cas, le poste est-il confié à deux mécaniciens dont les relais sont réglés.

On ne doit pas faire usage du frein pour les manœuvres et ne l'employer que pour les cas imprévus. Malgré toutes les précautions prises, il arrive cependant des *accidents*, dont les plus fréquents sont l'envoi d'une cage aux molettes, pendant que celle du fond, trop rapidement lancée, va frapper les arrêts de l'accrochage. Les précautions les plus usitées pour atténuer cet accident sont : rapprocher graduellement les guides des cages à l'approche des molettes, de manière à saisir et arrêter la cage montante avant qu'elle touche ; placer à l'approche des molettes un appareil qui décroche les cages et les fait retomber sur des taquets qui les laissent passer, mais se referment au-dessous ; établir un système de leviers et de tiges qui font agir le frein. Ces dispositions portent le nom d'*évite-molettes*. Cet ensemble de mesures atténue les accidents sans les supprimer tout à fait, car le câble lancé vers les bobines pourrait pénétrer dans la salle des machines ; dans cette prévision on dispose des madriers qui en reçoivent et amortissent le choc. En cas d'accident, le mécanicien est passible d'une amende ; mais, en général, cette éventualité est compensée par une prime qui lui est allouée toutes les fois qu'un mois de service est effectué sans qu'il s'en soit produit.

La grande expansion qu'a subie depuis quelque temps le *système Compound* devait naturellement en amener l'introduction dans l'extraction des mines et l'on y a notamment procédé avec hardiesse aux Etats-Unis. Cette innovation est jusqu'à un certain point discutable, car la question d'économie qui recommande ce type, doit ici céder le pas à la nécessité d'avoir la machine parfaitement en main et docile à la volonté du mécanicien, ce qui n'est pas le cas pour les machines Compound en général. Nous citerons la colossale machine d'extraction des mines de cuivre de Calumet et Hécla, au lac Supérieur, qui appartient au système compound et a été construite pour une force nominale de 4.700 chevaux. Les cylindres ont 1 mètre et $1^m.75$ de diamètre avec $1^m.80$ de course ; l'arbre moteur, qui fait 60 tours par minute, pèse 30 tonnes. La pression des chaudières s'élève à 9 kil. 50 et on annonce que cette machine fonctionne à raison de 0 k. 960 de charbon par cheval et par heure et de 7 kil. 33 de vapeur par kilogramme de combustible.

Le *prix de revient* de l'extraction rapporté à la tonne élevée à 100 mètres, varie dans les limites les plus étendues, et une étude spéciale doit être faite dans chaque cas. En général. il tend à diminuer pour un tonnage donné, si la profondeur augmente, et avec une profondeur donnée si le tonnage augmente. Pour une extraction de 600 tonnes faite à la profondeur de 400 mètres dans une exploitation bien in-tallée au point de vue de l'extraction, la dépense par tonne élevée à 100 mètres peut descendre à 0 fr. 0625 ; c'est là un minimum assez souvent dépassé.

Moyens divers d'extraction.

Pour l'extraction on pourra employer des *hommes* lorsqu'il n'en faudra pas plus de trois ou quatre aux manivelles du treuil, car ils ne coûteront pas plus qu'un cheval avec son conducteur, et avec le receveur spécial qu'il faudra, dans le cas du manége, entretenir à l'orifice du puits pour recevoir et vider les bennes à leur arrivée. Dès que le travail de l'extraction est suffisant pour utiliser à peu près la force d'un *cheval*, il conviendra de l'employer car il fait à peu près le travail de sept hommes et il ne coûte pas plus que deux ou trois maximum. De même, dès que le travail nécessitera plus de deux ou trois chevaux et si en même temps le combustible ne fait pas défaut ou n'est pas à des prix excessifs, on trouvera ordinairement qu'une petite *machine à vapeur* avec ses frais de mécanicien, de combustible et d'entretien pourra leur être substituée avec avantage, pour peu qu'en outre le travail doive avoir une durée qui vaille qu'on achète, fasse venir et installe cette machine. Dans quelques cas assez rares, il y aura avantage à employer un *moteur hydraulique* qui sera suivant les

cas : une machine à colonne d'eau de rotation, à
double effet, qui a l'avantage, quelle que soit la hauteur de la chute dont on dispose, de pouvoir l'utiliser
tout entière, en même temps que d'être manœuvrée
très facilement et de présenter de moindres sujétions
de position et d'emplacement que les autres récepteurs
hydrauliques : une turbine ou une roue de côté si
l'on a une chute très basse à grand volume d'eau ;
une roue à double aubage ou une balance d'eau, dans
quelques cas exceptionnels. Enfin on a employé, comme
nous le verrons, l'extraction pneumatique.

Les *moteurs animés* ne peuvent être employés à
l'extraction que dans des limites très restreintes de
profondeur et de quantités extraites ; mais dans ces
limites, ils sont couramment employés et doivent
l'être. Les récepteurs à employer sont : pour les
hommes, le treuil et la roue à chevilles ; pour les
animaux, le manège (vargue ou baritel). Le *treuil à
bras* toujours cylindrique est employé pour les extractions peu profondes ou pour commencer un sondage-
fonçage ; on dispose alors sur l'orifice du puits un
plancher qui en forme un segment et sur lequel on
opère les manœuvres. Dans les treuils courants, le
rayon de tambour est d'au moins $0^m.10$ et celui de la
manivelle est d'environ $0^m.40$, la longueur de la
manivelle variant de $0^m.300$ à $0^m.450$ suivant qu'il y a
un ou deux hommes employés simultanément pour le
faire tourner ; on a soin de coupler les bras de la
manivelle à 180 degrés l'un de l'autre, afin d'entre-
croiser les variations de la force motrice pendant la
rotation. Pour des charges plus fortes, on interpose
entre le tambour et la manivelle un *engrenage* qui
augmentera la puissance de l'appareil dans le rapport
des rayons. On fait aussi usage des *treuils différen-
tiels* se composant de deux travées dont les rayons

sont très peu différents l'un de l'autre ; un câble s'enroule dans le même sens sur les deux travées en soutenant dans sa spire lâche une poulie mobile et sa chape ; cette disposition augmente beaucoup la force du treuil.

La *roue à chevilles* qui peut servir à élever des poids de 4 à 5 tonnes a un rayon de tambour au moins double de celui du treuil ; les chevilles sont espacées de 0^m.30 à 0^m,35 sur la circonférence qui a un rayon de 2 à 4 mètres. Le manœuvre intervient dans l'équilibre par le poids total de son corps ; on sait que l'homme trouve la meilleure utilisation du travail musculaire dont il est capable, dans l'élévation de son propre poids. On obtiendra donc sous ce rapport un certain degré de supériorité de ce système sur celui de la manivelle.

Dans le *manège*, au point de vue du bon emploi de la force de l'animal, le rayon du manège doit être aussi grand que possible, il ne doit pas descendre au-dessous de 2^m.50 et souvent on lui donne 4 mètres. L'attelage du cheval se fait à l'aide de palonniers établis à une hauteur telle que les traits soient à peu près horizontaux.

Lorsqu'une mine possède des compresseurs et une canalisation, on substitue avec avantage au travail à bras, des *treuils à air comprimé* ou des *treuils à vapeur*. Aux mines de cuivre de Calumet et Hécla, au lac Supérieur, on se sert pour enlever à 12 mètres les déchets de la préparation mécanique des minerais, d'une *roue élévatoire à vapeur* ; on emploie à cet effet deux roues à godets de 13^m 10 de diamètre pesant ensemble 124 tonnes : chaque roue est formée de deux travées, présentant 50 godets, c'est à dire 100 en tout. Entre les deux, se trouve un engrenage de 352 dents épicycloïdales actionné par un pignon d'acier et un moteur à vapeur de 175 chevaux ; la roue fait quatre révolutions par minute et élève 9 mètres cubes de matériaux à chaque tour. L'arbre a $0^m.76$ de diamètre.

Il arrive souvent que l'on doit descendre dans l'intérieur d'une exploitation de grandes quantités de remblais à un niveau inférieur ; la *balance sèche* se présente comme l'appareil par excellence. Une balance composée de deux cages guidées, l'une recevant le wagon plein, de manière à faire monter par son excédant de poids le wagon vide placé dans la cage inférieure, est en effet un appareil automoteur dont l'installation et la manœuvre semblent fort simples. Employée à 30 mètres et même jusqu'à 60 mètres de profondeur, une balance se manœuvre facilement, mais au-delà le poids des câbles devient un obstacle d'autant plus grand que les poids à descendre sont plus considérables ; il faut des mesures spéciales pour régulariser le mouvement. On devra par exemple réunir le fond des cages par une chaîne qui équilibre en montant le poids du câble descendant ; on a employé dans le même but un système de bobines avec des câbles plats enroulés de manière à réduire les moments du poids descendant. Ces dispositions ont permis d'atteindre des profondeurs de 100 mètres ; mais au-delà les difficultés de la régularisation du mouvement par le frein deviennent telles que les accidents se multiplient.

Enfin les *fahrkunst* étaient à peine expérimentés que la pensée venait à plusieurs ingénieurs d'employer les tiges oscillantes pour faire monter et descendre les wagons ; deux tiges oscillantes doubles étaient mises en mouvement avec une course de 10 mètres par l'enroulement et le déroulement alternatifs d'une chaîne à la Vaucanson ; ces tiges doubles saisissaient les wagons au-dessous à l'aide de taquets, les enlevaient et les déposaient sur des paliers où ils étaient repris à l'oscillation suivante, de manière à descendre ou monter de 10 mètres. L'idée de l'application peu heureuse des fahrkunst à l'extraction a été reprise plusieurs fois par divers inventeurs ; disons cependant qu'en dehors de quelques houillères, les appareils oscillants ont fonctionné autrefois en Suède, aux mines de Polhammar.

Nous ne parlerons ici que pour mémoire de *l'extraction pneumatique* qui a reçu une si belle application au puits Hottinguer des mines de houille d'Epinac, installé par M. Z. Blanchet ; les mines qui nous occupent ne l'ont pas encore adoptée. On sait que le principe de l'extraction pneumatique consiste à installer un tube d'un très gros diamètre, régnant dans toute la hauteur du puits, et à y opérer un certain degré de vide à l'aide d'une puissante machine pneumatique de manière à aspirer un piston-cage, renfermant les wagonnets qu'il s'agit d'élever au jour.

CHAPITRE XII.

Lever des Plans de Mines.

Dans toute exploitation, un bon plan de mine est d'une grande utilité ; il est surtout indispensable quand les travaux souterrains sont très développés. En effet, il est nécessaire de maintenir les travaux dans les limites de la concession, afin d'éviter des contestations avec les propriétaires voisins ; il existe toujours quelques points dont il faut se tenir toujours éloigné ; enfin, lorsqu'il s'agit de joindre un point fixé à l'avance par un puits ou par une galerie, si l'on n'a pas un plan fait avec précision, on s'expose à faire en pure perte des travaux coûteux. Des difficultés spéciales qui résultent de l'obscurité, des sinuosités des galeries, des fortes inclinaisons et des irrégularités fréquentes des montagnes, ont déterminé pour les plans de mines quelques variations dans les méthodes.

Le lever des plans consiste en tracé des galeries et des montages entre lesquels se trouvent les chantiers et ces tracés consistent simplement en une succession de lignes d'axe. Pour déterminer ces lignes, il suffira de fixer solidement au faîte des galeries des chevilles ou des clous qui deviendront des points de repère à partir desquels on laissera tomber les *fils à plomb*. Les lignes joignant ces fils à plomb seront les lignes d'axe à droite et à gauche desquelles on pourra, si besoin est, mesurer les largeurs. Reste donc à déterminer la direction et l'inclinaison des lignes elles-mêmes, ce qui se fait en général avec la *boussole*.

La boussole de mine est ordinairement divisée en 360 degrés, elle doit être assez grande pour que les demi-degrés soient marqués et nettement appréciables. 360 degrés est le Nord ; 90 degrés l'Est ; 180 degrés le Sud ; 270 degrés l'Ouest ; de telle sorte qu'en lisant sur le limbe on ne se préoccupe pas d'interpréter l'orientation, on se borne à lire un chiffre qui indique la direction. Beaucoup de boussoles, au lieu d'être graduées de gauche à droite dans le sens normal, sont graduées en sens inverse, c'est à dire de droite à gauche. Il suffit, pour en supprimer le motif, de faire une opération sur le terrain. Ainsi, pour la boussole suspendue comme pour la boussole carrée,

la ligne marquée N.-S. est la ligne de la station, l'axe
de visée. L'aiguille de la boussole se place, par exemple, à gauche sur 330 degrés ; cela veut dire en réalité 30 degrés Est, car la véritable ligne N.-S. est celle
de l'aiguille et la ligne de visée est à droite. Or, si la
notation est inverse, on lira de suite 30 degrés, le
chiffre normal sera donc accusé et il n'y aura pas
d'interprétation à introduire dans la lecture faite.

La disposition la plus généralement adoptée pour la
boussole de mine est celle dite *poche de mineur* ; on
l'emploie surtout quand il s'agit de lever le plan de
travaux peu étendus. La boîte de la boussole est suspendue sur un double axe, de manière à prendre naturellement la position horizontale. Le support est muni
de deux crochets qui permettent de suspendre la boussole sur un cordeau tendu suivant la direction que
l'on veut mesurer. Dans cette position, la ligne N.-S.
de la boussole coïncide précisément avec la ligne du
cordeau, de sorte que pour en déterminer la direction,
il suffit de lire l'angle marqué par l'aiguille de la
boussole. Cette disposition est surtout commode pour
les mines très sinueuses ; elle permet de tendre des
cordeaux qui forment les axes repères des vides successifs, et d'en déterminer les directions par des opérations aussi rapides que possible. Des croquis pris
sur place permettent ensuite de fixer la forme des
vides autour de ces axes.

La poche de mineur contient un *demi-cercle* gradué
avec crochets de suspension et fil à plomb, à l'aide
duquel on détermine l'inclinaison moyenne du cordeau
tendu à chaque station. Enfin on complète le lever en
mesurant la longueur du cordeau, c'est à dire la longueur de la station avec une *chaîne en laiton,* dont
chaque maille est égale à 0ᵐ.20, soit avec un *ruban
métallique.* Pour lever un plan de mine, on fait donc

une série de stations successives dont on mesure la *direction*, l'*inclinaison* et la *longueur*. Afin d'éviter toute chance d'inexactitude, on a un calepin d'observation où sont marqués : le numéro de la station ; la direction, indiquée par la pointe bleue de l'aiguille ; l'inclinaison, mesurée en degrés et minutes et en indiquant si elle est montante ou descendante ; la *longueur* de la station exactement chaînée : la largeur à droite et à gauche du cordon, les observations et repères qui peuvent aider à préciser le plan. Avec ces *données on peut faire les plans ou projections* horizontales et verticales. On construit ou calcule les triangles de manière à obtenir les projections horizontales et verticales des lignes mesurées, *projections* que l'on porte sur le papier, au bout les unes des autres, en donnant aux lignes les directions déterminées par la boussole. Pour reporter ces directions, on se sert d'un *rapporteur*, support rectangulaire qui reçoit la boussole et dont les côtés, formant règle et équerre, présentent des lignes parallèles à la ligne N.-S. et à la ligne E.-O. On se sert ainsi pour rapporter les *directions*, de la même boussole qui a servi à les déterminer dans la mine. Les travaux de mines, galeries, descenderies ou montages, sont aujourd'hui assez *réguliers et présentent un sol assez stérile pour* qu'on puisse substituer à la poche du mineur une boussole à trépied munie latéralement d'un demi-cercle pour prendre les inclinaisons. Cette boussole, dite *carrée*, porte deux niveaux qui permettent de l'établir horizontalement et une lunette adhérente avec demi-cercle, qui permet de mesurer l'inclinaison que l'on donne à la lunette. En Belgique, on emploie souvent une boussole suspendue par deux axes perpendiculaires, de manière à prendre elle-même son niveau et toutes les petites manœuvres de l'observation y sont étudiées et

facilitées, de manière à rendre l'usage de la poche du
mineur de plus en plus rare. Les instruments pour
lever les plans de mines ont été perfectionnés par plusieurs ingénieurs et constructeurs, qui ont cherché à
augmenter la précision. Le *pantomètre* Blanchet est
recommandé d'une manière toute spéciale ; cet appareil peut servir comme théodolite, comme boussole
carrée et comme niveau d'Egault ; on peut ainsi faire
toutes les opérations qui concernent le lever des
plans, sans changer d'instrument, ce qui, dans les travaux souterrains, présente un avantage évident. Dans
beaucoup de cas, il est préférable en effet de procéder
à la mesure des angles avec un théodolite, plutôt
qu'avec la boussole.

L'instrument une fois choisi, on opère toujours de la
même manière, et l'on mesure à chaque station : la
longueur chaînée, l'inclinaison montante ou descendante et l'angle de direction. Pour recueillir et classer
les mesures prises successivement à chaque station,
on doit se munir d'un carnet spécial, et les mesures
prises sont portées sur le registre du lever, en consi-
gnant toutes les observations qui peuvent servir à
désigner les stations, les croisements des galeries,
etc. Le registre représentera le véritable plan de la
mine, que l'on pourra à volonté porter sur le papier.
En effet, les angles orientés sont les angles plus petits
que 180 degrés, placés à droite ou à gauche du méridien magnétique, suivant qu'ils sont à l'Est ou à
l'Ouest ; les projections horizontales et verticales des
longueurs chaînées sont les longueurs réelles à porter
sur le papier pour obtenir les plans-projections ; enfin
la somme totale des altitudes tient compte de toutes
les inclinaisons montantes ou descendantes, de manière à préciser la hauteur absolue des points extrêmes des stations. Pour faire le plan, c'est à dire pour

dessiner la projection horizontale des stations, on prendra, ainsi qu'il a été dit, la boussole sur laquelle on a opéré dans la mine et on la placera dans le rapporteur. La boussole y est fixée de telle sorte que la ligne Nord-Sud soit exactement parallèle aux deux règles graduées qui servent de côtés. On peut donc placer la boussole sur le papier de manière à faire prendre à l'aiguille exactement toutes les positions qu'elle a successivement occupées aux stations et par conséquent tracer les angles, α, α', α'', α''', etc. Les règles latérales permettent de tracer les lignes de projections, en leur donnant des longueurs proportionnelles suivant l'échelle adoptée ; toutes les stations se trouveront ainsi successivement projetées sur le papier, et le plan sera fait. La projection verticale reproduira de même toutes les inclinaisons montantes ou descendantes et les longueurs proportionnelles aux altitudes.

La méthode du tracé direct des projections horizontales et verticales est suffisamment exacte pour des mines régulières et peu étendues ; mais pour les mines dont les galeries sont très longues et sinueuses, elle présente quelques éléments d'erreur dont il importe de tenir compte. Le tracé graphique peut amener des erreurs assez graves et pour les plans d'une certaine importance on doit employer la méthode dite des *trois plans coordonnés*. Cette méthode consiste à déterminer isolément la position de chaque point de station relativement à trois plans coordonnés qui sont : 1° un plan horizontal ; 2° un plan vertical Nord-Sud, passant par le méridien vrai ou par le méridien magnétique ; 3° un plan vertical Est-Ouest, perpendiculaire aux deux précédents. Les trois plans se croisent au point de départ et chaque point est déterminé par sa hauteur ou *altitude*, sa *longitude* et sa *lati-*

tude relativement à ces trois plans coordonnés. On note comme *positives* : les hauteurs au-dessus du plan horizontal ; les longitudes à l'Est du plan méridien ; les latitudes au Nord du plan perpendiculaire au plan méridien. Par contre on note comme *négatives* : la distance au-dessous du plan horizontal ; les longitudes à l'Ouest du plan méridien ; les latitudes au Sud du plan perpendiculaire. On a soin de déterminer le méridien d'une manière fixe, par deux repères qu'on peut toujours retrouver et qui permettent de négliger les variations diverses de la boussole. La feuille de papier sur laquelle on opère étant considérée comme le plan horizontal, on l'orientera et l'on tracera deux axes perpendiculaires entre eux qui représenteront les traces des deux plans verticaux Nord-Sud et Est-Ouest. Considérons une seule des bases, celle par exemple dont le point de départ b est le commencement (fig. 42) et qui se termine en c, projection horizontale du point C. Si du point c on mène $c\,a$ perpendiculaire au plan méridien $Z\,b\,X$, dans le triangle rectangle formé $a\,b\,c$, le côté $c\,a$ mesure la distance du point c au plan méridien et l'autre côté $a\,b$ de l'angle droit, exprime la distance du même point C au plan vertical $Z\,b\,Y$. Or, on connaît déjà $C\,c$, projection verticale de la chaîne dont, en déterminant les longueurs des côtés $a\,c$, $a\,b$, on aura les distances du point C aux trois plans rectangulaires, et par conséquent la position de ce point sera connue. Dans le triangle rectangle $a\,b\,c$, l'hypothénuse $b\,c$ est d'ailleurs donnée par le calcul ; l'angle $a\,b\,c$ est connu, c'est celui formé par la direction de la chaîne avec le méridien solaire ; on aura donc : $a\,c = b\,c\,\sin.\,a\,b\,c ; a\,b = b\,c\,\cos.\,a\,b\,c$. Le côté $a\,c$, proportionnel au sinus de l'angle $a\,b\,c$, est la *longitude* du point C, et le côté $a\,b$ proportionnel au cosinus du même angle est la *latitude*.

Il suffira de tracer plusieurs stations les unes à la suite des autres, pour voir que si l'on fait la somme algébrique des ordonnées des stations successives, on aura les coordonnées des points extrêmes. Il n'est donc besoin de faire aucun tracé graphique pour obtenir ces ordonnées finales, et l'on peut déterminer par un simple calcul et par conséquent sans erreurs graphiques, la position d'un point. Avec les mesures qui ont été prises dans la mine, on peut, par conséquent, joindre aux données recueillies les éléments indiqués par le *tableau* suivant :

Angles orientés de 0 à 90°	Projections horizontales	Longitudes	Latitudes	Altitudes

On peut en outre, dans trois colonnes supplémentaires, joindre les sommes algébriques des latitudes, des longitudes et des altitudes. Ces sommes représentent les coordonnées des extrémités des distances, par rapport aux trois plans fixes qui se croisent au point de départ ou *origine* de la première distance. Ces éléments, successivement inscrits sur un registre pour chaque niveau d'exploitation, constituent un plan écrit avec lequel on peut évidemment tracer le plan graphique. On détermine ce plan par la position successive des points les uns par rapport aux autres, en les rapportant successivement à l'origine des coordonnées. Les projections verticales, que l'on construit également par ces procédés, constituent des *coupes* transversales que l'on peut faire passer en plusieurs points du plan. On y joint les tracés géologiques que fournit l'étude du terrain.

Le lever des plans à la boussole se complique d'une condition spéciale résultant de la *déclinaison* de l'aiguille aimantée. Si cette déclinaison était constante pour une même localité, il serait inutile d'y apporter aucune correction ; mais elle subit des variations dont on doit nécessairement tenir compte. En 1663, l'aiguille aimantée marquait exactement la ligne Nord-Sud. La déclinaison avait été à l'Est pendant les années qui ont précédé ; mais à partir de cette année elle passa à l'Ouest et augmenta progressivement jusqu'en 1834, époque à laquelle elle atteignit le chiffre de 22° 34' Ouest. Depuis elle rétrograde chaque année de 7', 5 et n'est plus que de 15° 56'. De telle sorte qu'un plan orienté par rapport au Nord magnétique et qui aurait 50 ans, serait très inexact, s'il avait toujours été continué par le même procédé. Il est donc indispensable d'orienter les plans levés à la boussole par rapport au *Nord vrai*, c'est à dire de faire la correction des angles. Le moyen le plus exact de tracer une *méridienne* à la surface du sol est de déterminer l'intersection de cette surface avec un plan vertical passant par l'étoile polaire au moment où cette étoile passe au méridien. Ce moment est donné par l'*Annuaire du Bureau des longitudes*. Il suffit donc de connaître la longitude du point où l'on se trouve et d'avoir un bon théodolite pour déterminer et tracer une ligne méridienne. La ligne déterminée étant piquetée sur le sol, pourra même être marquée dans le bureau des plans. On peut, après ce tracé, vérifier chaque mois la déclinaison des boussoles employées dans la mine et faire immédiatement la correction de tous les angles relevés sur les carnets. De cette manière, les plans orientés par rapport au Nord vrai conservent toujours le caractère d'exactitude qu'ils doivent posséder. Les plans des travaux souterrains étant généralement rapportés au plan de la surface établie par une triangulation, de telle sorte qu'on peut suivre le cheminement des galeries et des chantiers d'abatage sous les parcelles et les domaines.

Les opérations qui exigent la plus grande précision dans les mines sont : recouper un point déterminé par un puits ou par une galerie ; percer une galerie par tronçons qui doivent se raccorder exactement ; foncer un puits sans stock. Ces diverses opérations exigent une sûreté d'exécution qui ne peut s'obtenir que par une grande pratique. Quel que soit l'instrument employé, le plan d'une mine devra être mis tous les mois au courant des travaux ; il sera fait sur papier maillé ou quadrillé, les carrés principaux devant représenter un espace de 10 mètres de côté.

L'emploi de la boussole présente de grandes difficultés dans les galeries où se trouve un chemin de fer. Si l'on tient à une grande exactitude, il faut faire enlever complètement les fers, ou mieux se servir du théodolite. On opère de même dans les mines de fer oxydulé magnétique où l'aiguille peut être dérangée par la proximité du minerai. Les plans et coupes résument toutes les conditions des travaux souterrains, et, dans une exploitation de quelque étendue, leur étude est le seul moyen qui permette d'embrasser l'ensemble des conditions.

CHAPITRE XIII.

Asséchement des Mines.

Aménagement des eaux.

La plupart des terrains donnent lieu à des infiltrations multipliées qui auront tendance à se développer encore par le seul fait de l'exploitation et des mouvements qui s'en suivent; il est bien rare, sauf dans certaines régions constituant des exceptions locales, la région désertique de la Cordillère des Andes, par exemple, qu'une mine ne présente pas d'eau menaçant d'envahir les travaux si l'on ne prenait de mesure spéciale pour s'en débarrasser. Cette eau peut venir de la surface, elle s'infiltre suivant les fissures ou délits du terrain formant des filets qui tombent dans la mine; d'autres fois elle s'échappe en gouttes des pores de la roche produisant une pluie fine et continue : elle a pour origine la pluie, la fonte des neiges, les infiltrations des cours d'eau. Elle peut aussi provenir du fond, formant de véritables nappes souterraines connues sous le nom de bains et produites sous l'influence de causes naturelles ou au sein de vieux travaux. Enfin, il arrive quelquefois, même dans les terrains les plus secs, qu'une source soit mise à découvert et amène subitement dans les travaux une quantité d'eau notable.

Avant de songer à se débarrasser des eaux qui ont tendance à envahir une mine, il est naturel de tenter tout d'abord de les empêcher d'entrer. A la surface, on peut, par des fossés convenablement disposés, donner aux eaux de pluie ou de neige un écoulement vers les vallées ou vers certains points où elles sont épuisées par des moyens mécaniques ; s'il s'agit d'un ruisseau dans le lit duquel on craint qu'il ne se produise des crevasses, on tâche de le détourner de son cours ou bien on lui fait un lit artificiel dont on assure l'imperméabilité à l'aide de bois, de terre glaise ou de béton. A l'intérieur, on conserve des massifs continus de protection, soit en aval-pendage d'anciennes fouilles faites au voisinage des affleurements, soit autour et au-dessous d'anciens travaux abandonnés et inondés formant les bains ; on réserve également de ces massifs appelés *investisons* sous les canaux et sous les rivières, en s'inspirant des principes généraux relatifs aux ruptures des terrains, afin de disposer les massifs réservés de manière à écarter les dislocations probables, à une distance suffisante des parties de la surface les plus redoutables au point de vue de l'introduction des eaux.

Dans le cas de mines *sous-marines*, les massifs isolants devraient de toute nécessité se trouver puissants ; il est à remarquer que, dans ces exploitations, il est impossible de recouper l'aval-pendage des couches qui plongent sous l'Océan, par des puits dont l'emplacement tomberait en pleine mer, et il est nécessaire d'extraire en vallée avec des tractions mécaniques ; mais il s'en faut de beaucoup que les mineurs aient toujours suivi les règles de la prudence, et l'on peut citer des exemples d'une grande témérité. La mine de Huelcock, sur la côte du Cumberland, s'avance sous la mer à 150 mètres du rivage et l'épaisseur de la couronne s'y trouve réduite dans certaines parties riches à 1ᵐ 20, les mineurs calfatent les fissures des roches pour se protéger contre les infiltrations. A la côte de Cornwall, la mine de Botallach s'avance à 650 mètres au large, et le dépôt d'alluvion d'étain aurifère de Truro repose directement sur la roche avec un recouvrement sous l'eau de 18 mètres de boue et de sable.

Serrements.

Lorsqu'un ouvrage, galerie ou puits, est exposé à fournir un accès à des eaux redoutables, on garnit de revêtements étanches les parois pour y refouler les eaux qui tendent à en jaillir, et souvent on établit des cloisons étanches pour retenir les eaux déjà déversées dans les travaux : une semblable cloison constitue dans une galerie ce qu'on appelle un *serrement*, et dans un puits ce qu'on appelle une *plate-cuve*. Un serrement est un barrage perpendiculaire à l'axe de la galerie établi en deçà du point où il n'est plus nécessaire de pénétrer, lorsqu'au-delà de ce même point il arrive des eaux abondantes provenant soit de vieux travaux, soit de quelque source rencontrée par la galerie même. Les dispositions des barrages varient selon les circonstances, mais dans tous les cas on doit veiller avec grand soin à leur confection, il leur faut une imperméabilité absolue et une solidité à toute épreuve.

Les serrements peuvent être faits en pierre, en bois ou en métal ; le premier mode est le moins employé, car les fissures sont difficiles à aveugler, on leur donne une grande longueur et ils sont logés dans une série de redans tronconiques ; en construisant ainsi une alternance de voûtes appareillées et de bourrages en argile plastique, on arrive à obtenir des barrages solides. Les barrages en maçonnerie ont des longueurs de 8 à 16 mètres et conviennent au cas où les parois de la galerie présentent des chances de fissures, et par conséquent ne paraîtraient pas assez imperméables sur une petite étendue. Le bois, par son élasticité,

finit par prendre mieux son aplomb ; l'exécution de
ces digues présente de grandes analogies avec celles
des cuvelages, comme eux elles sont formées de pièces
de bois contiguës, dont les dimensions sont propor-
tionnées à l'effort à supporter et que l'on serre contre
le terrain encaissant au moyen de picotages. Le cas le
plus simple est celui où l'on opère en galerie de petite
ou moyenne section ; on prépare dans la roche l'enca-
drement du serrement en y pratiquant des entailles
destinées à recevoir les pièces de chêne équarries em-
pilées les unes sur les autres, et dont les faces de contact bien dressées sont garnies de mousse pour faire
le joint horizontal du fond. Arrivé près du plafond,
on place d'abord les pièces du haut en les soutenant
par des tasseaux, puis on pose la dernière pièce ou
clef, qui, pour entrer, laissera nécessairement un jeu
de 4 à 6 centimètres. Ce jeu doit être rempli par un
picotage horizontal fait, soit à la partie supérieure, au
moyen d'une lambourde de 8 centimètres placée contre
la paroi, soit entre deux pièces de serrement ; ce picotage s'exécute, comme dans le cuvelage, par un lit de
mousse entre la lambourde et la paroi, et par le picotage, entre la lambourde et la pièce du dessus, au
moyen de plats-coins et de picots, d'abord en bois
blanc, puis en chêne ou hêtre bien séché : on serre
ainsi par un seul picotage le joint des deux parois horizontales, et l'on fait les deux joints verticaux des
parois latérales. Ces deux joints se font par des picotages verticaux entre la roche bien dressée et les
abouts des pièces. Il ne reste plus ensuite qu'à calfater les joints horizontaux du serrement, à recouvrir le
calfatage de bandes de fer ou de planches clouées, et
à l'armer contre la poussée des eaux par des jambes
de force qui reportent la pression contre les parois de
la galerie ; il faut toutefois prendre garde, lorsqu'on

les met en tension, de déterminer des efforts capables de repousser le barrage, dans un moment où une baisse des eaux déterminerait, de l'autre côté, une diminution notable de pression. Pour les serrements pleins, il est utile de recouvrir toute la surface d'une forte toile goudronnée, afin que appliquée par la pression de l'eau, sans danger de déchirure, elle concoure au besoin à aveugler les fissures qui auraient pu échapper au calfatage.

Dans quelques circonstances, on a cherché à augmenter la résistance des serrements en augmentant la solidarité des bois ; pour cela, on les a taillés comme les voussoirs d'une voûte plate. Cette disposition, dite *serrement à voûte plate*, est très bonne ; seulement elle augmente un peu la difficulté d'exécution. Enfin, dans les galeries à grande section qui ont plus de trois mètres dans les deux sens, la portée des bois se trouvant beaucoup trop grande, on divise en deux le serrement, dont les pièces sont disposées à angles obtus de manière à représenter les deux portes d'une écluse. Cet ouvrage, dit *serrement busqué*, est d'un emploi rare, parce qu'il est coûteux et qu'il est toujours préférable de choisir en avant ou en arrière un point où la galerie ait une section moindre et permette l'établissement des serrements ordinaires.

Depuis quelques années, un barrage plus soigné encore et donnant d'excellents résultats, est fréquemment employé, nous voulons parler du *serrement sphérique* (fig. 87). Les quatre faces de la galerie sont entaillées avec soin à la pointerolle, en évitant l'usage de la poudre qui produirait des ébranlements et pourrait provoquer des fissures qui s'ouvriraient plus tard ; les entailles sont faites suivant les faces d'une pyramide ayant son sommet sur un point déterminé à une certaine distance en avant de l'emplacement déterminé. Ce sommet forme le centre d'une sphére vers laquelle convergent également les quatre faces du tronc de pyramide suivant lequel chacune des pièces de bois de 1^m.50 environ de longueur est entaillée. Ces pièces, placées dans le sens de leur plus grande dimension, fonctionnent comme les voussoirs d'une voûte sphérique. Il est essentiel de ne pas laisser d'air emprisonné derrière le serrement qui doit être baigné entièrement par l'eau, sans quoi on a remarqué qu'il se produisait des ruptures, l'air passant plus facilement que l'eau à travers les joints et pouvant lui frayer un passage. On ménage dans l'épaisseur du serrement un petit canal qui est fermé plus tard par un tampon de bois chassé à coups de masse quand tout l'air est sorti. Pour que l'imperméabilité de l'ouvrage soit obtenue, il convient que tout le travail de picotage et de calfatage des joints soit fait par derrière, du côté où viendra plus tard la pression, afin que cette pression ne tende pas à desserrer les joints ; il faut donc que les ouvriers puissent faire leur travail jusqu'au bout, tout en ayant une retraite après leur besogne terminée. A cet effet, on peut employer diverses dispositions ; on ménage une ouverture carrée formée au moyen d'un clapet mobile autour d'une charnière qui s'ouvre de l'avant à l'arrière et qu'on rabattra quand les ouvriers se seront retirés ; le joint pourvu d'un caoutchouc vulcanisé se trouve fait par une fermeture analogue à celle des trous d'homme des chaudières à vapeur. On peut aussi pour le passage des ouvriers placer un tuyau conique en fonte muni d'une bride au gros bout et pris dans les quatre ou six pièces contiguës de deux ou trois assises des voussoirs, dont chacune est entaillée suivant une section conique prenant exactement la forme du tuyau. Pour faire la fermeture une fois le travail terminé, on dispose en arrière un tampon de bois conique muni au gros bout d'un caoutchouc vulcanisé ; au moment voulu, on rappelle ce tampon en avant et on l'introduit dans le tuyau où la pression de l'eau le coince avec force.

On fait des *serrements métalliques* surtout en prévision d'une invasion subite des eaux ; on barre la section de la galerie par un cadre en fonte qui ne laisse libre que le passage des wagonnets, une porte métallique préparée pour fermer hermétiquement lui est assemblée à l'aide de gonds, et à la moindre alerte on ferme la porte qu'on réunit par des boulons à son cadre et on calfate les joints.

Il est bon de disposer dans un des voussoirs un tube fermé par un robinet portant un manomètre qui donne continuellement la tension de l'eau sur le serrement. En raison de l'extrême importance qui s'attache à sa conservation, le serrement est l'objet d'une surveillance incessante ; la sécurité des ouvriers qui descendent dans la mine, la valeur de la concession et des travaux accumulés pendant de longues années, souvent même le travail d'une population tout entière, dépendent de la solidité de pareilles digues. Une pièce de bois rompue suffirait pour porter tout à coup la destruction et la ruine là où il y avait travail productif et richesse.

Plates-cuves.

Les plates-cuves ou serrements dans les puits sont établis autant que possible au-delà du niveau des parties cuvelées, de peur que la dégradation des revêtements ne fasse à nouveau passer les eaux derrière la plate-cuve. On la fait en maçonnerie qui convient mieux pour ces ouvrages que pour les serrements dans les galeries, et on lui ajoute une épaisse couche d'argile pilonnée qui arrête les eaux lors même que de légères fissures viendraient à se produire. La fonte s'emploie aussi pour l'exécution de ces plates-cuves dont la superficie est supérieure à celle des serrements des galeries.

Dans le cas des mines de sel, une difficulté se présente ; en effet le sel gemme qui fournirait des naissances solides, est soluble dans l'eau ; d'autre part les terrains encaissants sont en général formés de marnes et d'argiles sans consistance. A Varangéville on a profité en 1875 de la solidité du sol pour y établir les culées, mais en les protégeant contre le contact de l'eau ; à cet effet on a remblayé le fond du puits pour atteindre une couche de sel solide et sur cette base on a disposé une cuve tronconique de béton, puis une ceinture de briques destinée à soutenir les naissances de la plate-cuve. Entre les naissances et les voussoirs métalliques sont interposées des lames de caoutchouc vulcanisé qui répartissent également les pressions ; quant aux joints des voussoirs entre eux, ils sont formés d'une mince couche de mastic Serbat délayé dans l'huile de lin. La plate-cuve est formée de cinq zones, comprenant chacune sept voussoirs et entre les divers voussoirs on a ménagé dans le métal des gouttières qui ont été remplies de cuivre rouge matté à refus. On a pilonné au-dessus une hauteur de douze mètres d'argile bien dépourvue de sel pour que l'eau ne puisse y trouver passage et enfin une masse importante de sel de rebut afin que l'eau ainsi saturée et par cela même devenue plus lourde n'eût plus aucune tendance de dissoudre de nouvelles quantités de sel avec érosion des parois. Cette plate-cuve remplit très bien le but qu'on s'est proposé et n'a pas eu besoin d'être retouchée.

Captage.

Malgré les précautions que nous venons d'indiquer pour empêcher les eaux d'envahir les travaux soit en dehors, soit à l'intérieur, il en pénètre toujours une certaine quantité qu'il est nécessaire d'expulser si l'on ne veut pas voir les étages inférieurs submergés au bout d'un certain laps de temps. Il est utile, si on le peut, de conserver à chaque étage ses propres eaux en les réunissant en un point spécial d'où elles sont évacuées sans se rendre au fond, ce qui augmenterait d'autant le travail destiné à les relever ; on a soin en outre de capter de distance en distance les eaux qui suintent sur les parois des puits avant qu'elles se résolvent en pluie. Le lieu de réunion souvent unique des eaux est le point le plus bas des travaux, c'est le pied du puits d'exhaure appelé *puisard* ou *bouniou ;* il suffit, pour que les eaux s'y concentrent d'elles-mêmes, de leur offrir partout des pentes descendantes. S'il se trouve des poches, on les met en communication avec un étage inférieur par un coup de sonde ; ou à défaut de ce moyen il faut faire franchir aux eaux le seuil qui isole la dépression. On emploie le *baquetage* opéré par des hommes à l'aide de cuveaux, des *pompes volantes* ou encore, dans quelques cas, des *siphons.*

La masse d'eau réunie par le captage pendant vingt-quatre heures constitue l'*entretien d'eau* de la mine ; un puisard doit contenir entièrement cette eau et même il est bon, si les circonstances s'y prêtent, de lui adjoindre des réservoirs accessoires pour prévoir le cas de crues exceptionnelles ou de réparations prolongées des pompes d'exhaure. L'entretien d'eau de certaines mines est considérable, celui de la mine de Pontpéan par exemple a dépassé par moments le chiffre de 4,500 mètres cubes. Il peut arriver que plusieurs Compagnies voisines forment un syndicat pour extraire leurs eaux à frais communs ; cette combinaison prévue par la législation présente plusieurs avantages, elle permet l'installation de machines plus puissantes et plus économiques, le personnel se trouve réduit et les massifs de protection entre les concessions limitrophes devenus inutiles, pourront disparaître.

Galeries d'écoulement.

Dans les mines situées en pays de montagnes, et présentant une partie des travaux à flanc de coteau au-dessus de vallées adjacentes, on peut ordinairement atteindre les gîtes par des galeries partant de la partie inférieure de quelques vallons. Ces galeries fournissent un écoulement naturel aux eaux de tous les travaux dont le niveau leur est supérieur et par suite de leur fonction on les désigne sous le nom de *galeries d'écoulement*. On s'est déterminé souvent à des dépenses considérables pour exécuter ces galeries dont les avantages sont nombreux et parfois des Sociétés spéciales se sont créées pour entreprendre le percement d'une galerie destinée à assécher plusieurs concessions distinctes ; la Compagnie Sutro a recoupé ainsi le grand filon du Cornstock, à 600 mètres de profondeur, au moyen d'un tunnel de 6,147 mètres de longueur en travers-banc, non compris le développement en direction dans le filon. Les avantages de ces galeries sont de n'exiger que peu d'entretien ; on assèche sans machine tout l'amont-pendage et on atténue l'épuisement de l'aval-pendage lui-même puisqu'on n'a plus alors à relever ses eaux que jusqu'au niveau de la galerie ; on donne issue aux eaux supérieures, qui permettent de créer des forces motrices, en recueillant le travail développé par la descente à travers toute la hauteur des travaux de courants de surface, dont la sortie s'effectuera par la galerie, après qu'on les aura introduites par la partie supérieure. Enfin, elles assurent d'une manière économique l'aérage forcé et l'enlèvement des matières abattues ; pourtant ce n'est que dans des cas exceptionnels que ces galeries sont utilisées pour la navigation souterraine.

La galerie d'écoulement peut être disposée pour desservir l'exploitation de plusieurs filons; on lui donne une pente de 0^m005 environ, avec une largeur de 1^m.300 à 2 mètres et une hauteur de 2 à 3 mètres, de manière à permettre l'établissement d'un plancher au-dessus de l'eau ; le percement peut être facilité par des puits intermédiaires, qui serviront à attaquer le travail en plusieurs points. Pour offrir une durée indéfinie, ces ouvrages devront être solidement muraillés et garantis par des massifs de réserve contre les mouvements capables de les ébranler ; on les établit au mur, plutôt qu'au toit du gîte, c'est à dire dans une région qui n'est pas exposée à être disloquée par l'exploitation ; ils sont l'objet d'une surveillance et d'un entretien attentifs, effectués au moyen du plancher mobile établi au-dessus de la cuvette d'écoulement.

Dans les régions métallifères qui sont ordinairement très accidentées, on a pu tirer un grand parti des galeries d'écoulement ; il est cependant assez rare que leur établissement puisse suffire à l'asséchement des mines. Dans les contrées peu accidentées, il est à plus forte raison impossible d'arriver ainsi à des moyens naturels d'écoulement des eaux et il faut nécessairement avoir recours à des moyens mécaniques d'épuisement. Il convient de remarquer que

les moyens actuels de perforation mécanique sont de
nature à faciliter beaucoup la création des galeries
et surtout à les faire aboutir dans un délai rapproché.

Certaines de ces galeries atteignent une longueur
considérable ; nous citerons au Hartz, la galerie
Ernest-Auguste de 23,638 mètres de développement à
408 mètres de profondeur ; dans le massif du Mansfeld,
la galerie Schlüsselstollen a 31,800 mètres de long,
son percement commencé en 1809 s'est terminé en
1879. Enfin, à Freyberg, on peut voir la galerie de
Rothschonberger avec 47,504 mètres de développement,
1^m.50 de largeur, 3 mètres de hauteur et un demi-
millimètre de pente.

Pompes de mines.

Les pompes de mines appartiennent à deux types
fondamentaux, suivant qu'elles sont disposées en une
seule travée ou en *répétitions*. Dans le premier
mode, un tuyau unique amène les eaux sans discon-
tinuité, du fond au jour ; dans le second, la hauteur
est fractionnée en plusieurs travées, marquées par
autant de bâches, entre lesquelles fonctionnent des
pompes distinctes, dont chacune prend l'eau de la
bâche où vient de l'amener la pompe inférieure, pour
l'élever jusqu'à celle qui forme le pied de la pompe
supérieure. L'établissement des pompes en répétitions
apporte une grande facilité en permettant de réduire
à volonté la hauteur effective de chaque appareil qui
est ordinairement de 60 à 70 mètres ; mais, en revanche, il a l'inconvénient de multiplier, en même temps
que le nombre des pompes distinctes, celui des organes
qui les constituent ; de plus, toutes les pompes sont
obligées d'aller du même train et de se régler pour

cela sur la marche de la plus mauvaise. Le principe de la pompe unique évite ces divers inconvénients, mais il détermine d'énormes pressions, mesurées par autant d'atmosphères que la mine comprend de décamètres.

Suivant un point de vue différent, les pompes se classent en pompes *aspirantes, foulantes* ou *élévatoires*. Dans la pompe aspirante le piston creux à clapet tend à laisser le vide au-dessous de lui dans l'espace qu'il engendre par son ascension ; l'eau y pénètre donc en soulevant un clapet en raison de la pression atmosphérique qui s'exerce sur la surface libre du bief inférieur. Mais l'élévation qu'elle atteint ainsi ne saurait dépasser dix mètres et reste dans la pratique inférieure à cette limite. En même temps, le piston soulève l'eau qui le surmonte et dont le poids maintient la soupape du piston appliquée sur son siège ; ce liquide se déverse par une tubulure dans une bâche. Lorsqu'au contraire le piston redescend, le clapet inférieur retombe sur son siège et la tension développée soulève la soupape du piston. ce qui permet à cet organe de descendre ; le système est alors prêt pour donner un second coup double.

Dans la pompe foulante, le piston plein laisse en montant le vide au-dessous de lui ; la pression du bain dans lequel est plongé le pied de l'appareil ouvre un clapet inférieur et l'eau du bief remplit le cylindre ; pendant ce temps, le poids de la colonne d'eau actuellement immobile maintient fermée une soupape. Lorsque le piston redescend il applique la soupape inférieure sur son siège et, ouvrant l'autre soupape. il refoule toute la cylindrée dans la colonne en forçant la masse liquide qui la remplit de s'élever en conséquence.

Avec la pompe élévatoire à piston creux, l'ascension du piston a pour effet de fermer le clapet du piston et d'élever dans une colonne la cylindrée qui remplit le corps de pompe ; pendant ce temps, l'eau de la bâche envahit le vide engendré en s'introduisant par l'orifice inférieur. Quand le piston redescend, le clapet inférieur retombe sur son siège et, en même temps, le clapet du piston en s'ouvrant permet le mouvement à travers l'eau stagnante. La pompe élévatoire peut être aussi à piston plein ; dans ce second cas, le piston relève en montant toute la cylindrée dans la colonne, en ouvrant une valve en même temps qu'il applique sur son siège la soupape d'aspiration. A la descente, le poids de la colonne referme la première valve et l'eau de la bâche vient remplir le corps de pompe en ouvrant par sa pression le clapet d'aspiration.

On reconnaît de suite que le rôle de la pompe aspirante ne peut être qu'effacé : cependant on est dans l'usage d'établir au fond des puits une première répétition aspirante et élévatoire formée d'une pompe aspirante dont le clapet dormant est établi à 4 ou 5 mètres du puisard ; le piston creux élève ensuite sur 30 mètres environ les eaux qui l'ont traversé, et c'est à partir de cette bâche de déversement que l'on installe la pompe de mines proprement dite, soit d'un seul jet, soit en répétitions, soit élévatoire, soit foulante.

Une recommandation commune à tous ces appareils, c'est de les conduire avec une lenteur diamétralement opposée à la rapidité tous les jours croissante du service de l'extraction ; on sait, en effet, que les résistances passives qui prennent naissance dans le mouvement des liquides augmentent à peu près comme le carré des vitesses. On donne à tous les passages offerts à l'eau une section suffisante et l'on conduit le mécanisme avec une certaine lenteur ; l'allure varie en général depuis 3 ou 4 coups doubles par minute, jusqu'à 7 ou

8, bien qu'elle ait été poussée jusqu'à 10 ou 12 coups, excès admissible seulement dans les pompes d'avaleresse. La vitesse d'élévation de l'eau dans les colonnes ne doit pas dépasser 0^m.30 à 0^m.40 par seconde et celle des tiges peut atteindre 1^m.50 à 1^m.75 lors de leur ascension, mais doit rester inférieure à un mètre pendant qu'elles redescendent en foulant sur l'eau.

Le rendement en eau montée d'une pompe de mine en bon état est sensiblement égal au rendement théorique conclu du diamètre et de la course du piston ; mais, en pratique, il faut compter sur une perte au moins d'un dixième en général, pour prévoir le cas d'un entretien imparfait des garnitures. Quant au rendement de la machine, on peut, dans de bonnes conditions, espérer retirer en eau élevée 70 % du travail absolu de la vapeur. On trouvera dans le tableau suivant le *volume* correspondant aux diamètres les plus usités, par *mètre courant* de course :

Diamètre du piston.		Volume engendré par mètre de course.		Diamètre du piston.		Volume engendré par mètre de course.	
mètre.		m. cube.		mètre.		m. cube.	
0	10	0	0078	0	55	0	2375
0	15	0	0176	0	60	0	2827
0	20	0	0314	0	65	0	3318
0	25	0	0490	0	70	0	3848
0	30	0	0706	0	75	0	4417
0	35	0	0962	0	80	0	5026
0	40	0	1256	0	85	0	5674
0	45	0	1590	0	90	0	6361
0	50	0	1963	0	95	0	7088
				1	00	0	7854

Après cette description d'ensemble, nous dirons quelques mots des divers organes qui composent les pompes de mines. Les *bâches* consistent en des cuves de tôle supportées par des voûtes ou par des sommiers arc-boutés à l'aide de jambes de force ; un tuyau de trop-plein qui redescend jusqu'à la bâche inférieure empêche, en cas où une répétition marcherait avec plus d'activité que celle qui lui fait suite immédiatement, l'eau en excédent de déborder dans le puits. Souvent on supprime les bâches, en se contentant de les remplacer par un prolongement des colonnes ascensionnelles, au-dessus du pied de la répétition suivante ; ces tuyaux sont ouverts à la partie supérieure et l'aspirant de la pompe suivante s'y trouve directement plongé.

L'eau est admise dans la pompe par un *reniflard* ou *aspirant*, cylindre ou tronc de cône de fonte ou de tôle, percé de trous qui doivent toujours être immergés dans l'eau, sans quoi l'air pénétrant dans la pompe par ces trous y tiendrait la place de l'eau et constituerait des espaces nuisibles au détriment du rendement théorique. Le but de l'aspirant est d'empêcher l'aspiration de ces débris de roches et de bois qui tombent au fond des puisards et qui pourraient empêcher le jeu des clapets.

Les sièges des clapets sont renfermés dans des chambres appelées *chapelles*, fermées par des portes boulonnées qui servent à la visite ; quant aux *clapets*, on tend à leur donner de faibles levées et en revanche des dimensions de plus en plus considérables par rapport à celles du piston, afin de diminuer la vitesse du passage de l'eau dans ces orifices, et de permettre de mener la pompe plus rapidement ; mais, en même temps, on trouve avantage à fractionner la section totale en un certain nombre de soupapes. Le clapet le plus usuel comprend un disque de cuir, de caoutchouc ou de gutta-percha, se modelant exactement sur le siège, et rendu suffisamment rigide par deux disques métalliques qui l'insèrent (fig. 88). Le diamètre de la rondelle inférieure est un peu plus faible que celui de l'orifice ; elle y pénètre donc en laissant le cuir reposer sur ses bords. Un arrêt empêche le clapet de se soulever au-delà d'une certaine inclinaison. On fait des *clapets coniques* entièrement métalliques, en bronze ou en acier fondu, qu'un guide inférieur très allongé permet de retomber avec précision sur le siège : on en fait de *sphériques*, appelés *postillons*, consistant en une simple sphère métallique, qui peut prendre des oscillations complètement libres et limitées seulement par des brides, pour l'empêcher d'aller trop loin.

Les anciens *pistons* de pompe étaient à garnitures de cuir ou de chanvre suifé, que remplacent avec avantage des garnitures métalliques très soignées. Le piston-soupape Letestu, très employé, présente un corps métallique percé de trous obturés par un godet de cuir ou de gutta-percha, attaché autour de la tige ; pendant la descente, l'eau et les impuretés passent librement en soulevant le cuir, et, dans le mouvement inverse, la pression applique le godet simple contre le corps du piston, qui se trouve ainsi transformé en une poche imperméable. La course du piston s'étend de $1^m.50$ à 4 mètres.

La pompe foulante la plus généralement adoptée est celle qu'on nomme *pompe à plongeur* ; elle consiste en un corps de pompe portant à sa partie supérieure un long stuffing-box, dans lequel passe un plongeur formé d'un tuyau bien calibré, fermé par le bout, de manière à jouer le rôle d'un corps plein. Le plongeur vient simplement encombrer la capacité du récipient en expulsant l'eau qu'elle renferme, par suite de son incompressibilité ; mais cet effet ne dépend que du volume du piston et reste indépendant de la forme du récipient; c'est à dire que son alésage devient inutile, ce qui est une simplification importante. On a trouvé le moyen d'employer le plongeur avec les pompes élévatoires, en lui communiquant un mouvement remontant, à travers le fond inférieur des corps de pompe. Les *tiges* des pistons se font en fer et sont fixées en porte-à-faux, à l'aide de potences, à la maitresse-tige qui règne dans toute la hauteur du puits.

La *maîtresse-tige* est le plus souvent en bois de chêne ou de sapin du Nord, et, en vue de l'alléger, on lui donne un équarrissage décroissant du haut en bas par mises prismatiques successives, de manière à rapprocher sa forme générale de celle du solide d'égale résistance. Les assemblages, qui doivent être bien serrés, se font par des entailles en trait de Jupiter ; la juxta-position des abouts est rendue parfaite par deux coins superposés et le tout est consolidé au moyen de platines ou bandes de fer réunies entre elles par des boulons. On préfère ordinairement réunir les pièces bout à bout à l'aide de chaines boulonnées dans le corps des tiges et sur deux files, afin de recouper moins fréquemment les mêmes fibres. On tend à substituer au bois, le fer ou mieux l'acier, en vue d'obtenir plus de légèreté à égalité de résistance (fig. 89). Cependant, le bois garde sa faveur pour les puits profonds et les allures rapides, il a plus d'élasticité et de souplesse. Les maitresses-tiges sont guidées par des moises, avec un faible jeu, et, de distance en distance, on installe, sous le nom de parachutes, de forts sommiers capables d'arrêter les corbeaux fixés à la tige, en cas de rupture de cette dernière.

Les *tuyaux* des colonnes montantes se font généralement en fonte ; ils doivent être essayés à la presse hydraulique avant d'être employés. On parvient à prévenir les suintements en injectant dans le métal, à l'aide de la presse, de l'huile siccative lithargisée, qui a pour effet de boucher tous les pores. Quand les eaux sont acides, comme dans certaines mines de pyrites, on emploie le bronze pour les organes du mécanisme ; quant aux tuyaux, on les préserve à l'aide d'une épaisse couche de peinture, protégée elle-même contre l'usure due au mouvement du liquide au moyen de douelles en bois ; les deux dernières ont la forme de coins et permettent d'exercer un serrage de toute la garniture intérieure contre la paroi du tuyau. Les joints, qui sont d'une très haute importance pour éviter les pertes d'eau ou les rentrées d'air, se font avec une rondelle de plomb et du mastic rouge ou avec une rondelle de feutre garnie de toile, ou d'étoupe qu'on plonge ensuite dans le goudron ; on emploie aussi la gutta-percha, la glu marine, ou du cuivre maté dans un grain d'orge ménagé dans la bride. On évite l'influence des coups de bélier par l'emploi des *cloches d'air* qui renferment une sorte de matelas gazeux capable de se comprimer dans une mesure importante, et qui sont disposées sur la conduite de refoulement, pour régulariser la vitesse d'ascension.

Dans une *avaleresse*, les pompes du fond doivent être suspendues de manière à pouvoir descendre, au fur et à mesure que le fonçage s'avance, jusque dans le petit puisard que les ouvriers ont toujours le soin de ménager pour y rassembler les eaux. Afin de rendre cette descente plus facile et plus rapide, on prend toujours des pompes élévatoires à piston creux dont la travaillante a une longueur souvent double de la course normale. La pompe doit pouvoir marcher noyée avec des venues d'eau aussi irrégulières que celles que présente le fonçage d'une avaleresse ; on doit enfin s'attacher à ménager l'emplacement et à réaliser la plus grande puissance avec le minimum d'encombrement.

Moteur d'épuisement.

La machine à vapeur est le moteur le plus ordinaire, celui qui convient le mieux à presque toutes les localités ; la machine peut être à simple ou à double effet. Dans la machine à *simple effet*, la vapeur n'est employée qu'à soulever la maitresse-tige et tout l'attirail, elle cesse ensuite son action et la tige redescend par son propre poids ; d'après cela, si la machine est à traction directe et installée immédiatement sur le puits, le fluide moteur doit agir sous le piston ; si elle est à balancier, la vapeur pèsera au contraire sur la face supérieure. Le premier type est le plus simple, mais il encombre les abords du puits et risque d'y déterminer des tassements fâcheux, si la nature des parois s'y prête. La machine à simple effet actionne elle-même son condenseur, la *pression* est en général de 2 à 4 atmosphères, la *détente* y est poussée jusqu'à $\frac{1}{8}$, et elle est réglée à la main ou par des soupapes mues à l'aide des tasseaux d'une poutrelle de distribution, ou mieux par une cataracte à eau ou à l'huile. Cet ingénieux appareil permet, comme on le voit, de faire varier la détente, d'après l'instant où il coupe la vapeur ; il règle en même temps, avec l'admission, l'intermittence des coups du piston. Le diamètre du cylindre varie de $0^m.50$ à $2^m.50$; la course du piston de 2 à 3 mètres et même jusqu'à 4 mètres. Sa vitesse oscille à la montée entre $1^m.30$ et $1^m.75$ tout au plus ; elle est de $0^m.45$ à la descente.

D'énormes masses entrent en jeu dans les machines d'épuisement, tant en ce qui concerne l'eau elle-même que les parties solides constituant l'*attirail* de la pompe. Si la pompe est élévatoire, l'action motrice est employée à vaincre le poids de la tige, celui de l'eau élevée et les résistances passives : on équilibre une partie de cet énorme total par des *contrepoids* additionnels. Avec la pompe foulante, la vapeur est employée à relever la maîtresse-tige sans agir sur l'eau ; c'est seulement en descendant par la seule influence de la pesanteur que cette tige refoule l'eau dans les tuyaux élévatoires. Comme cette action serait encore excessive en raison des grandes dimensions de la maîtresse-tige, on l'équilibre de même en partie à l'aide de contrepoids, qui consistent généralement eu gros *balanciers*, sur la queue desquels se trouve placée une caisse chargée d'objets pesants, et qui sont reliés à la tige par une chaine roulant sur un secteur ou par l'intermédiaire d'une bielle. Dans les organisations plus soignées, on assemble sur la queue du balancier de lourdes plaques de fonte réunies par de forts boulons. On a substitué au mouvement circulaire alternatif des balanciers qui exigent un emplacement considérable, l'emploi de poulies et de chaines supportant des contrepoids qui circulent verticalement dans un espace restreint. Enfin, l'on fait des *contrepoids hydrauliques* ; ce sont des colonnes d'eau constantes et oscillantes qui montent et descendent alternativement dans les tuyaux où elles se trouvent refoulées ; on obtient ainsi la même économie d'emplacement qu'avec les contrepoids solides, avec plus de simplicité et moins de frottement.

Un perfectionnement ingénieux, introduit par M. Bochkoltz dans les machines d'épuisement, sous le nom de *régénérateur de force*, consiste en un contrepoids spécial placé à l'extrémité d'un bras de levier assemblé à angle droit sur le milieu du balancier ordinaire de l'attirail. Ce contrepoids produit un déplacement dans la répartition du travail moteur et fournit le coup de collier nécessaire au premier instant et amortit vers l'extrémité la force vive qu'il est nécessaire de voir aller en mourant et sans choc final ; on obtient de plus une allure plus vive de la machine et l'on peut donner dans un même temps un plus grand nombre de coups de piston.

On a introduit récemment dans l'épuisement des mines les *machines à double effet*, avec lesquelles la vapeur actionne un arbre tournant muni d'un volant; l'appareil peut être installé de deux manières différentes, au fond ou au jour. Un moteur à vapeur à double effet, établi au fond du puits et commandant directement une pompe aspirante et foulante, prenant l'eau dans le réservoir et la refoulant en un seul jet jusqu'au jour, a l'avantage de supprimer l'attirail encombrant et si coûteux des tiges, des répétitions et leurs guidonnages, et de réduire le tout à une ligne de tuyaux n'occupant qu'un très petit espace dans le puits et permettant de conserver celui-ci pour un autre service. Ce système permet une certaine économie de premier établissement, une grande rapidité d'installation, la pose des appareils sans arrêter l'extraction, et enfin l'installation dans un puits déversé ou irrégulièrement incliné. En revanche, il est difficilement applicable à des profondeurs supérieures à 500 mètres, et la surveillance et l'entretien d'une puissante machine établie au fond ne sont pas sans présenter quelques difficultés ; de plus, une crue exceptionnelle peut maîtriser l'épuisement et noyer la machine ; il faut donc, en vue de cette éventualité, créer des réservoirs à l'aide de vieux travaux, capables de renfermer l'entretien d'eau pendant un temps notable. Lorsque la machine est installée au jour, la maîtresse-tige reparaît comme liaison nécessaire entre le moteur et la pompe du fond ; on se trouve dès lors en présence de cette difficulté, que la machine étant à double effet, elle doit agir dans les deux courses ascendante et descendante de la maîtresse-tige ; on arrive à tourner cet obstacle par l'emploi des contrepoids.

Moyens divers d'épuisement.

On fait usage pour de faibles hauteurs d'eau de *pompes rotatives* ; si l'on voulait les appliquer à des élévations importantes, elles exigeraient la disposition en répétitions trop multipliées. On a varié les dispositifs de ces pompes à l'infini, et quelques-uns des types créés présentent des combinaisons cinématiques fort ingénieuses. Les *pompes centrifuges* conviennent directement aux eaux très sales ; mais elles n'utilisent qu'une faible partie du travail moteur, et la hauteur pratique d'élévation est encore moindre que pour les appareils précédents. On a cherché dans les *pompes à double effet* à concilier les difficultés dont il vient d'être question, avec les avantages très réels du courant continu et sans chocs. Dans les *pulsomètres*, on agit par le contact direct, s'opérant aux instants voulus, entre la vapeur et l'eau ; ces appareils, très commodes et qui peuvent même marcher noyés, ont le grave inconvénient de consommer beaucoup de vapeur et de ne fonctionner qu'entre les limites de 2 mètres 50 à 5 mètres de hauteur, pour l'aspiration, et de 10 à 30 mètres pour le refoulement. La description de ces divers appareils nous entraînerait beaucoup trop loin ; nous signalerons seulement l'emploi de *l'air comprimé* pour l'épuisement, et l'appareil Lisbet qui permet cette application. C'est un récipient en tôle que l'on a rempli d'eau à l'aide d'un clapet ménagé à cet effet, tandis qu'un ajutage laisse échapper l'air. Les deux soupapes refermées, on admet l'air comprimé sur la surface du liquide qui se trouve refoulé dans la conduite montante, à travers un clapet de retenue, appliqué jusque-là sur son siège par le poids de la colonne. Quand le niveau s'abaisse au-delà d'un certain point, l'admission se ferme, soit au dernier moment, soit un peu auparavant, si l'on veut utiliser la détente et amortir la force vive ascensionnelle ; on laisse alors échapper l'air comprimé, l'eau de la roche s'introduit par sa pression, et tout recommence.

Epuisement hydraulique.

La solution pratique de l'application de la force hydraulique à l'exhaure ne saurait se trouver que dans l'emploi d'intermédiaires solides, recevant d'un côté l'action de l'eau motrice, et la transmettant d'autre part au liquide qu'il s'agit d'élever ; il y a donc lieu de distinguer dans cet ensemble l'organe *récepteur* et l'organe *élévateur*. Nous parlerons d'abord du premier organe, en faisant remarquer qu'autrefois on ne connaissait que la *roue en dessus* ; on lui donne un double aubage quand elle est destinée à l'extraction qui exige des changements de marche, ce qui n'est pas le cas pour l'épuisement : le diamètre a été porté à 15 et 18 mètres, mais ces moteurs ne peuvent utiliser des chutes importantes qu'à la condition de fractionner la hauteur en série. La *turbine* s'accommode mieux aux circonstances les plus diverses ; elle se prête à l'utilisation de grandes hauteurs et peut dépenser indifféremment, suivant les dimensions qu'on lui donne, de grandes ou de faibles quantités d'eau.

La *machine à colonne d'eau* est très bien adaptée aux conditions des mines, car elle est propre à dépenser sur les plus grandes hauteurs des volumes d'eau modérés ; on l'installe d'ordinaire à une profondeur importante au-dessous du niveau de la galerie d'écoulement, et, comme elle est allongée suivant la verticale, elle présente une condition favorable pour la solidité des excavations. Amenée par un gros tuyau vertical dans le cylindre, l'eau exerce contre le piston un effort de pression, le soulève jusqu'au bout du cylindre entraînant le poids de la maîtresse-tige ; le conduit qui amenait l'eau motrice est alors fermé et un autre s'ouvre donnant issue au dehors à celle qui se trouve sous le piston, qui redescend en expulsant l'eau qui a produit son effet utile ; puis le même jeu recommence. Une combinaison de petits pistons disposés dans un tuyau latéral et jouant le rôle des soupapes de la machine à vapeur, ouvre et ferme alternativement les conduits servant à l'admission et à l'expulsion de l'eau ; ils sont mis en action par la machine elle-même qui entretient ainsi son propre mouvement. Une machine de ce genre a longtemps fonctionné à la mine de plomb d'Huelgoat, où elle avait été installée par Junker. Des perfectionnements, dans le détail desquels nous n'entrerons pas, ont été apportés ces dernières années à la machine à colonne d'eau. Cet appareil, modifié par M. Davey, de Leeds, fonctionne dans les mines de sel du Mansfeld, où il élève en vingt-quatre heures à 300 mètres de hauteur, 430 mètres cubes de saumure, dont la densité développe une pression d'environ 40 atmosphères ; le rendement approche de 0,60.

Si des récepteurs nous passons aux *élévateurs*, il convient de dire que celui qu'on adjoindra le plus souvent à un récepteur hydraulique sera la pompe ; il existe cependant dans l'industrie d'autres élévateurs qui servent moins dans l'intérieur des mines qu'à leurs abords sur les découverts et dans les ateliers de préparation. Sans nous étendre sur les vis d'Archimède, vis hollandaise, bélier hydraulique, noria, écope, roue à palettes, roue à tympans, roue à godets, zigzags, etc., nous citerons le *chapelet hydraulique*, qui a été employé dans un puits de 70 mètres à Tavistock (Devonshire). Il est formé d'un tuyau de 0^m.10 de diamètre, traversé par l'une des travées d'une chaine sans fin qui porte de mètre en mètre des pistons de cuir ou de gutta (fig. 91). L'une des poulies de renvoi est munie d'un crochet, afin d'éviter le recul ; l'engagement de l'eau s'opère par soulèvement, s'il est possible d'immerger la base de l'appareil sur une hauteur égale à l'intervalle des pistons. On peut aussi procéder par aspiration, le piston forçant l'eau à monter pour le suivre, jusqu'à ce que le suivant vienne couper au pied cette masse liquide, pour la soustraire à l'action barométrique et la soutenir jusqu'au sommet d'une colonne qui pourra d'après cela excéder 10 mètres. On marche à raison de 2 mètres par seconde et le rendement est assez satisfaisant.

Epuisement par le câble.

Lorsque l'entretien d'eau d'une mine n'a pas une grande importance, on évite l'établissement des pompes en se servant de l'appareil d'extraction, et, suivant les cas, de bennes à eau ou de cages à eau guidées, substituées aux bennes d'extraction ou aux cages ordinaires. Lorsque les *bennes* sont employées à des épuisements, la halde doit être pourvue d'un canal d'écoulement ; la manœuvre de ces épuisements se fait d'une manière très commode, à l'aide d'un chariot que l'on pousse sur le puits lorsque la benne est en haut et sur lequel on la fait descendre ensuite : la

benne porte à son fond un clapet avec une tige qui se
lève lorsqu'elle est posée et permet à l'eau de s'écouler. Les *cages à eau* sont des parallélipipèdes construits en bois ou en tôle, munis de roulettes, pour
faciliter leur déplacement sur les rails, et de clapets,
pour l'écoulement de l'eau. La soupape du fond s'ouvre d'elle-même, soulevée par la pression du liquide,
au moment où le mécanicien descend la cage dans le
puisard ; elle se rouvre automatiquement, à la recette
supérieure, par la rencontre de son levier avec un
taquet. L'eau s'élançant en parabole, franchit la petite
distance qui sépare la cage du caniveau préparé aux
abords du puits. Tantôt la cage à eau se substitue
complètement à la cage ordinaire ; tantôt, sans détacher cette dernière du câble, on enlève les planchers
qui la subdivisent en étages et l'on y insère une caisse
à eau. Il est nécessaire de laisser flotter sur la surface
liquide un plancher léger suspendu par quatre chaines
à la partie supérieure du châssis, et qui communique
à l'eau plus de stabilité en évitant les projections
dans le puits.

L'épuisement par le câble présente l'avantage d'é-
viter des mises de fonds considérables, nécessitées
par l'installation des pompes de mines ; mais l'usure
des câbles et de la machine d'extraction pour le service supplémentaire peut être considéré comme formant l'équivalent de l'entretien des pompes. Quant à
la dépense de force motrice, elle diffère peu de l'un à
l'autre des deux modes.

Frais d'épuisement.

Les frais d'épuisement varient dans des limites très
étendues, suivant le système adopté pour l'épuisement, la quantité d'eau à épuiser et la profondeur
d'où elle est puisée. Pour un épuisement de 600 mètres

cubes d'eau extraits à la profondeur de 400 mètres, on peut, par tonne élevée à 100 mètres, ne dépenser que 0 fr. 05 avec une machine d'extraction et des cages guidées, et 0 fr. 03 avec une machine d'épuisement du type à simple effet.

Quant aux *frais de premier établissement* des appareils d'épuisement, ils sont très variables suivant les circonstances : pour les machines d'épuisement à traction directe et à maîtresse-tige, qui sont les plus répandues, on peut compter sur une dépense de 1,000 à 1,500 francs par mètre courant de puits, les pompes, la maîtresse-tige et leurs dépendances représentant une dépense de 400 à 500 francs par mètre, et la machine motrice avec les chaudières faisant le reste.

Nous donnons, d'après M. Pernolet, le détail des dépenses faites pour installer un épuisement de 140 mètres de hauteur à deux jeux foulants de 0ᵐ.36 de diamètre, et un jeu soulevant de 0ᵐ.36 ; le diamètre du piston vapeur est de 1ᵐ.50 et sa course de 3 mètres : la machine est à traction directe.

Bâtiment de la machine.........	11.300 fr.
Cinq chaudières à vapeur avec leur cheminée	32.600 —
Machine à vapeur et accessoires.	39.500 —
Réparation de la colonne du puits, sommiers et guidonnages ; montage de l'ensemble.............	13.600 —
Pompes proprement dites.......	11.800 —
Colonne montante	15.400 —
Bois pour la maîtresse-tige	5.200 —
Ferrures de la maîtresse-tige ...	12.400 —
Contrepoids...................	4.700 —
Divers........................	3.500 —
Total général.....	150.000 fr.

CHAPITRE XIV.

Ventilation et Eclairage.

Atmosphère des mines.

Les moyens d'entretenir dans les mines une atmosphère constamment respirable et de préserver les ouvriers des accidents qui peuvent résulter de la présence des gaz délétères constituent pour l'ingénieur un problème de la plus haute importance ; c'est une des parties de l'art des mines qui ont été le plus améliorées dans ces dernières années. En dehors de la question si capitale d'humanité, on ne doit pas oublier que le point de vue économique trouvera son compte dans les sacrifices faits pour une bonne ventilation, attendu que le rendement du mineur se trouve très étroitement lié aux conditions de l'atmosphère dans le sein de laquelle il travaille. Le problème de l'aérage concerne à la fois la température et la composition chimique de l'atmosphère souterraine. La réglementation de la *température* essentielle au point de vue de la santé, l'est également sous le rapport du rendement ; comme extrême limite, on a pu dans les mines de Comstock, travailler à 47 degrés centigrades ; mais en présence de l'humidité caractérisée, on est obligé d'abandonner avant d'atteindre une aussi haute température. Pendant le percement du Saint-Gothard, on observait 6 à 9 fois plus de vapeur d'eau dans l'atmosphère souterraine qu'à l'extérieur ; très pénible à 25 degrés, cet état de choses devient intolérable, même pour une courte durée, avec une température de 35 degrés. On observe chez les mineurs qui travaillent à de hautes températures l'oppression, la congestion, la respiration brève et rapide chez l'homme, ronflante chez les animaux, les mouvements pesants et sans élasticité, le visage gonflé et empourpré ; comme conséquence, on arrive à l'amaigrissement, aux rhumatismes, aux catharres obstinés ; les ankylostomes ou vers intestinaux se propagent avec la même rapidité que sous les tropiques et conduisent à l'anémie.

Les causes qui tendent à élever la température dans les mines sont les incendies souterrains, le tirage à la poudre, la combustion des lampes, la chaleur vitale des hommes et des chevaux, l'oxydation des pyrites, la présence des sources thermales ou la venue de gaz chauds à proximité des massifs volcaniques, enfin la chaleur centrale du globe qui agit à raison de un degré par 30 mètres de profondeur environ, bien qu'elle soit variable d'un point à l'autre. Comme moyens d'atténuation de ces influences, on peut indiquer la substitution de la lumière électrique aux lampes ordinaires, du bosseyage mécanique au tirage à la poudre, de la perforation mécanique au tirage à la main. A Virginia-City, où les mineurs souffrent beaucoup de la chaleur, on leur descend de la glace pour leur permettre de trouver du soulagement, en usant avec prudence de ce moyen de réfrigération. Mais l'injection incessante de grandes masses d'air reste pratiquement le seul moyen efficace de combattre l'échauffement.

Les causes qui vicient la *composition chimique de l'atmosphère* souterraine sont de deux sortes : la soustraction de l'*oxygène* et l'addition d'éléments nuisibles. La soustraction de l'oxygène a pour effet d'augmenter la teneur en *azote* de l'air et de produire à la longue l'anémie des mineurs ; ce fléau a longtemps étiolé la population souterraine, en abrégeant pour elle la durée de la vie moyenne. Au-delà d'un certain degré, la privation d'oxygène produit une asphyxie dont les effets s'effacent, d'ailleurs, par la seule influence de l'air pur. Il n'y a pas de dégagement spontané d'azote ; mais si l'on vient à pénétrer dans d'anciens travaux abandonnés depuis longtemps et où il y a déjà eu combustion, l'azote occupera, en vertu de sa légèreté, les parties supérieures des excavations. L'azote se trouve encore isolé dans certaines mines où il existe des pyrites en décomposition ; les sulfures se changent en sulfates, absorbent l'oxygène et isolent l'azote : le sulfure de fer est sous ce rapport l'agent le plus actif. Les autres causes qui tendent à diminuer la proportion d'oxygène sont la respiration des hommes et des chevaux, la combustion des lampes, la suroxydation de carbonates, la fermentation des fumiers et des bois de mine. L'azote se manifeste par la couleur rouge de la flamme des lampes qui finissent même par s'éteindre ; il rend la respiration difficile, fait éprouver une pesanteur de tête et des sifflements dans les oreilles. La lampe ordinaire du mineur s'éteint lorsque l'air ne contient plus que 15 p. cent d'oxygène ; c'est aussi à cette proportion de 85 p. cent d'azote que l'asphyxie est déterminée. L'azote, étant plus léger que l'air, est facile à expulser et n'est réellement à craindre que dans les montagnes sans issues supérieures ; il se loge dans les anfractuosités des plafonds et doit être expulsé par la ventilation, aucun réactif n'étant apte à l'absorber.

D'un autre côté, l'atmosphère peut se trouver viciée par l'adjonction de principes étrangers. Citons d'abord à cet égard, les produits mêmes des réactions chimiques dont il vient d'être question, accomplies aux dépens de l'oxygène de l'air ; en second lieu, les fumées de la poudre et de la dynamite ; enfin certains dégagements naturels que nous allons passer en revue. Disons d'abord que la solution consiste à envoyer dans la mine des quantités d'air considérables pour noyer ces produits en les diluant suffisamment.

Parmi les dégagements gazeux qui s'opèrent spontanément hors du massif, le *grisou*, si redoutable dans les mines de houille, est peu à craindre dans les mines qui nous occupent ici ; cependant ce gaz a été rencontré dans des mines de sel. La saline de Szlatina était éclairée au grisou dès 1826 ; on a cité des coups de grisou qui ont eu lieu dans des soufrières en Sicile. Enfin, M. Daubrée a le premier signalé ce gaz dans les minerais de fer pisolitiques de Gundershoffen et de Winckel (Alsace); on l'a trouvé de même dans les mines de fer de la Voulte et d'Exincourt, dans les mines de plomb, de zinc ou de cuivre de Pontpéan (Ille-et-Vilaine), du Grand-Saint-Jean (Giromagny), du Laurium (Attique), de Monté-Cattini (Toscane), d'Outouagon (Lac Supérieur). A Pontpéan, le grisou paraît venir de la profondeur, par des fissures ouvertes à travers le terrain silurien. Cette circonstance tendrait à donner une explication générale de la présence de ce produit dans les gites filoniens, d'une manière indépendante de la nature de la minéralisation, dont ils ont été imprégnés à une époque reculée. On peut admettre aussi, dans d'autres cas, que la présence de vieux bois ou de matières végétales, en décomposition au contact de l'eau, donne lieu à un développement du gaz des marais, capable de provoquer un accident si les mineurs viennent déboucher à feu nu dans des travaux abandonnés.

L'acide carbonique, qui est le produit le plus immédiat et le plus général des travaux de mine, se reconnaît à sa pesanteur ; il occupe toujours les parties inférieures des excavations et son mélange avec l'air se manifeste par les difficultés de la combustion des lampes, dont la flamme contractée éclaire d'autant moins que la proportion d'acide carbonique est plus grande et qui finit par s'éteindre lorsque le mélange est d'un dixième. Sur les mineurs, l'acide carbonique se manifeste par une oppression qui les accable ; du reste, le tempérament et l'habitude font beaucoup varier les proportions du mélange que les hommes peuvent respirer ; certains mineurs peuvent travailler encore lorsque les lumières ont cessé de brûler ; il en est même, dit-on, dont l'habitude est telle qu'ils circulent dans des galeries où il y a plus de 25 pour cent d'acide carbonique. Néanmoins, on doit veiller, sous peine des plus grands dangers, à ce que les lampes puissent brûler partout avec facilité et que sa proportion ne dépasse jamais 5 pour cent ; car ce gaz, que les mineurs appellent *moffette* ou la *touffe*, a les plus grandes tendances à s'isoler en se liquéfiant. L'acide carbonique provient souvent d'anciennes fissures volcaniques, pour les filons situés sur les confins de semblables massifs, comme à la mine de Pranal (Puy-de-Dôme) qui est située non loin de l'ancien volcan de Chalusset ; il arrive même quelquefois avec une température élevée. Il peut aussi se trouver emprisonné dans un massif sous une forte pression et produire la *pousse*, comme disent les mineurs, qui est souvent suffisante pour produire des éboulements. Dans d'autres cas, l'acide carbonique a une origine due à l'attaque des calcaires encaissants par l'acide sulfurique qui résulte de l'oxydation des pyrites. Les incendies souterrains forment aussi une source fréquente de ce gaz ; mais nous n'avons pas à nous en préoccuper pour les mines qui nous occupent dans ce traité. Le préservatif général est la ventilation ; mais on peut pénétrer dans des cavités infestées par l'acide carbonique en y projetant de la chaux en poudre, de l'eau de chaux, de la potasse caustique, dont on forme à la hâte une dissolution que l'on projette dans le travail envahi, des lessives ammoniacales que l'on injecte avec une pompe. On ne doit tenter du reste ces effets qu'avec une extrême prudence ; car l'asphyxie est parfois foudroyante et l'on voit dans certains sauvetages, les mineurs tomber les uns sur les autres, en voulant se porter mutuellement secours.

L'oxyde de carbone n'existe pas à l'état spontané dans les mines et on ne le rencontre guère que dans les mines de houille à la suite des coups de grisou, des coups de poussières et des incendies souterrains.

L'hydrogène sulfuré, que son odeur rend facilement reconnaissable, se rencontre spontanément dans quelques mines ; il peut provenir de sources thermales, de l'altération des pyrites, de la décomposition des fumiers ; il imprègne des calcaires appelés pour cette raison fétides. L'hydrogène sulfuré est très vénéneux ; une proportion de $\frac{1}{250}$ suffit pour tuer un cheval ; sa densité est de 1,2, mais il est plus diffusible que l'acide carbonique.

Les *vapeurs arsénicales et mercurielles*, qui sont produites par les chocs multipliés des outils d'acier contre les minerais riches en mispickel, cinabre ou mercure natif, ne peuvent être combattues que par un aérage vif qui en amène la diffusion et les entraîne au dehors ; il paraît même impossible, quelle que soit la rapidité du courant, d'en éviter tout à fait les effets délétères. On doit donc chercher à en produire le moins possible, employer la poudre pour l'abatage, de préférence aux outils, et placer les coups de mine en dehors des veines apparentes de minerai ; il faut de plus éviter de briser, dans l'intérieur des travaux, les fragments abattus par les coups de mine, enfin réduire la durée des postes des mineurs et les faire alterner avec les ouvriers du jour, pour éviter qu'ils restent trop longtemps sous l'influence de l'air intérieur. A Almaden et Idria, par exemple, on n'a pu, malgré toutes les précautions, éviter l'influence délétère des vapeurs sur un grand nombre de mineurs qui sont atteints de tremblements nerveux et de fièvres dangereuses ; on alterne le plus souvent les travaux souterrains avec ceux de l'agriculture, afin de contrebalancer dans l'organisme ces fatales influences.

Indépendamment des produits gazeux, les mines métalliques recèlent souvent dans leur atmosphère des *poussières* ou pulvérins fâcheux pour la respiration. Les poussiers siliceux des gangues à base de quartz déchirent les tissus des poumons et provoquent des crachements de sang. Certains pulvérins sont en outre toxiques, comme ceux des minéraux de l'arsenic et du cinabre, dont nous venons de parler ; cette influence ressort également pour le plomb et le cuivre des chiffres suivants qui expriment la mortalité moyenne des mineurs de 25 à 65 ans, rapportée à 1.000 :

Mines de fer................................. 1,80
—   d'étain............................ 1,99
—   de plomb 2,50
—   de cuivre 3,17

On a bien imaginé des appareils respiratoires renfermant une éponge mouillée à travers laquelle l'ouvrier doit aspirer l'air qui s'y décharge de ses poussières, mais on rencontre une grande difficulté à y assujettir les hommes, en raison de la fatigue qu'ils en éprouvent.

Volume d'air.

Le premier point à envisager dans la question de la ventilation des mines, est la fixation de la quantité d'air à envoyer dans les travaux ; il règne un assez grand désaccord entre les indications fournies à cet égard, ce qui se comprend si l'on réfléchit à la multiplicité des influences dont dépend cette donnée fondamentale. M. Schondorf admet que l'aérage doit être suffisant pour que la perte en oxygène ne dépasse pas 1.5 % et le développement d'acide carbonique 0,5 % ; il suppose qu'un homme absorbe avec sa lampe 50,5 litres d'oxygène par heure, en dégageant 38 litres d'acide carbonique, tandis qu'un cheval absorbe 100 litres d'oxygène, en développant 90 litres d'acide carbonique. M. Demanet indique 25 mètres cubes d'air par homme et par heure, dont 14 pour l'ouvrier, 7 pour sa lampe et 4 pour combattre les miasmes ; il adopte le triple pour un cheval. En général, dans les mines dont l'atmosphère est peu délétère, on compte par heure 5 mètres cubes d'air frais pour chaque ouvrier et sa lampe ; dans le travail à la poudre, on devra en outre compter 250 mètres cubes d'air par kilogramme de poudre brûlée par 24 heures.

Il est un point essentiel sans lequel les chiffres précédents auraient bien peu de valeur, c'est la nécessité de provoquer un *brassage* du courant qui évitera la tendance marquée du fluide à cheminer par filets parallèles qui ne se mélangent que très difficilement par diffusion ; de plus, l'aérage ne doit pas être trop lent, sans quoi, il y aurait crainte de ramener l'ancienne anémie des mineurs aujourd'hui disparue en grande partie. La *dépression*, c'est à dire l'excès de tension que présente l'air de l'extérieur à l'intérieur, différence qui détermine la mise en mouvement du fluide, ne doit pas être trop forte; comme, dans une mine, le problème à résoudre pour la ventilation est de déplacer le plus grand volume d'air possible, en ne lui donnant que la vitesse strictement nécessaire pour pouvoir être débité par une galerie de section donnée, il n'y a aucun intérêt à produire une dépression supérieure à celle exigée par les résistances à vaincre. La valeur la plus convenable pour la *vitesse* du courant paraît être 0ᵐ.60 par seconde et l'on ne doit pas dépasser 1ᵐ.20.

Il est nécessaire de pouvoir se procurer avec facilité les valeurs du volume, de la dépression et de la vitesse, valeurs qui se réduisent à deux d'après la formule qui ramène l'évaluation du volume à celle de la vitesse; de là, deux classes d'appareils : les anémomètres, destinés aux mesures tachométriques et les manomètres à l'appréciation de la dépression. Ces appareils devront être simples et robustes, puisqu'on aura à les employer dans les galeries souterraines.

Pour mesurer la vitesse du courant d'air, on peut avoir recours à ce procédé : on brise une ampoule d'éther sur une pelle de fer avec un marteau, à la station d'amont; on informe par le bruit le stationnaire d'aval de l'instant du départ du flotteur odorant ; il observe dès lors une montre à secondes jusqu'à l'arrivée de la bulle odorante. On peut aussi avoir recours à l'amadou, dont l'odeur est très caractérisée, ou à la combustion de la poudre allumée sur une pelle et dont la déflagration sert de signal à l'observateur d'aval.

On a généralement recours à l'emploi d'*anémomètres*, qui permettent d'obtenir une précision plus grande. Ces appareils, quels qu'ils soient, auront toujours besoin d'un tarage qui permette d'interpréter,

pour en déduire la valeur numérique de la vitesse en
mètres par seconde, les indications concrètes qu'ils
fournissent : angles, nombre de tours, poids, dénivellations liquides, etc. ; quant au principe fondamental
sur lequel repose la construction des anémomètres, on
en peut distinguer trois, à savoir : le dérangement de
l'équilibre d'un solide, la rotation d'un moulinet et la
dépression d'un liquide. Le premier système se trouve
réalisé dans l'anémomètre de Dickinson (fig. 85), qui
consiste en un petit volet très léger ou une balle de
sureau suspendue à un fil ; ces corps se tiennent dans
une position verticale quand l'air est en repos, et ils
s'en écartent plus ou moins suivant la vitesse du courant. On apprécie la déviation à l'aide d'un arc gradué
que l'on installe lui-même à l'aide d'un fil à plomb.
M. Lechatelier a fait intervenir l'électricité comme
force antagoniste, au moyen d'une feuille de papier,
prise dans une pince verticale et fléchie par le courant
sous un angle que l'on apprécie au moyen d'un arc
gradué.

Les moulinets anémométriques dérivent tous de
celui qui a été imaginé par Woltmann pour les liquides ; l'organe essentiel reproduit la roue des moulins
à vent (fig. 84). Sous l'impulsion du courant, l'arbre
tournant prend une vitesse croissante jusqu'à ce qu'il
s'établisse en équilibre entre la force motrice, variable avec la vitesse de l'air, et les résistances passives
que cette rotation met en jeu ; un compteur sert à
totaliser le nombre de tours effectués pendant un
intervalle de temps que l'on mesure d'autre part, il
est commandé par un embrayage qui permet de ne le
faire entrer en jeu qu'au moment où la vitesse du
régime est régulièrement établie ; on supprime de
même, à la fin, sa connexion avec la roue, avant d'arrêter cette dernière.

Le troisième principe consiste dans l'emploi du tube de Venturi sous la forme perfectionnée d'ajustage convergent-divergent ; on sait qu'il se produit dans son étranglement une succion ou dépression, proportionnelle à la charge motrice, c'est à dire au carré de la vitesse.

Les *manomètres*, employés dans les exploitations souterraines, sont en général les manomètres à réglette mobile (fig. 86) ; l'une des branches du tube en U est effilée et ouverte au jour, tandis que l'autre communique avec l'intérieur par l'intermédiaire d'un accord en caoutchouc et d'un tube de cuivre. Pour faciliter la mesure de la dénivellation, l'on peut, à l'aide d'une vis de rappel, monter ou descendre la règle graduée, de manière à faire affleurer son zéro au niveau inférieur, afin de n'avoir qu'une seule lecture à effectuer dans le plan supérieur ; un petit niveau à bulle d'air permet d'assurer la verticalité de l'appareil. D'autres manomètres sont également employés ; nous citerons le manomètre à aiguille de M. Ochwadt, le manomètre à ménisque de M. Lechatelier, et enfin le mouchard de Mons, perfectionné par M. Touneau.

Les résultats de l'emploi des appareils de mesure doivent être consignés sur un registre spécial, avec toutes les circonstances qui s'y rapportent ; il est intéressant de les établir d'après le principe des cartographes, en donnant aux traits des largeurs proportionnelles aux volumes qui passent dans chaque galerie.

Distribution de l'air dans les travaux.

L'air appelé dans une mine ne saurait être abandonné à lui-même, sans quoi le courant s'ouvrirait un lit par la voie qui lui créerait le moins de résistance, et, en dehors de ce parcours, toute la masse resterait à l'état stagnant. On doit d'abord diriger l'air vers les chantiers principaux et le faire sortir par les voies les moins fréquentées. Si le chemin qui remplit ces conditions est le plus court, il n'est besoin d'aucun artifice pour obliger l'air à le suivre, il prend naturellement les voies les plus directes et les plus faciles. Si, comme cela est le plus ordinaire, ce chemin n'est pas le plus direct, on oblige l'air à le suivre en lui barrant toute autre issue. Les moyens que l'on peut employer à cet effet se rattachent à trois catégories : les portes, les cloisons et les canars.

Les *portes d'aérage* servent à interrompre le courant d'air sur des points qu'il doit cependant rester possible de traverser pour les hommes et les wagonnets ; on les fait avec une solidité d'autant plus grande que leur fonction est plus importante. Les portes sont en général manœuvrées par les hommes qui passent ; quelques-unes sont battantes, et même à doubles battants, quand la galerie est à double voie. Chacun des deux vantaux s'ouvre alors dans le sens de la circulation affectée à la voie correspondante ; dans certaines mines, on a disposé sur les châssis des bandes de caoutchouc qui reçoivent la pression de la porte battante et assurent une fermeture plus étanche. Certaines portes sont munies de guichets que le maître-mineur ouvre plus ou moins pour brider l'air, c'est à dire pour en régler la répartition.

Les *cloisons d'aérage*, qui n'ont d'autre but que de diriger la circulation, peuvent être construites en bois, briques ou remblais, et sans beaucoup de soins, différant en cela des cloisons construites dans les mines grisouteuses ; pourtant, on doit prendre certaines précautions pour les croisements de deux directions. On fait sortir l'une des deux galeries des épontes du gîte, pour qu'elle puisse passer au col de cygne par-dessus l'autre et redescendre plus loin dans la couche ; une telle disposition porte le nom de crossing, et l'on choisit toujours, lorsqu'il faut ainsi courber l'une des deux voies, celle qui présente le moins d'importance.

Le percement d'une longue galerie deviendrait impossible par le manque d'air, si l'on n'arrivait à y conduire l'air par des moyens artificiels ; on emploie de gros tuyaux de tôle, de zinc ou même de carton bitumé, assemblés au moyen d'emboîtements et lutés avec du suif ; c'est ce qu'on appelle les *canars*. Pour forcer l'air à y circuler, on barre la galerie d'arrivée avec une porte et l'on encastre dans son châssis le tuyau qui va déboucher au fond du cul-de-sac ; le mouvement y est déterminé par la dépression de l'aérage général. Si ce procédé est insuffisant, on emploie un ventilateur spécial à bras. On préfère souvent les galandages régnant sur toute la hauteur de la galerie dont elles partagent la section en deux travées très inégales ; la plus petite porte le nom de *carnet* ou *goyot* d'aérage. Cette cloison peut également être horizontale ; le retour d'air s'effectue par-dessous le plancher qui soutient la voie ferrée, et le mouvement est encore facilité par celui de l'eau qui s'écoule dans ce caniveau.

La disposition générale du courant dans l'intérieur de la mine doit être l'objet d'une étude attentive ; les chantiers seront toujours disposés de façon que la *circulation* soit *ascensionnelle*. On fait arriver l'air par le pied du puits le plus creux, et on le développe ensuite de manière qu'il aille toujours en montant, en n'admettant autant que possible aucun parcours de haut en bas, et en le faisant gagner le retour d'air qui sera placé à la partie supérieure. Pour réduire au minimum les résistances s'opposant à la circulation de l'air dans les travaux, on donnera aux galeries la section la plus grande possible, eu égard à toutes les conditions de l'exploitation, et, pour augmenter cette section, qui est nécessairement très limitée, on devra, toutes les fois que les circonstances le permettront, diviser le courant d'air, en le faisant circuler dans un ensemble de deux ou de trois galeries. Si, par exemple, on veut aérer un système de galeries en direction, reliées par des voies montantes, on enverra l'air au front des tailles par l'ensemble des deux galeries inférieures, et l'on prendra pour retour d'air l'ensemble des deux galeries supérieures. Une mesure à recommander également sera de *subdiviser le courant* d'air général en courants partiels entièrement distincts, aérant chacun un quartier différent de la mine, et de volume réglé pour chacun d'eux, au moyen de portes à guichets mobiles, sur l'importance du quartier desservi, la nature plus ou moins délétère de l'atmosphère et les conditions dans lesquelles il doit être exploité ; ces courants partiels ne se réunissant que dans le puits de sortie d'air.

Aérage spontané.

Tout ce que nous avons dit précédemment sur les conditions de l'air dans les mines démontre que, dans tous les cas, il faut arriver à entretenir dans les travaux d'abatage et dans les voies de service un courant d'air assez actif pour amener la diffusion des gaz méphitiques avec l'air atmosphérique, et l'entraînement du mélange avant qu'il ait pu devenir dangereux ; il faut donc qu'il entre constamment dans la mine un volume d'air pur, pour remplacer l'air vicié. La création de ce mouvement constitue l'aérage, qui est le plus souvent artificiel, mais qui peut aussi être spontané ou naturel. Lorsque des travaux souterrains sont à grande section, que les puits sont peu profonds, les galeries droites et surtout peu développées, il se produit presque toujours des courants d'air naturels. Cette circulation naturelle de l'air résulte elle-même de la température constante qui existe dans les mines, tandis que la température extérieure varie dans des limites très éloignées, d'une saison à l'autre, et dans des limites moins distantes, du jour à la nuit. En effet, dans les travaux souterrains, la température des roches s'élève, comme nous l'avons dit, à mesure qu'on descend ; la température des roches est généralement à 50 mètres de profondeur, de 10° à 12°; à 100 mètres, de 13° à 15°; à 200 mètres, de 16° à 18°; à 300 mètres, de 19° à 22° ; à 400 mètres, de 23° à 25°. Il y a, au contraire, abaissement de la température de l'air comparativement à celle de la roche, dans les voies où la circulation est activée soit par un aérage forcé, soit par la circulation qui résulte de la chute des eaux d'infiltration.

En comparant la température souterraine à celle de l'extérieur, qui sera quelquefois de — 15° et — 20° en hiver, de + 20° et + 30° en été, on voit qu'il se présente des cas où les densités de l'air intérieur et extérieur seront tellement différentes qu'il y aura un aérage spontané. Ainsi, il y a tel cas, en hiver, où les densités présenteront des différences de $\frac{1}{5}$, et dès lors il se produira nécessairement des courants vifs tendant à rétablir l'équilibre. En été, l'aérage sera généralement beaucoup plus difficile, et même l'équilibre ou *stagnation* existera dans un grand nombre de cas ; en un mot, la mine se trouvera, pendant quelque temps, sans aérage. C'est donc au moment où l'on aurait besoin d'agir avec un redoublement d'activité que l'on se trouve absolument désarmé ; dans certaines mines, on voit, les jours d'orage, le courant s'arrêter ; l'air devient lourd, les hommes sont pris d'une sorte de faiblesse et la production s'en ressent immédiatement.

Il est actuellement facile de se rendre compte des diverses circonstances que présentera l'aérage spontané, ainsi basé sur les différences de température et sur l'équilibre des densités. Lorsqu'une excavation ou même une série d'excavations ne communiquera avec l'air extérieur que par un seul puits, l'air froid de l'extérieur descendra en hiver en suivant l'axe de ce puits, tandis que l'air chaud de l'intérieur s'élèvera en suivant les parois. Dans les galeries, l'air chaud suivra le faîte des excavations et l'air froid en rasera le sol. En été, les courants seront très faibles et n'auront lieu que dans les moments du jour et de la nuit où il y aura à l'extérieur une température moins élevée qu'à l'intérieur ; il y aura stagnation complète lorsque la différence sera nulle ou qu'elle aura lieu en sens inverse, c'est à dire lorsque l'air intérieur sera le plus dense.

Si les travaux communiquent à l'extérieur par deux orifices et que ces deux orifices soient absolument dans les mêmes conditions de section, de niveau et d'exposition, les phénomènes seront les mêmes que précédemment ; mais ils changeront aussitôt qu'il y aura quelqu'une de ces différences entre les orifices. S'il y a seulement différence de section sans qu'il y ait différence de niveau, l'air froid descendra par l'orifice à grande section et l'air chaud s'élèvera par celui dont la section sera plus petite. Un courant inverse pourra se produire en été, mais faiblement ; en effet, l'air extérieur étant le moins dense et ayant un accès plus libre dans la plus grande des deux excavations, l'air pourrait être un peu plus léger dans celle-ci que dans l'autre. Mais si les deux orifices, puits ou galeries, débouchent à un niveau différent, il y aura presque toujours mouvement. En hiver, l'air extérieur étant le plus dense, entrera par l'orifice dont le niveau est le plus bas et sur lequel il y a par conséquent une pression plus considérable; cet air sortira suréchauffé par l'orifice dont le niveau est le plus élevé. Le courant inverse aura lieu en été, lorsque ce sera l'air intérieur qui sera le plus dense, parce que la colonne la plus élevée de cet air ne pourra être équilibrée par celle de l'orifice dont le niveau est inférieur. Ce n'est que dans les moments de transition de température, vers les équinoxes, par exemple, qu'il y aura indécision des courants et même stagnation de l'aérage spontané.

Enfin l'exposition des orifices peut encore avoir une influence notable sur l'aérage spontané, et cette influence peut aller elle-même jusqu'à *renverser* la direction naturelle des courants. Il peut arriver, par exemple, qu'une galerie aboutissant dans une vallée froide communique avec un puits placé au contraire sur un plateau exposé aux rayons solaires, et que dès lors, été comme hiver, le courant d'air sorte par le puits. Le vent exerce aussi de l'influence, l'orifice d'une galerie pouvant être exposée de manière à recevoir les vents les plus fréquents suivant son axe; on augmente même dans beaucoup de cas cette influence du vent en plaçant à l'orifice des puits d'entrée et de sortie de l'air, des manchons mobiles qu'on oriente à volonté et qu'on dispose de manière à faciliter les courants.

On a essayé d'activer l'aérage naturel, en développant sa cause essentielle, qui est la différence de ni-

veau des débouchés. Il suffit pour cela, de surmonter
le puits le plus élevé d'une *cheminée d'aérage*, qui
en reporte l'orifice à une plus grande hauteur. Quelques-unes de ces constructions dépassent 50 mètres;
mais il est clair que ce moyen présente l'inconvénient
de condamner absolument le puits à ne servir que de
voie d'air, sans qu'il soit possible d'y installer aucun
service : il est, en outre, facile de se rendre compte du
peu d'efficacité de ce procédé, à mettre en parallèle
avec les frais et les embarras dont il est l'occasion.

Ces considérations montrent que l'aérage naturel
présente moins de chances de régularité et d'efficacité
que la ventilation artificielle ; ce principe présente évidemment, sur tous les autres, l'avantage de l'économie ; mais cette considération, malgré son importance
incontestable, doit s'effacer, quand il y a lieu, devant
celle de la sécurité.

Foyers d'aérage.

L'aérage spontané des mines ne sera donc plus suffisant lorsque les travaux souterrains seront profonds,
développés, sinueux, à petite section, et surtout lorsqu'il se produit une proportion notable de gaz délétères. Pour entretenir l'air respirable et propre à
l'éclairage, il devient indispensable de recourir à la
ventilation artificielle. L'aérage naturel étant fondé
sur une différence de température, on s'est trouvé lo-
giquement amené à le produire d'une manière artificielle à l'aide d'un foyer, c'est à dire que les travaux
souterrains étant mis en communication avec l'extérieur par deux orifices, il suffit de produire dans l'un
d'eux une diminution ou une augmentation de densité
pour déterminer un courant ascendant ou descendant,
de sorte que l'air appelé par un des orifices puisse

être distribué dans les travaux avant de sortir par l'autre. Les procédés de dilatation de l'air sont très employés ; en effet, si l'on dispose dans un des puits un foyer devant puiser de l'intérieur l'air nécessaire à sa combustion, il produira un appel de l'air vers le point où il sera placé ; en outre, l'échauffement de la colonne d'air, qui traversera ou touchera le foyer, ajoutera encore à ce mouvement d'appel, et le courant déterminé sera d'autant plus énergique que le foyer sera plus puissant. Ces foyers peuvent être combinés de manière à venir en aide à l'aérage naturel ; on peut à volonté les activer ou les ralentir, et même ne les faire fonctionner que dans les saisons défavorables.

On appelait autrefois *toque-feu*, une corbeille métallique remplie de combustible incandescent et suspendue à une chaîne enroulée sur le tambour d'un treuil, de telle sorte qu'on peut la placer au niveau qu'on juge le plus convenable ; quand le combustible était à peu près consumé, on remontait le toque-feu pour le charger et le redescendre en place. Mais cette disposition est irrationnelle, parce que la place la plus avantageuse pour le foyer est évidemment la partie inférieure du puits d'aérage, afin que le mouvement se produise dans toute la hauteur du puits comme dans une cheminée. Il est donc plus utile d'établir vers la base du puits, et dans une galerie spéciale, une grille horizontale disposée de manière à appeler l'air intérieur et à jeter dans le puits l'air chaud et les gaz de la combustion. Si cette galerie est une voie de roulage, on place le foyer dans un conduit latéral aboutissant également au bas du puits et on ferme, par deux portes d'aérage, le prolongement de la galerie au-delà de la prise d'air.

L'effet des foyers croit avec la profondeur à laquelle ils sont installés et l'écart des températures qu'ils produisent, mais dans une proportion de plus en plus petite, à mesure que s'élève la température produite par le foyer. Dans la pratique, l'élévation de température ne dépasse pas en général 40°, et les *dépressions* maxima obtenues dans ces conditions croissent, comme l'indique le tableau ci-dessous, avec la profondeur à laquelle le foyer est établi dans le puits de sortie d'air :

Profondeur à laquelle est établi le foyer.	Dépression produite en millimètres d'eau.	Profondeur à laquelle est établi le foyer.	Dépression produite en millimètres d'eau.
mètres.	millimètres.	mètres.	millimètres.
10	01.4	600	84.0
100	14.0	700	98.0
200	28.0	800	112.0
300	42.0	900	126.0
400	56.0	1.000	140.0
500	70.0	1.500	215.0

Ces dépressions représentent le maximum d'effet des foyers pour une profondeur donnée, mais les pertes de charge font qu'en réalité l'effet utile se tient bien au-dessous de ce maximum.

Les foyers d'aérage sont plus sujets aux dérangements ; de plus, si une avarie vient à se produire, la chaleur emmagasinée dans les parois du foyer et du puits suffit à entretenir pendant un certain temps une ventilation efficace. Il n'oblige pas d'une manière absolue à fermer un puits, et on peut, à la rigueur, y installer un service d'extraction avec câbles, cages et guidonnages entièrement métalliques ; mais ce serait la combinaison la plus vicieuse d'y établir l'épuisement, qui refroidit beaucoup le puits. A côté de ces *avantages*, on peut reprocher aux foyers les *inconvé-*

nients suivants : d'abord leur effet n'est pas certain et géométrique ; il dépend dans une large mesure de l'hygrométricité de l'air, l'influence de la vapeur d'eau tendant à abaisser la température. Il est souvent entravé par l'humidité des puits d'aérage, dont le revêtement doit être soigneusement surveillé pour empêcher les infiltrations de s'y produire. Leur emplacement au fond de la mine en rend l'accès difficile quand il s'agit d'en rétablir le courant après un accident, éboulement ou autre sinistre. Enfin, lorsque la dépression à produire pour faire circuler depuis l'orifice d'entrée jusqu'au foyer le volume d'air exigé par les travaux est égale au poids d'une colonne d'air à la température ordinaire, ayant pour hauteur la profondeur du puits de sortie, les foyers cessent de produire aucun effet. Or, on sait qu'à la température de 10°, qui peut être admise comme la température moyenne de l'air dans les puits d'entrée d'air, le poids de la colonne d'air contenue dans un puits est de 1 kil. 252 par mètre carré de section et mètre courant de profondeur.

Moyens divers d'aérage.

On a employé, pour des travaux préparatoires, les *cheminées* extérieures des *chaudières à vapeur*, en vue de déterminer un tirage dans la mine ; ce moyen, intéressant dans ce cas spécial, serait évidemment trop coûteux comme solution normale de l'aérage. On a fait usage de *calorifères* à air chaud ou à vapeur, mais l'expérience n'a pas sanctionné cette tentative. On a obtenu un autre emploi de la *vapeur* en l'injectant au pied du puits de sortie, pour y déterminer un tirage, à peu près comme dans les cheminées de locomotives. Ce principe, déjà ancien, n'a reçu de réelle

efficacité que par l'introduction des appareils à aju-
tages, tels que l'injecteur Kœrting ; il est loin d'être
économique en général, mais il peut le devenir lorsqu'il s'agit de vapeurs perdues après qu'elles ont accompli leur office spécial.

Le même principe peut être appliqué au moyen de
l'*air comprimé* si la mine est munie de compresseurs.
L'injection de l'air comprimé par la simple ouverture
des robinets de la tuyauterie des compresseurs a été
utilement employée pour assainir l'avancement d'une
galerie en percement ; soit avant les coups de mine,
pour refouler au loin l'atmosphère grisouteuse en la
remplaçant par de l'air pur, soit après le tirage, afin
d'activer l'évacuation des fumées. Mais on ne doit
considérer ce mode de ventilation que comme une ressource accidentelle.

On a essayé de profiter de l'influence du vent et spécialement de sa composante verticale au moyen de
manches à vent analogues à celles qui servent à ven-
tiler la soute des navires. Ce moyen économique pourrait suffire pour un fonçage, mais il deviendra insuffisant dès que l'exploitation prendra un peu de développement en étendue et en profondeur ; en outre ce
mode d'aérage ne fonctionne pas pendant les calmes.

La chûte de l'eau en forme de *pluie artificielle*
constitue un moyen assez puissant d'aérage ; les suintements qui se produisent à la circonférence d'un
puits en fonçage y déterminent une aération naturelle,
entrant comme une gaîne suivant ce périmètre, et revenant du fond en colonne centrale. Autrefois l'injection de l'eau dans les puits de mine placés en relation
avec une galerie d'écoulement, était un procédé de
ventilation fréquemment employé pour des travaux
de faible développement ; mais aujourd'hui on restreint le rôle efficace de cette méthode au cas d'un sau-

vetage. Un bassin de retenue préparé à l'avance permet de déterminer une pluie artificielle qui entraîne
dans les travaux un courant d'air bienfaisant.

Ventilateurs.

Les ventilateurs de mines s'installent au débouché
d'un puits ou d'une galerie ; on y établit une *fermeture* ne permettant la communication de l'intérieur
avec l'extérieur qu'à travers le mécanisme. Les ferme-
tures sont mobiles pour les puits d'extraction servant
à l'introduction de l'air envoyé par un ventilateur
foulant, et c'est la cage qui enlève ces obturateurs sur
son toit au moment de la sortie pour leur substituer
son propre plancher. Les obturateurs fixes sont habituellement à fermeture hydraulique consistant en une
cloche métallique équilibrée presque exactement par
des poids suspendus à des chaines passant sur des
poulies.

Il faut distinguer dans l'appareil d'aérage l'opérateur proprement dit, chargé d'agir directement sur
l'air et le *moteur d'aérage*, destiné à l'actionner lui-
même. Le moteur des appareils de ventilation peut
être quelconque et se rapproche ordinairement des
types usuels de l'industrie. Tant qu'on ne dépasse pas
40 à 60 tours par minute, on peut faire attaquer directement l'arbre du ventilateur par la machine motrice ;
au-delà il sera plus sûr et plus économique d'entretien d'employer une transmission de mouvement par
poulies et courroie. Le moteur d'aérage le plus simple
est à un seul cylindre horizontal, et il est d'une bonne
précaution d'avoir deux machines distinctes, dont
l'une puisse remplacer l'autre périodiquement et surtout en cas d'avarie ; on doit s'attacher à n'adopter
que les dispositions qui permettent le graissage eu

pleine marche, car un arrêt même très court est toujours préjudiciable pour ce genre de service.

Sous le rapport du fonctionnement, il faut distinguer les ventilateurs soufflants et les ventilateurs aspirants. Les ventilateurs soufflants exigent théoriquement un peu moins de travail que les seconds pour faire passer une même masse d'air, mais on donne la préférence aux ventilateurs aspirants qui envoient l'air frais au pied du puits le plus creux et s'installent sur le puits de sortie de l'air en laissant libre l'orifice du puits le plus profond, c'est à dire celui d'extraction. Au contraire, les ventilateurs soufflants installés sur le puits d'entrée de l'air, exigent une fermeture mobile de ce puits, et il en résulte des inconvénients pour une extraction active et des pertes d'air.

Dans certains cas il peut être intéressant de changer à volonté le sens du courant, c'est à dire de transformer le ventilateur aspirant en un appareil soufflant ou réciproquement ; certains ventilateurs sont constitués de telle sorte, qu'il suffit pour cela de renverser le sens de leur rotation ; ils sont dits *réversibles ;* d'autres au contraire ne peuvent tourner dans les deux sens. Cependant tous peuvent remplir alternativement l'une ou l'autre fonction, au moyen d'un simple jeu de portes d'aérage.

Indépendamment des grands engins destinés à produire l'aérage général, sous l'action d'un moteur à vapeur, on est conduit parfois à employer des *ventilateurs à bras*, dont la manivelle est actionnée par des manœuvres. Ces appareils sont destinés à l'aérage des culs-de-sac, au moyen de canards qui font communiquer la galerie du circuit principal avec le front de taille ; il y a lieu de préférer les ventilateurs à bras soufflants, la force vive de l'air qui débouche du canard et s'épanouit dans le cul-de-sac est alors mieux utilisée.

M. Murgue, dont les travaux ont jeté beaucoup de lumière sur la ventilation, partage l'ensemble des ventilateurs en deux classes qu'il appelle *volumogènes* et *déprimogènes*. Dans les premiers, une série de cloisons mobiles vient découper l'atmosphère de la mine en tranches, qu'elles emprisonnent dans les compartiments compris entre elles et un coursier fixe ; puis elles les poussent le long de ce coursier et finissent par les rejeter au dehors. Le vide laissé derrière elle par chaque tranche se trouve naturellement comblé par l'air adjacent et celui-ci à son tour est remplacé de proche en proche aux dépens de l'atmosphère extérieure, qui est ainsi appelée à s'engouffrer dans le puits d'entrée. Le mouvement du fluide prend naissance et il s'ensuit un certain degré de vide aux abords du ventilateur, qui a pour fonction d'engendrer un volume, et, comme conséquence indirecte, une dépression. De là l'expression de volumogène. Au contraire, dans les ventilateurs déprimogènes, la communication peut rester continue entre la mine et l'extérieur au lieu d'être fermée par les palettes qui interceptent le passage ; mais le milieu gazeux est troublé dans son équilibre par les mouvements du mécanisme, qui ont pour résultat de les brasser énergiquement ; il prend une certaine gradation de tension, dont le dernier terme est encore la pression de l'atmosphère extérieure, dans laquelle il déverse le courant. La dépression ainsi créée à l'autre bout détermine un appel dans les régions qui l'avoisinent et par suite un écoulement continu ; le ventilateur produit donc directement de la dépression et celle-ci à son tour engendre comme conséquence un certain débit en volume. De là le nom de déprimogène.

Nous parlerons d'abord des ventilateurs volumogènes, qui ont donné lieu à un grand nombre de modèles, dont nous ne décrirons ici que les plus répandus. Le *ventilateur Fabry* se compose de deux roues d'engrenages à trois dents, tournant dans un coursier fermé latéralement par deux bajoyers : chaque roue est composée de trois volets engrenés de telle sorte qu'il y en a toujours deux en contact qui ferment la communication avec le conduit d'air de la mine, tandis que deux autres, joignant les parois et les bajoyers du coursier, ferment toute communication avec l'air extérieur. Les surfaces de contact des roues sont garnies de cuir ou de feutre, et des bandes clouées sur les extrémités des volets tangentes au coursier et aux bajoyers établissent un joint suffisant pour éviter les rentrées d'air. On n'a d'espace nuisible que celui qui se trouve rabattu au centre par les volets en contact, ce qui a conduit dans quelques appareils à remplacer par des cloisons les espaces angulaires des plans de contact. Le ventilateur Fabry est directement réversible et devient un appareil foulant si l'on fait tourner les roues de manière qu'elles se rapprochent par le bas. Le diamètre ne dépasse pas 3ᵐ50 pour chaque roue, la vitesse 25 tours par seconde, le débit 10 à 15 mètres cubes par seconde et la dépression 0ᵐ04 à 0ᵐ06 d'eau ; le rendement est d'environ 0,40.

Le *ventilateur Lemielle* est une pompe rotative dont la construction se prête bien aux grands débits ; un tambour tourne autour d'un axe vertical fixe et dont la partie moyenne est excentrée sous forme de manivelle. Ce tambour hexagonal à surface pleine porte trois volets à charnières, symétriquement disposés et dont les positions ouvertes ou fermées sont réglées, pour chaque volet, au moyen de deux bielles fixées sur la partie excentrée de l'arbre. Le tambour étant mis en mouvement, la disposition des volets dans le coursier permet d'établir une fermeture conslante entre les deux conduits d'air et chaque passage de volet fournit un débit représenté par la capacité de la partie comprise entre le tambour et le coursier. Ce ventilateur se construit avec cuves de 7^m de diamètre sur 5 de hauteur, les volets ayant 5^m sur 2^{m}50, soit 12 mètres carrés de surface. Les joints du tambour avec le sol et le plafond de la cuve sont hydrauliques, et l'on a pu obtenir des débits de 30 à 40 mètres cubes sous des dépressions de 0^{m}10 d'eau.

Les *ventilateurs à piston* ne sont autre chose que des machines pneumatiques construites sur le modèle des machines soufflantes. L'origine de ces appareils remonte au ventilateur du Hartz, décrit par Héron de Villefosse et composé d'un tonneau mobile renversé dans un tonneau fixe en partie rempli d'eau. Un mouvement alternatif, imprimé au tonneau renversé, aspire une certaine quantité d'air en montant et l'expulse en descendant ; deux clapets, l'un posé sur le tonneau mobile et l'autre sur le tuyau qui conduit des chantiers à aérer au-dessus de l'eau du tonneau fixe, suffisent pour déterminer le courant d'aérage. De nombreuses tentatives ont été faites pour construire des ventilateurs à piston, mais les essais ont échoué généralement contre les difficultés que présente la construction des clapets. Dans les appareils Mahaux et Nixon, ceux qui ont été le plus près du succès, les pistons marchent horizontalement et les surfaces verticales qui forment les fonds sont couvertes de clapets multiples (fig. 97). M. Nixon a construit plusieurs appareils dont les pistons sont mis en mouvement par des manivelles, de manière à les activer par des machines à rotation ; mais dans ce cas les courses deviennent trop courtes, les influences des clapets à mettre en mouvement et celle des espaces nuisibles sont alors d'autant plus désavantageuses. En résumé,

19.

les appareils à piston doivent être réservés au cas où l'on aurait besoin de pressions ou dépressions plus considérables que celles qui sont jusqu'à présent nécessaires pour l'aérage des mines.

Les *cloches hydrauliques*, d'invention fort ancienne, sont encore représentées aujourd'hui par le ventilateur Struvé, qui consiste en une sorte de gazomètre plongeant dans l'eau qui forme fermeture étanche ; la choche s'élève et s'abaisse alternativement, en déterminant le jeu de nombreux clapets.

La *vis hydropneumatique* Guibal (fig. 98) emploie également comme fermeture un bain liquide sur une partie de la circonférence ; c'est une vis hollandaise couchée horizontalement. Le fluide s'y trouve porté d'un bout à l'autre du coursier et un retour d'eau lui permet de revenir au point de départ. Cette vis, construite une seule fois, croyons-nous, faisait 16 tours par minute, ayant un diamètre de 5 mètres à l'extérieur des spires et une longueur du pas de 2^m40 ; le volume engendré était de $11^{m3}300$, avec une dépression de 0^m039.

Nous passerons aux ventilateurs *déprimogènes*, qu'on divise en ventilateurs à *force centrifuge* et en ventilateurs à *action oblique*. Les ventilateurs à force centrifuge se présentent comme les plus aptes à satisfaire aux conditions de débiter de grands volumes d'air sous des pressions peu considérables ; ils consistent en une roue de forme cylindrique qui tourne autour d'un axe vertical ou plus souvent horizontal, parallèle aux génératrices de ses palettes ; celles-ci, en agissant sur les molécules d'air, leur impriment un mouvement dont les trajectoires les écartent du centre. Il en résulte que cette région centrale se trouverait peu à peu vidée d'air, si la pression de l'atmosphère qui environne le ventilateur ne s'opposait à cette extrac-

tion illimitée et ne provoquait un antagonisme qui
tend à refouler le fluide, en assignant une limite à
cette raréfaction. De là un équilibre qui, s'il avait une
fois pris naissance, persisterait autant que le régime
de la rotation ; mais on a soin d'ouvrir à travers l'une
des joues de la roue un orifice central appelé ouïe, que
l'on fait communiquer avec l'intérieur de la mine. Dès
lors l'air de cette région se précipitera par cette ouverture dans le déprimogène, où règne une tension moindre et d'où il se trouvera successivement expulsé en
donnant naissance à un courant continu. M. Guibal a
donné un caractère plus complet à ces ventilateurs :
il a démontré que la section de l'orifice de sortie devait varier avec la vitesse des ailes et il a complété
l'appareil par une vanne mobile ; il y a ajouté en outre
une cheminée à section croissante, de telle sorte que le
courant d'air lancé avec une grande vitesse, perd graduellement cette vitesse dans la cheminée et est débité
à l'extérieur sans les contractions et les remous qui
peuvent faire perdre une grande partie de l'effet utile.
Les palettes, disposées autour d'une armure polygo-
nale, sont courbées de manière à abandonner la veine
d'air sans la briser. Le ventilateur Guibal se construit
sur un diamètre de 7 à 14 mètres ; le Guibal de 14 mètres fait 50 tours, avec des vitesses à la jante de 35 mètres, tandis que celui de 7 mètres fait 120 tours avec
une vitesse de 38 mètres. Le débit, dans des cas exceptionnels, approche de 100 mètres cubes d'air par seconde et la dépression de 0^m20 d'eau.

Le *ventilateur Harzé* est horizontal, avec axe vertical ; il se compose de deux couronnes reliées entre
elles par des ailes courbes inclinées à 45 degrés. L'air
est reçu à la sortie dans un diffusoir composé d'une
couronne formée de deux parois horizontales entre
lesquelles des ailes immobiles et recourbées redressent

l'échappement de l'air dans le sens des rayons. Ces ailes directrices favorisent l'extraction de la force vive de l'air par l'épanouissement des veines fluides dans des sections croissantes. On doit adjoindre à cette nomenclature, d'après des nuances que nous ne nous arrêterons pas à détailler, de nombreux systèmes, tels que ceux de Audemar, Bourdon, Farcot, Nasmith, Reichenbach, etc.

Les ventilateurs à impulsion oblique sont des *ventilateurs hélicoïdaux*. Imaginons que les palettes planes du ventilateur à force centrifuge, au lieu de rester dans des plans méridiens, se placent obliquement par rapport à celui de la roue. La force normale qu'elles exercent sur la molécule d'air placée à leur contact, se décomposera sur deux autres ; l'une d'elles, dirigée dans ce plan, reproduira des influences plus ou moins analogues aux précédentes, et la seconde déterminera un courant longitudinal parallèle à l'axe de rotation. Le principe de l'action oblique a été réalisé dans les vis pneumatiques de Motte, de Pasquet, dans les ventilateurs hélicoïdaux de Davaine, de Lesoinne et de Pelzer ; ces types n'ont pas pris jusqu'ici beaucoup d'importance dans les mines.

Eclairage.

L'éclairage des mines, réduit aux conditions ordinaires des mines métalliques, est en général fort simple, vu l'absence presque absolue du grisou. Quelques mines du Nord étaient autrefois éclairées à l'aide de *torches de sapin*, qu'un gamin renouvelait successivement. L'emploi de la *chandelle* de suif s'est perpétué pendant des siècles, et l'on en trouve encore des exemples ; on les appelait chandelles à la baguette et on les fixait dans un bougeoir de fer muni d'un man-

che pointu qui pouvait se fixer dans les bois de soutènement ou dans les fentes de la roche. Parfois une pe-
lote de terre glaise sert à la tenir à la main ou à la
coller à la paroi. On porte encore la chandelle au front
dans une gaine qu'une courroie de cuir attache autour
de la tête ; de cette manière, le mineur éclaire de plus
haut sa marche, sans avoir la vue éblouie par l'inter-
position de la flamme entre les yeux et le sol. Il entre
environ 200 chandelles par kilogramme et les ouvriers
consomment 15 à 20 grammes de suif par heure ; mais
les bouts ne peuvent être facilement consumés et l'on
est obligé de les refondre. De plus, ce mode de combustion, que les courants d'air activent beaucoup, devient dans certains cas extrêmement gênant.

Le mode d'éclairage le plus usité est l'emploi de
l'huile ; les conditions de construction auxquelles satisfont d'ailleurs beaucoup de formes de *lampes*, sont
d'être portatives, solides et de ne pas laisser échapper
d'huile, quelle que soit leur position et lors même
qu'on les fait tomber : enfin d'avoir assez de capacité
pour contenir de l'huile pour la durée du poste. Les
Romains se servaient de lampes en terre cuite ou en
métal ; ces dernières, moins fragiles, sont seules usitées aujourd'hui. On les porte pendant la marche
à l'aide d'une anse assez longue pour ne pas brûler la
main ; elles sont munies d'un crochet et d'une pointe
qui servent à les fixer aux parois ; on leur adapte à
l'aide d'une chaînette de retenue une mouchette qui
est passée dans un petit fourneau. La forme la plus ordinaire est celle d'un ellipsoïde très aplati, horizontalement suspendu à une fourchette qui tient elle-même
le crochet (fig. 95). La mèche est ronde, trempe directement dans l'huile et passe avec frottement à travers
un porte-mèche fixe. On emploie aussi une forme pris-
matique de peu de hauteur, ou un tronc de cône sur

un cylindre porté horizontalement à l'aide d'une sorte
de poignard que l'ouvrier peut piquer dans les bois de
soutènement ou passer dans une gaine fixée à son chapeau (fig. 96), ce qui lui laisse les mains libres pour
la manœuvre des échelles. La lampe de certaines mines
du Hartz rappelle la forme des lampes antiques en
terre cuite qui veillaient près des tombeaux ; celle de
Saxe a la forme d'une petite lanterne. D'autres formes
sont de tradition ailleurs, également acceptables.
L'huile est souvent laissée aux mineurs en compte ; ils
ont alors à s'éclairer à leurs frais, et, dans ce cas, la
consommation peut s'abaisser à 10 grammes par heure,
tandis qu'elle atteint autrement 15 et 20 grammes.

Indépendamment des lampes portatives, on allume
un certain nombre de *feux fixes,* munis de réflecteurs
et placés en des points importants tels que les recettes, certains croisements, les tronçons de galeries voisins des accrochages. Dans quelques mines, exploitées à l'aide d'un quinconce de galeries rectilignes, le
réseau entier des voies de circulation est éclairé à
l'aide de feux fixes, afin de dispenser les porteurs à
dos de tenir une lampe, en leur permettant de s'appuyer des deux mains sur deux courtes béquilles.

Pour le service du carreau du puits et des haldes à
l'extérieur, on a recours quelquefois à des *torches*
portatives à l'huile, afin de percer l'obscurité avec
plus de puissance. Un tube métallique se termine
par un renflement en pomme d'arrosoir, rempli de
chiffons qui retiennent par capillarité l'huile qui brûle
au dehors, à travers les trous ; quand la flamme
baisse par manque d'aliments, on renverse un instant
la torche pour ramener sur les chiffons l'huile qui
s'est peu à peu ramassée au fond du tube.

On a appliqué *l'éclairage au gaz,* fabriqué à l'aide
de cornues installées au jour et même au fond, bien

que cette dernière combinaison soit défectueuse. Les
ardoisières d'Angers ont eu leurs immenses chambres
souterraines éclairées ainsi et l'unité d'intensité, équi-
valente au bec Carcel, y revenait à 0 fr. 034 par heure.

L'emploi de la *lumière électrique* a trouvé depuis
longtemps des partisans éminents ; mais on peut
reprocher à ce mode d'éclairage sa trop grande intensité, qui éblouit la vue et la rend incapable de distinguer les détails, dans des ombres absolument noires ;
en outre, l'assujettissement des appareils et des fils
conducteurs paraît difficilement conciliable avec les
nécessités du service ; du reste un système de feux
fixes ne saurait pas dispenser de la lampe portative
mise à la disposition de chaque homme. La lumière
électrique est appliquée entre autres aux mines de sel
de Chester, aux mines de Zankeroda (Saxe), de Ernst-
schacht (Mansfeld), et aux carrières souterraines
d'Angers ; ce dernier exemple offre un grand intérêt,
parce que la lumière électrique y remplit son rôle
véritable, qui est de percer l'obscurité des vastes
cavités souterraines, de même que celle de la nuit
pour les grands travaux à ciel ouvert. Dans ces ardoisières, de deux à trois mille mètres carrés, que la
roche schisteuse recouvre en forme de voûte, la lumière des lampes était tout à fait impuissante à illu-
miner une pareille hauteur ; déjà l'éclairage du gaz
avait constitué une réelle amélioration, mais la lumière électrique, plus fixe que celle du gaz, ne risque
pas de s'éteindre par les coups de mine et ne donne
ni fumée, ni produits délétères. La lampe employée est
du système Serrier, ayant l'intensité de 300 becs Carcel et chaque unité photométrique revient à 0 fr. 0057.

Il est utile, dans les exploitations bien organisées,
que chaque ouvrier prenne sa lampe à la *lampisterie* ;
chaque lampe porte un numéro d'ordre. Le même

numéro est frappé sur une fiche métallique; il figure en
outre sur un tableau fixé au mur et portant des crochets de suspension. A chaque homme est affecté un
de ces numéros, dont on tient avec le plus grand soin
un livre spécial. De cette manière, les fiches du tableau
indiquent avec certitude la descente des hommes.

CHAPITRE XV.

Circulation des Ouvriers.

Le mode d'introduction des ouvriers dans les travaux et la circulation varient avec la profondeur, la
disposition du gîte et la plus ou moins grande importance du personnel occupé. Dans la *circulation intérieure*, pour monter de la voie de fond dans les tailles, on emploie des bures ou cheminées, boisées en
carré avec des bois très rapprochés ; on y monte en
s'arc-boutant des pieds et du dos, contre les parois
opposées et en s'aidant des coudes sur les parois latérales. On facilite cette manœuvre très fatigante en
cloisonnant les *cheminées* avec des planchers horizontaux disposés de mètre en mètre, de manière à
recouvrir seulement la moitié de la section ; on les
dévie chaque fois, d'un angle droit, de manière à former une sorte d'escalier tournant. On emploie aussi
de simples échelles de cordes, mais plus souvent
encore des échelles de bois. S'il ne s'agit que de faciliter la descente, en réservant la question de la montée, on dispose côte à côte deux longuerines de bois
poli ; le mineur couché sur le dos se laisse glisser en
modérant sa vitesse à l'aide d'une main-courante en
corde qu'il serre avec un gant.

Lorsque la profondeur et la configuration topographique le permettent, il est préférable d'établir des *fendues*, ou galeries inclinées ; il est possible de racheter par cette méthode de grandes différences de niveau. Si la pente de la fendue devient trop inclinée, on assure le pied des hommes en garnissant la sole de rondins placés en travers. Ces ouvrages doivent avoir une hauteur suffisante pour que les mineurs n'aient pas à se courber en circulant, car la descente deviendrait alors trop pénible. Les fendues sont souvent disposées en vue de la commodité de l'installation suivant une ligne à double courbure. Ce principe est employé dans les travaux chinois pour fournir un moyen d'extraction tout à fait barbare, dans lequel de petits chariots sont traînés sur ces pentes plus ou moins hélicoïdales, du fond jusqu'au jour. Dans quelques mines, on a établi dans ces conditions de véritables escaliers, tournants ou rectilignes ; il existe un escalier de 900 marches à Valdonne et un autre de 1.000 marches à Gréasque (Bouches-du-Rhône). La mine de sel de Wieliczka (Pologne) possède une belle vis en maçonnerie de 86 mètres de hauteur ; le Dr G. Lebon nous apprend que les Arabes ont construit en Égypte un escalier tournant de 88 mètres dans le puits de Joseph, qui présente 8 mètres de diamètre sur une partie de sa hauteur. Dans la mine de Sala (Suède), on descend jusqu'à 170 mètres avec des escaliers, et dans les vieux travaux de l'Allerheiligen Gang, à Schemnitz, se voit un escalier tournant percé à la pointerolle et formé de quatre rampes disposées à angle droit l'une à la suite de l'autre.

Le moyen de circulation le plus employé pendant des siècles, a été l'emploi des *échelles* dans des puits spéciaux ou dans des puits d'extraction, dès que la pente dépasse 45 degrés. Aujourd'hui encore, on établit dans un certain nombre de puits des répétitions d'échelles pour assurer la sortie du personnel en cas d'accident aux appareils mécaniques. Les échelles se font en bois ou en fer et présentent les dimensions suivantes :

	Bois.	Fer.
Largeur intérieure......	0^m250	0^m250
Largeur extérieure......	0^m350	0^m260 à 0^m280
Hauteur des montants..	0^m100 à 0^m120	0^m060 à 0^m066
Écartement des échelons d'axe à axe..........	0^m200 à 0^m250	0^m200 à 0^m250
Diamètre des échelons..	0^m040 à 0^m045	0^m025 à 0^m030
Poids par mètre courant...............		8 kil. à 10 kil.
Prix du mètre conrant..	2 fr. 30 à 3 fr.	3 fr. 50 à 7 fr.

Pour les échelles en bois, il faut préférer les échelons méplats à angles arrondis ; ils résistent par leur tranche au poids du corps. Dans les échelles en fer, les échelons sont en fer plat ou en fer rond ; ces dernières échelles sont très solides et durent indéfiniment, mais elles sont chères ; de plus, le métal en hiver est très froid au contact et pour ce motif les échelles métalliques sont peu employées. Il est très important que le système soit bien rigide, sans flexion, ni oscillations. Quand les échelles sont en bois, on défend aux ouvriers, pour ménager les échelons, de descendre avec des souliers ferrés.

On dispose les échelles verticalement, en les maintenant à une distance de la paroi suffisante pour que la pointe du pied trouve sa place ; dans cette situation, elles occupent moins d'espace et peuvent être fixées avec une grande solidité. Mais la montée est plus fatigante que si l'on donne aux échelles une certaine inclinaison et les hommes se trouvent placés exactement les uns au-dessus des autres, ce qui

aggrave les conséquences de la chûte de l'un d'eux.
L'inclinaison la plus favorable est de 70 à 72 degrés ;
par là le centre de gravité du corps reste à peu près
sur la verticale du point d'appui. On dispose les
échelles en répétition, avec des planchers intermédiaires qui permettent aux hommes de reprendre
haleine ; ces planchers se font à claires-voies, afin que
l'eau ne puisse y séjourner par-dessus, ils sont percés
d'un trou rectangulaire suffisant pour le passage du
corps de l'homme. L'échelle se redresse verticalement
sur un mètre environ pour cette traversée et l'on fixe
avec de solides crampons à un mètre au-dessus d'elle
une manotte en fer que le mineur saisit avec la main
pour assurer sa sortie quand il prend pied sur le
plancher. Les échelles, d'une travée à l'autre, sont
établies croisées (fig. 81) ou mieux parallèlement
(fig. 80) ; on a ainsi plus de sécurité en ce que l'é-
chelle recouvre, en projection, l'ouverture du plancher
inférieur.

Moyens mécaniques.

Les moyens de descente et de remonte des ouvriers
sans machine, et à l'aide de la seule force musculaire, occasionnent une grande perte de temps ainsi
qu'une fatigue considérable. Si l'on suppose le poids
du corps égal à 70 kilogrammes, chaque centaine de
mètres représente pour la montée un travail de 7.000 kilogrammètres. Il est inutile d'ajouter, enfin, que des
considérations évidentes d'hygiène et d'humanité mili-
teront également pour que l'on n'impose pas une pareille
épreuve à l'ouvrier, s'il est possible de la lui épargner.
L'emploi des moyens mécaniques s'indique donc naturellement, il suffit pour cela, en principe, de considérer le corps de l'homme comme une simple matière

à extraire du fond de la mine ; deux solutions sont employées : l'emploi du câble et celui des appareils oscillants.

L'emploi du *câble* pour la descente et la remonte des hommes tend à prévaloir de plus en plus. Chaque voyage nécessite un temps constant pour les manœuvres et en outre une durée proportionnelle à la profondeur. Depuis longtemps, on s'est servi du câble pour descendre les hommes dans les conditions les plus diverses. Le mineur pénètre encore dans certains puits assis sur un bâton ou dans une boucle du câble dont il tient entre les mains la partie verticale. Les *knechte* des mines de Schemnitz sont formés de lanières de cuir dont l'une sert de siège et l'autre de dossier ; on garde les mains libres en se renversant sur ce dossier et attachant la lampe sous le siège. Un moyen plus pratique consiste à se placer dans la *benne* ou tonneau, qui peut recevoir de 5 à 10 ouvriers ; il est interdit de se placer debout sur les bords et il est bon de s'attacher au câble avec une ceinture de cuir pour le cas où le tonneau basculerait ; un disque de tôle préserve les mineurs de la chute de la pluie et des pierres. Il convient que la vitesse des bennes portant des hommes ne dépasse pas 1 mètre par seconde.

Le procédé de descente le plus commode est l'emploi des *cages guidées,* qui procurent plus de sécurité en supprimant la possibilité des rencontres et permettent l'usage du parachute. Les mineurs sont enfermés par des grillages qui les empêchent de passer la tête ou toute autre partie du corps. Les cages permettent d'imprimer au trait une grande vitesse. Des règlements sévères, minutieusement détaillés, doivent régir l'extraction des hommes par les cages, en vue d'éviter tout accident. On ne doit jamais suspendre les mineurs à un câble épissé et les hommes doivent se tenir immobiles dans les cages. On a réuni dans le tableau suivant, les conditions dans lesquelles se font la descente et la remonte dans des mines produisant 500 tonnes par jour, à la profondeur de 600 mètres, avec 400 hommes occupés au fond.

	Bennes flottantes.	Cages guidées
Nombre d'hommes descendus à la fois....................	10	16
Nombre de voyages à faire....	40	25
Vitesse de descente par seconde	1^m	6^m
Durée d'un voyage	0^h 10'	0^h 1' 40"
Temps perdu entre deux voyages.....................	0^h 2'	0^h 1'
Temps total par voyage	0^h 12'	0^h 2' 40'
Temps total pour la descente..	8^h	1^h 15'
Temps total pour la remonte..	8^h	1^h 15'
Temps pour la descente et la remonte	16^h	2^h 30'

Descente des chevaux.

La descente des chevaux peut se faire de deux façons :

Si les dimensions des cages le permettent, on y introduit le cheval après lui avoir couvert les yeux d'œillères. Si l'on ne peut employer les cages guidées. on descend les chevaux suspendus dans un fort filet de sangles ; on leur bande les yeux, et, après les avoir enveloppés du filet, on les fait manquer des quatre pieds sur un lit de paille. Le filet est attaché au câble et l'on descend l'animal dans une situation verticale, assis sur sa croupe, et les jambes repliées ; un palefrenier se place au-dessus de lui avec sa lampe pour guider le mouvement jusqu'en bas.

Echelles mécaniques.

Les échelles mobiles ont été considérées pendant longtemps comme devant être dans l'avenir le moyen normal de circulation des ouvriers mineurs, soit pour remonter d'un puits, soit pour y descendre. On les adopte pour les mines métalliques à moyenne production même, et par conséquent pour celles dont la production est importante, toutes les fois que la profondeur dépasse 600 à 700 mètres, parce qu'en général dans ces mines l'appareil d'extraction n'est pas établi de manière à permettre la circulation des ouvriers. Toutes les échelles mécaniques sont construites sur le même principe : imprimer un mouvement alternatif à deux échelles verticales juxtaposées ; l'ouvrier, passant de l'une à l'autre, sera descendu ou remonté à sa volonté, sans autre fatigue que le mouvement de translation latérale qu'il doit effectuer après chaque oscillation. Les premiers appareils, désignés sous le nom de *fahrkunst*, furent établis en 1833 par Dorell dans les puits du Hartz, ils consistèrent en deux tiges de bois verticales équilibrées entre elles et suspendues à deux balanciers solidaires, recevant un mouvement inverse et transmettant ce mouvement alternatif aux tiges oscillantes, assez rapprochées pour que l'ouvrier puisse facilement passer de l'une à l'autre ; ces tiges portent des poignées pour les mains et pour les pieds des échelons en mât de perroquet. Lorsqu'elles s'arrêtent à chaque oscillation, le mineur saisit d'une main et d'un pied la tige qui arrive à sa rencontre et qui, en renversant son mouvement, le transportera dans le même sens que le parcours précédent effectué avec la première tringle, qu'il abandonne alors de l'autre main et de l'autre pied. Quand il veut se reposer un instant, l'ouvrier trouve aux divers arrêts des paliers fixes sur lesquels il se place en abandonnant les deux tiges. A Andreasberg, l'appareil fut composé de deux échelles formées avec des câbles en fil de fer, ces échelles ayant été successivement prolongées jusqu'à 500 mètres ; on en a construit à Przibram qui atteignent 1.000 mètres de hauteur. On fait des fahrkunst à simple effet, ne comportant qu'une seule tige, avec des paliers fixes ou des niches pratiquées dans la paroi ; le mineur s'y place après chaque course et y reste pendant l'excursion inverse, pour reprendre la tige lorsqu'elle recommencera un mouvement de même sens. La durée du parcours est alors évidemment doublée.

Dans les premiers appareils, la course était de 2 mètres ; dans les appareils belges, construits avec des tiges en fer, cette course fut portée à 3 mètres. La course de 3 mètres, adoptée par la plupart des constructeurs, paraît avoir donné satisfaction à ce service et beaucoup de puits sont ainsi desservis ; mais le mouvement imprimé à la construction des fahrkunst s'est beaucoup ralenti et les ouvriers préfèrent le service des cages qui n'exige de leur part aucun travail et aucune attention. Le soin avec lequel les câbles des machines d'extraction sont surveillés et entretenus, les perfectionnements des parachutes attachés aux câbles, paraissent d'ailleurs donner à ce mode de circulation autant de sécurité que les fahrkunst. Les calculs produits afin de démontrer les économies qui résultent du service des échelles mobiles, ont souvent été établis en comparant ce service à celui des échelles. Mais si l'on établit cette comparaison avec le service par les cages, tous ces avantages disparaissent ; il arrive d'ailleurs aux fahrkunst ce qui a été observé dans tous les appareils qui exigent la mise en mouvement de très grandes masses. Pendant les premières années, les frais d'entretien sont de peu d'importance, toutes ces masses étant bien équilibrées et exactement montées ; mais au bout de quatre ou cinq ans, les conditions se sont modifiées, toutes les pièces ont pris du jeu, les fers altérés sont devenus grenus et cassants et les frais d'entretien croissent avec une progression rapide.

C'est sous la direction de M. Warocquié que ces appareils ont pris leur forme la plus confortable. Les *warocquières* comprennent de véritables paliers environnés d'un garde-corps en fer: rien n'est alors plus facile que de passer de l'un sur l'autre, lors même que deux courants de circulation se rencontrent, montant et descendant à la fois, Quand on veut rester maître de pousser la hauteur de ces appareils au-delà de toutes limites, on les équilibre de distance en distance par des chaines qui passent sur des poulies et supportent de l'autre côté des contrepoids. Dans ces conditions, non seulement la résistance des tiges est soulagée, mais en outre le travail de la pesanteur se trouve égalisé dans les fahrkunst à simple effet.

La *machine motrice* destinée à actionner les tiges, peut être établie suivant deux principes différents. Dans l'un, le mouvement est intermittent, avec intervalle de repos entre chaque oscillation ; une cataracte commande les manœuvres et permet de régler à volonté le temps d'arrêt. Dans l'autre, le mouvement est continu et appartient au type sinusoïdal; il n'y a plus alors d'arrêt proprement dit, avec une vitesse nulle pendant un temps fixé, seulement le changement de sens aux extrémités s'accompagne d'un ralentissement très marqué, dont les hommes acquièrent très vite le sentiment de manière à pouvoir changer de place sans difficulté.

CHAPITRE XVI.

Accidents de Mines.

L'article 11 du décret du 3 janvier 1813 sur la *police des mines* est ainsi conçu : En cas d'accidents survenus dans une mine ou carrière, soit par éboulement, par inondation, par le feu, par asphyxie, par rupture de machines, engins, câbles, chaînes, paniers, soit par émanations nuisibles, soit par toute autre cause et qui auraient occasionné la mort ou des blessures graves à un ou plusieurs ouvriers; les exploitants, directeurs, maîtres-mineurs, et autres préposés, sont tenus d'en donner connaissance aussitôt au maire de la commune et à l'ingénieur des mines, et, en cas d'absence, au conducteur.

Les accidents sont moins fréquents et moins terribles dans les mines métalliques par suite de l'absence à peu près générale du grisou, que dans les mines de houille. C'est aux *éboulements* que revient la plus grande part de la mortalité occasionnée par les accidents dont les mines sont le théâtre ; on peut à cet égard distinguer deux degrés de gravité, à savoir : l'éboulement circonscrit d'un point en particulier ou l'effondrement total d'une mine. Parfois dans les tailles ou les galeries, le toit mal soutenu s'éboule, ou des blocs se détachent de la voûte, ou encore la paroi ébranlée d'un front d'attaque s'écroule subitement. Ces accidents font moins de victimes qu'on ne serait tenté de le supposer au premier abord ; il est assez rare qu'un écroulement important se produise sans que les craquements des roches qui se fissurent des étais qui fatiguent avant de rompre, n'aient averti les travailleurs. On peut en dire autant d'un éboulement local, lorsque dans une galerie, les boisages ont cédé à la pression ; si la chute n'écrase personne, l'accident est de peu de conséquence. La voie est obstruée sur une longueur plus ou moins grande, on la déblaie ou on en ouvre une autre à côté. Si la galerie n'a pas de débouché et que des mineurs se trouvent prisonniers, on ira à leur délivrance en perçant au plus court un tronçon de galerie. Mais quand l'éboulement se produit dans le puits, les suites sont beaucoup plus graves, les débris accumulés formant voûte en quelque endroit où ils s'arrêtent, obstruent parfois le puits sur une grande hauteur, en comblent le fond et murent l'issue des galeries inférieures. Or, ces vastes écroulements auront rarement lieu sous le seul poids des terres et des roches ; s'ils se produisent, c'est par la pression des eaux, circonstance d'autant plus malheureuse que les dangers de l'inondation se joignent aux désastres de l'éboulement. Les sables délayés, les argiles coulantes s'effondrent avec les débris du cuvelage et le puits se comble presque entièrement par des écroulements successifs en ne laissant plus qu'une cavité défoncée en forme d'entonnoir.

L'histoire a enregistré le souvenir de mémorables exemples d'effondrement total d'une mine. En 1687, tous les travaux de la mine de Fahlun (Suède), pratiqués dans une masse de pyrite cuivreuse insérée dans le micaschiste, s'éboulèrent à la fois. On voit encore aujourd'hui comme traces de ce désastre deux abîmes, en forme d'entonnoirs, réunis dans une vaste excavation qui présente environ 360 mètres de longueur sur 120^m de largeur et 60^m de profondeur. Depuis cet événement, on a repris une exploitation régulière au-dessous ; en 1876, un nouvel éboulement s'est produit dans la partie profonde. La mine d'Altenberg (Saxe) exploite une masse imprégnée d'étain oxydé ; le 24 janvier 1620, tout le monde était sorti, la mine entière s'écroula sur près d'un kilomètre carré, et jusqu'à la profondeur de 340 mètres, laissant un abîme encore visible de 13 mètres de profondeur. En 1740, la mine de Stahlberg (pays de Siegen) s'est entièrement effondrée. Le Rammelsberg (Hartz) a été dans le XIVe siècle le théâtre d'un écrasement général, à la suite duquel la mine est restée fermée pendant un siècle. La mine de fer de Nagot (Ariége) s'est écroulée dans le XIVe siècle, en ensevelissant tout le personnel ; elle a été abandonnée à la suite de cette catastrophe. Les mines de la Crangue (Rancié, Ariége), en 1819, de Schlackenwald (Bohême), de Geyer (Saxe), la mine de mercure de Huencavelica (Amérique) ont subi de grands effondrements. En 1860, la mine de soufre de Lercara (Sicile) a enseveli 37 mineurs, et 19 en 1871.

Le plus récent des désastres présentant un caractère de généralité est celui de la mine de sel de Varangéville (Meurthe-et-Moselle) où est introduite la méthode de havage du sel gemme par l'eau. Les infiltrations avaient fini par délayer les marnes du mur, on s'apercevait que la hauteur des galeries diminuait dans certains points, quand les piliers massifs s'enfoncèrent tous à la fois le 31 octobre 1873 et l'on vit dans l'espace de 30 secondes s'affaisser sur une hauteur de 3 mètres, une étendue d'environ 350 mètres sur 300 mètres. Les marnes délayées refluant dans le puits sur une hauteur de 20 mètres comprimèrent l'air qui fit explosion lançant la cage à travers la toiture. C'était jour de paye ; aucun homme ne fut perdu, mais il y eut 17 ouvriers blessés, la plupart à l'extérieur.

L'influence des effets de l'éboulement sur la mortalité souterraine provient beaucoup moins de ces catastrophes très rares que des accidents locaux fréquents dans lesquels un ou plusieurs hommes peuvent se trouver engagés. Les *moyens de préservation* à cet égard se réduisent à la bonne entente de la méthode d'exploitation et aux soins que l'on doit apporter dans les soutènements ; on doit fournir aux piqueurs le bois à discrétion et même lui imposer des distances de boisage réglementaires et indépendantes de son appréciation personnelle. Il doit être interdit sous des peines sévères de dormir dans les tailles, car alors les signes précurseurs de la chute du toit passent inaperçus. Si un homme est pris dans l'éboulement, on cherche de préférence pour opérer le sauvetage à parvenir au-dessus de lui en se boisant dans le solide et pratiquant un grillage au-dessus de la partie disloquée, de manière à pouvoir la vider. On a quelque fois réussi à prolonger la vie du prisonnier pendant le temps nécessaire au sauvetage, en lui faisant passer des liquides au moyen d'un tube ; on ne doit à cet égard jamais se décourager, on a l'exemple du puisatier Giraud qui a résisté pendant trente jours et a été retiré encore vivant, bien qu'il soit mort ultérieurement des suites d'une pareille épreuve. Le puisatier Prévost enseveli à une profondeur de 25 mètres, a pu être sauvé au bout de vingt jours,

Tous les moyens doivent être mis en œuvre pour arriver à dégager des hommes ensevelis. Des travaux qui eussent coûté un mois en toute autre circonstance, dans ce moment d'activité fiévreuse et de dévouement téméraire, ont été accomplis en trois ou quatre jours par des ouvriers mineurs connaissant très bien leur métier, et des hommes dont la position semblait désespérée ont pu être retirés vivants.

Inondations

La lutte contre les envahissements des eaux, au moyen des machines d'épuisement, est de tous les instants; les irruptions soudaines et violentes seules apportent des dangers et exigent de puissants moyens de secours. Parfois il est arrivé que les eaux de la surface ou des réservoirs souterrains inconnus ont fait tout à coup irruption dans les travaux; l'histoire ou la tradition ont conservé le souvenir d'accidents de ce genre, accomplis dans des circonstances dramatiques. Mais ce sont principalement les mines de houille ou de lignite qui ont eu à en souffrir.

Pour éviter les *coups d'eau* quand on redoute la présence de vieux travaux ou de failles aquifères dont les suintements sous pression révèlent le voisinage, on doit prendre certaines *mesures préalables*; il faudra éclairer sa marche en faisant précéder l'avancement de coups de sonde, pratiqués en divergeant, en avant et sur les flancs. S'ils viennent à rencontrer la masse d'eau, elle sortira ainsi avec moins de violence que si un coup de mine ou l'affaiblissement progressif de la paroi déterminait l'écroulement de cette dernière. Lorsque les divers indices permettent de croire que l'on approche la nappe d'eau, on établit sur le front de taille un robuste revêtement, au moyen d'un boisage fortement étançonné et on élargit l'entrée du trou de sonde de manière à y assujettir solidement un tuyau muni d'un robinet et on recommence à pousser avec la plus grande prudence le forage. On ne tente ces opérations qu'avec le nombre strict d'ouvriers éprouvés, après avoir fait sortir le personnel et les chevaux et rendu les galeries éclairées par quelques feux fixes, entièrement libres, de façon à permettre aux hommes une retraite facile et rapide au cas où tout le front de taille céderait à la fois. Le filon très aquifère de la mine de Pontpéan a été rouvert, avec minéralisation de galène et blende argentifères, au milieu d'une ancienne fracture effectuée dans le terrain silurien, et injectée par une roche dioritique. Le peu de solidité de cette matière rend impossible la plupart du temps d'établir les voies de communication dans le filon même et on pratique aux différents niveaux des costresses dans le rocher. On est obligé, de distance en distance, de tâter le filon par de courtes recoupes et des serrements sont toujours préparés pour s'opposer rapidement aux invasions subites des eaux.

Le *sauvetage*, lorsqu'un accident dû aux irruptions d'eau est accompli, doit être dirigé d'après l'inspection des plans vers les points les plus hauts du plafond où l'on peut espérer que l'air se soit comprimé en cloche sous la pression des eaux, de manière à empêcher celle-ci d'y pénétrer, en permettant à ces cavités de servir de refuge aux hommes qui auront pu les atteindre. Si on est assez heureux pour pouvoir aborder une de ces cloches par une galerie ou une bure, il ne faut pas crever la paroi sans précaution, sans quoi l'air s'échappant, l'eau monterait et noierait les hommes ; on cherche à constituer un sas à air en se servant pour cela de cloisons munies de portes. On a essayé comme pour le cas où un homme est pris par un éboulement, d'envoyer des liquides alimentaires à l'aide de trous de sonde et de tubes à robinets.

On a repris souvent des mines noyées, mais ce sont en général les houillères qui fournissent des exemples. On peut rattacher au sauvetage l'emploi du *scaphandre* pour travailler sous l'eau ; son origine remonte à 1797. Perfectionné par Sièle (1820), Cabirol (1857),

Denayrouze (1867) et simplifié par M. Fayol, il est apte à rendre les plus grands services ; la suppression du casque permet de plonger nu ou avec un vêtement imperméable. On a ajouté au tube aérophore une communication téléphonique qui maintient le plongeur en communication constante avec l'extérieur. Quant aux moyens d'éclairage sous l'eau, on possède la lampe Cabirol, la lampe au pétrole Rouquairol-Denayrouze, celle de M. Fayol et la lampe du Temple. Lorsque l'eau est très trouble, on se sert de l'éclairage à la lumière Drummond ou de la lumière électrique du système de MM. Davis et Henilhe.

Incendies.

Les incendies sont en général peu à craindre dans les mines métallifères, où les seules substances combustibles sont les boisages ; ils sont dûs à la malveillance ou à un simple accident tel que la chute d'une lampe ou d'une flammèche sur la paille de l'écurie, un coups de mine débourré, les étincelles d'un foyer d'aérage ou d'une chaudière intérieure mal disposée. On vient facilement à bout de ces commencements d'embrasement.

Il peut être nécessaire de pénétrer dans les milieux impropres à la respiration et on se sert d'*appareils respiratoires* dont les plus connus sont l'appareil Rouquairol-Denayrouze et le système Fayol. Le premier repose sur l'emploi de l'air comprimé ; un fermebouche s'applique sur les lèvres où il est maintenu au moyen de deux petites saillies en caoutchouc que l'on serre avec les dents. Une pincette comprime les narines et ferme ces voies respiratoires. La respiration est alimentée par un réservoir de 20 litres que l'ouvrier porte sur son dos ; on le construit en tôle d'acier pour résister à la pression de 30 atmosphères. Cette énorme tension est distribuée à la bouche du mineur par un régulateur. M. Fayol a fait un appareil plus simple, qu'il rattache à deux types bien distincts, l'un fixe, l'autre portatif. Ce dernier présente la forme d'un soufflet carré qui pèse 8 kilogrammes et renferme 180 litres d'air ; il suffit pour le gonfler d'enlever la bonde qui le ferme et de soulever sa face supérieure. Le poids de celle-ci crée une légère dépression qui vient en aide à la respiration de l'ouvrier, pour la manœuvre des soupapes. M. Fayol a cherché dans l'autre dispositif à dégager les mouvements du mineur en établissant une communication continue entre l'air pur et lui : à cet effet l'ouvrier est muni d'un simple tube de caoutchouc fixé à sa ceinture et aboutissant au serre-bouche. On lui envoie l'air à travers ce tube qu'il traine derrière lui, au moyen de la pompe Rouquairol ou d'un petit ventilateur.

La construction des *corrois* pour murer la partie incendiée est un travail rude et pénible. Le mineur doit braver l'excessive chaleur ; il a surtout à craindre les torrents de gaz brûlants, irrespirables, et l'étouffante fumée.

Outre les éboulements, les inondations, les incendies, d'autres accidents menacent encore le mineur des mines métalliques ; on peut redouter pour lui l'asphyxie, l'explosion des coups de mine, la rupture des câbles, la chûte des hommes dans les puits, le cisaillement d'une partie du corps allongé hors de la cage, le laminage dans le fahrkunst. Il nous reste à fournir sur ces divers sujets quelques données numériques comparatives : d'après les documents fournis par le service de la *statistique* minérale de France, en 1880, les accidents se répartissent de la manière suivante entre les différents genres d'exploitations.

EXPLOITATIONS		Nombre d'ouvriers employés.			Nombre de victimes.		Proportions.	
NATURE	Nombre	Fond.	Surface	Total.	Tués.	Blessés	Nombre pour 1 mort.	Nombre pour 1 blessé
Mines.......... { Minerais de fer.....	79	4397	1431	5828	11	49	527	118
Divers	111	3563	2314	5877	11	14	536	121
Carrières souterrai-nes.......... { Minerais de fer....	43	425	323	748	»	1	»	748
Pierres, gypse, etc..	5002	14825	8406	23251	66	162	353	144
Découverts ...... { Minerais de fer....	162	»	1468	1500	1	7	1500	214
Tourbe...........	877	»	28669	28600	»	»	»	»
Divers...........	28053	»	93881	93900	107	111	877	846

En ce qui concerne la nature des accidents eux-mêmes, ils se répartissent de la manière suivante, si on les rapporte à un total abstrait de cent mille hommes employés dans l'industrie minière à l'extérieur; dans les ciels ouverts :

ACCIDENTS	Tués.	Blessés.	Atteints.
Éboulements...............	87	66	153
Coups de mine............	7	11	18
Causes diverses...........	18	48	66
TOTAUX,.........	112	125	237

Quant aux travaux de fond, qui sont naturellement beaucoup plus dangereux que ceux du jour, on a compté les proportions suivantes sur 100,000 ouvriers :

ACCIDENTS	Mines diverses.		Carrières souterraines.	
	Tués.	Blessés	Tués.	Blessés
Éboulements..............	122	256	353	340
Chutes dans les puits........	89	56	13	26
Explosifs..................	22	100	20	85
Câbles rompus, chutes de bennes	22	22	46	13
Asphyxie.................	22	»	»	»
Coups de grisou............	»	»	»	»
Inondations...............	»	»	»	»
Causes diverses non désignées..	33	222	»	386
Totaux..........	310	656	332	850

CHAPITRE XVII.

Personnel.

Les mines appartiennent soit à un concessionnaire unique, soit le plus souvent à des sociétés établies sur les diverses bases que comporte notre législation et représentées par un *gérant* ou par un *administrateur-délégué*, en rapports constants avec le Conseil d'administration et avec la direction effective de l'exploitation. La conduite technique des travaux est placée sous les ordres directs d'un *ingénieur en chef*, qui a comme collaborateurs, suivant les cas et suivant l'importance de l'affaire, des *ingénieurs-divisionnaires* et des *sous-ingénieurs*. Chaque ingénieur a, pour le service de sa division, plusieurs *maîtres-mineurs* qui passent toute la durée du poste sur les travaux, entrant ou sortant à leur gré, suivant les nécessités qui se présentent. Ils ont sous leurs ordres des *chefs de poste* qui ne quittent pas leurs hommes et restent avec eux dans le fond, circulant pour exercer leur surveillance sur les mineurs, les boiseurs, les rouleurs, etc. En Angleterre, la direction supérieure appartient en général à un viewer non résidant et chargé habituellement d'une ou deux mines, ou même à un consulting mining engineer, qui s'occupe d'un plus grand nombre d'exploitations. Sur les lieux mêmes un underviewer ou manager assume la direction effective des travaux, ainsi que l'exécution des plans et projets. Il a au-dessous de lui toute une maistrance d'officiers.

La direction d'une mine doit avoir un double but à remplir ; elle doit faire fructifier les capitaux engagés dans l'affaire, elle doit en outre procurer les moyens d'existence, le bien-être matériel et les secours moraux, dans la mesure du possible, aux ouvriers qui apportent le concours de leurs bras et de leur intelligence. Des devoirs réciproques s'imposent par cela même au travailleur à l'égard du patron qui l'emploie.

Parmi les ouvriers des mines, on distingue ceux du *fond* et ceux de l'*extérieur*. Depuis la promulgation de la *loi du* 19 *mai* 1874, les femmes, filles et fillettes ne peuvent être employées à l'intérieur, mais seulement à la surface. Dans certains pays étrangers, elles travaillent encore au fond, avec des vêtements masculins. Les gamins peuvent être employés dès l'âge de 12 ans, mais pendant une durée qui est limitée par le décret du 12 mai 1875 et seulement pour des occupations définies.

Article 1er. — La durée du travail effectif des enfants du sexe masculin de 12 à 16 ans dans les galeries souterraines, des mines, minières et carrières, ne peut excéder huit heures sur vingt-quatre heures, coupées par un repos d'une heure au moins :

Art. 2. — Les enfants de 12 à 16 ans ne peuvent être occupés aux travaux proprement dits du mineur, tels que l'abatage, le forage, le boisage, etc. Ils ne peuvent être employés qu'au triage et au chargement du minerai, à la manœuvre et au roulage des wagonnets, à la garde et à la manœuvre des portes d'aérage, à la manœuvre des ventilateurs à bras et autres travaux accessoires n'excédant pas leurs forces. Les enfants employés à faire tourner les ventilateurs ne pourront y être occupés pendant plus de quatre heures, coupées par un repos d'une demi-heure au moins.

Ce décret ne constitue pas du reste, à lui seul, toute la réglementation en matière de l'emploi des jeunes garçons dans les mines, il y faut joindre celles des dispositions de la loi du 19 mai 1874 sur le travail des enfants et des filles mineures, qui présentent un caractère d'universalité, ainsi que celles des règlements qui l'ont accompagnée.

Dans certaines exploitations on ne travaille que pendant le jour ; dans d'autres plus intensives, on arrive à une continuité rigoureuse et les ouvriers se succèdent les outils en main. D'autres fois encore, on les divise en deux *postes* qui ne remplissent pas également les 24 heures. La question du travail de nuit, pour les enfants employés dans les mines, a été très controversée : l'article 4 de la loi du 19 mai 1874 est, en effet, ainsi conçu : « Les enfants ne pourront être employés à aucun travail de nuit jusqu'à l'âge de 16 ans révolus... Tout travail entre neuf heures du soir et cinq heures du matin est considéré comme travail de nuit. » Depuis lors certaines mines ont sollicité l'emploi des enfants pendant une partie de la nuit, qu'elles regardent comme nécessaire pour le service.

La durée du poste peut atteindre 12 heures ; elle doit être plus souvent de 8 heures, laps de temps qui suffit à un ouvrier actif pour développer l'activité dont il est capable chaque jour. La durée du travail quotidien se réduit à 6 heures et même à 4 heures pour des occupations spécialement pénibles ; en sens inverse, on admet dans quelques mines les suppléments de journées. Les heures réglementaires varient suivant les conditions locales, mais il est bon de chercher que les hommes voient la lumière du jour. On relève souvent les postes à 6 heures du matin et à 6 heures du soir ; dans certaines mines, le travail dure de 5 heures du matin à 3 heures du soir, et reprend de ce moment jusqu'à 11 heures du soir. En Angleterre, les postes de 8 à 10 heures commencent entre

5 heures 1/2 et 7 heures du matin et se terminent entre 7 et 9 heures du soir. Le travail de nuit est plus nuisible que l'autre à l'hygiène de l'ouvrier ; cependant le contraire peut être quelquefois vrai, dans une certaine mesure, en permettant de combiner les occupations agricoles, si saines pour l'organisme, avec la vie souterraine. Cette alternance devient impérieusement nécessaire quand il s'agit d'exploitations particulièrement malsaines, comme les mines d'arsenic, de cinabre, et surtout dans les quartiers où on recueille du mercure natif.

Dans les mines, la surveillance du travail des ouvriers est difficile ; l'ouvrier travaille ou se repose, et l'avancement obtenu, ou le produit chargé dans les wagons peut seul contrôler son travail ; aussi le *travail* se fait-il en général à la *tâche*. Cependant le *travail à la journée* est nécessaire pour l'exécution soignée de travaux exceptionnels et d'une importance spéciale. Bien des modes peuvent être employés pour la rétribution du travail à la tâche ; le mineur est dans certains cas payé suivant le *vide produit;* c'est un principe défectueux, car les hommes sont alors moins intéressés à recueillir tout le minerai, et ils peuvent en laisser dans les remblais. On paye également le mineur au *wagon*, ce qui exige des bascules, sans quoi l'ouvrier serait porté à exagérer, si l'on comptait simplement les wagons, le rapport du vide au plein en enchevêtrant le gros, pour le recouvrir ensuite de menu.

Ordinairement, le travail est convenu à prix débattu, pour un emplacement et une durée compatibles avec la constance de ses conditions ; ce principe est le plus favorable à l'activité de la production, puisque le mineur, intéressé à la besogne, produira davantage. Un type d'organisation qui donne de bons résultats est celui d'après lequel les ouvriers mineurs sont *syndiqués* en petites sociétés, dirigées par un chef ouvrier qui les représente vis-à-vis de la direction et traite en leur nom. La surveillance générale se trouve par là simplifiée dans une certaine mesure et secondée par celle que le chef d'atelier est intéressé à exercer sur ses compagnons, et ces derniers les uns sur les autres. Les ouvriers s'associent alors suivant leur force, leur adresse, leurs préférences personnelles, ce qui est une garantie de bon ordre. Ce système de syndicats est surtout avantageux pour les mines qui nous occupent, en excitant les ouvriers à soigner particulièrement le triage, pour ne rien abandonner de riche dans les remblais. Des districts entiers sont exploités de cette manière en Espagne par des partisans.

Le fonctionnement d'un organisme aussi compliqué que celui d'une mine ne saurait s'effectuer qu'à l'aide d'une réglementation nette et précise ; toute société minière est libre d'édicter chez elle le *règlement* qu'elle juge convenable, pourvu qu'il ne soit en rien contraire à l'ordre public ni aux lois du pays. L'ouvrier est mis à même de prendre connaissance des dispositions du règlement, et une fois qu'il est entré au service de la Compagnie, il doit s'y conformer et reste passible des punitions, amendes, etc., qui s'y trouvent formulées. Quelques règlements ont été soumis à l'homologation préfectorale, ce qui les assimile aux actes de l'autorité publique et leur assure la sanction des tribunaux, à la diligence du parquet. Le règlement ne doit rien omettre d'essentiel et en même temps ne rien renfermer d'inutile ; il doit être clairement rédigé, affiché dans les principaux lieux de passage et de stationnement. Beaucoup de Compagnies le font imprimer sous forme de livret, dont elles remettent un exemplaire à chaque employé. Certains directeurs organisent des

conférences destinées à expliquer à leurs ouvriers la
lettre et surtout l'esprit du règlement ; on arrive ainsi
à faire comprendre au personnel des dangers qu'il
ignore ou qu'il méconnaît et qui motivent des mesures
fatigantes et en apparence inutiles que les ouvriers ne
seraient que trop tentés d'esquiver.

CHAPITRE XVIII.

Préparation mécanique des minerais.

Dans l'exploitation d'une mine, les matières détachées du sein de la terre et amenées à la surface, ne
peuvent pas toujours être livrées directement à la consommation sans subir des transformations qui les
rendent marchandes. Le but essentiel de l'élaboration
à faire subir à ces matières est la purification pour
les unes, destinées à la consommation directe, et l'enrichissement pour les autres, les minerais principalement qu'on sépare des gangues ou matières stériles ou
bien encore qu'on isole des diverses substances que
peuvent renfermer les filons. On se ferait une idée
bien fausse des minerais qui sont l'objet des exploitations, si on ne les étudiait que dans les collections
minéralogiques ; on n'a en effet rassemblé dans ces
collections que des échantillons exceptionnels qui,
par leur richesse et la netteté de leurs caractères, ne
peuvent servir à déterminer les minerais pratiques
dans lesquels les caractères de la substance cherchée
sont généralement masqués par la prédominance des
gangues. L'ingénieur qui étudie les minerais doit donc
ajouter à la connaissance des minerais isolés, celle

des distinctions de faciès et de densité qui révèlent dans les roches la présence de principes métallifères. Il doit surtout, lorsqu'il organise des triages et des préparations mécaniques, s'habituer à reconnaître à l'œil la teneur des minerais et communiquer cette habitude aux ouvriers. Un minerai n'est considéré comme tel que lorsqu'il contient une proportion de métaux d'une valeur égale aux dépenses de l'exploitation et du traitement ; ainsi les teneurs obligées des minerais en roche seront plus fortes que celles des minerais d'alluvion. La valeur des métaux fabriqués est aussi un élément de variation pour les titres ou lois des minerais. Ainsi, par exemple, dans le siècle dernier, le prix des plombs était tel qu'un très grand nombre de filons de galène argentifère étaient exploités en France, tandis que la baisse provoquée par l'extension de la production a fait abandonner aujourd'hui la plupart de ces gîtes ; les Romains ont exploité en Italie des minerais de cuivre dont la loi ne devait pas être la moitié de celle qui est aujourd'hui nécessaire.

C'est au métallurgiste à formuler, à l'exploitant de mines, ses propres desiderata, pour diriger celui-ci dans le sortissage de ses produits, d'après les exigences de la fusion. Chaque progrès nouveau de la métallurgie, de nature à permettre de traiter avec succès des minerais plus complexes que par le passé, doit être marqué par une simplification correspondante de la préparation mécanique. Il peut arriver ainsi que, indépendamment de la séparation de matières nuisibles ou simplement inutiles, que le seul fait du classement en sortes distinctes des diverses substances utiles que fournit le gisement, augmente la valeur marchande de l'ensemble ; c'est ainsi que des minerais multiples peuvent alimenter des fours de production différente, par la séparation d'éléments qui, à l'état de mélange, n'auraient donné aucun résultat satisfaisant.

D'après les divers motifs que nous venons d'énoncer, une certaine manutention est nécessaire ; quelquefois très simple, elle atteint dans d'autres cas la plus extrême *complication*. On distingue deux divisions essentielles : le travail à la main et le travail mécanique. Le *travail à la main* comprend une première partie qui peut se faire au *chantier* lui-même ; il est inutile, en effet, de monter au jour, au prix d'une certaine dépense, une quantité plus ou moins grande de stérile qui trouvera mieux son emploi pour *les remblais. Il sera bon de ne pas* pousser pourtant trop loin le triage qui ne peut se faire au fond qu'à la clarté insuffisante d'une lampe de mine et qui risquerait de faire perdre de la matière *utile*.

Le travail à la main, qui s'exécute dans les ateliers à la surface, exige de bons yeux et une certaine promptitude d'esprit en même temps qu'il ne demande *que peu de force* ; on y affecte généralement des femmes et des enfants, de préférence aux ouvriers âgés dont la vue baisse et donnerait de moins bons résultats. Il faut que *l'atelier à la main soit surveillé* par un contre-maître très expérimenté.

Les opérations qui se pratiquent dans un tel atelier sont de deux sortes, le triage effectué en inspectant *les morceaux dont le volume le comporte* et le triage au marteau dans lequel la classification est accompagnée d'un cassage à la main. On sépare ainsi les matières en *produit fixe* ou bon à fondre, ou *stérile* qui est immédiatement rejeté, et en *produit mixte* ou mélange à repasser. Il arrive fréquemment que le triage à la main permet de séparer les uns des autres *plusieurs produits qui doivent* subir ultérieurement des traitements différents ; on pourra isoler par exemple à la fois de la galène, de la blende, de la pyrite cuivreuse sortant des mêmes filons, ainsi que des mélanges de ces diverses substances avec des gangues distinctes de calcaire, de quartz, de baryte, etc. La grosseur elle-même intervient dans ces appréciations pour faire des catégories qui serviront plus tard dans le traitement des minerais.

Le triage à la main, appelé ordinairement *klaubage* (de *klauben*, trier), s'effectue pour des minerais de valeur sur des *tables fixes* ou sur des *tables mobiles*. Les premières comprennent les tables rondes et les tables rectilignes ; les ouvriers, femmes ou gamins, sont assis autour de la table ronde et par une trappe s'attribuent la quantité convenable de minerai contenu dans une trémie centrale. Ils étudient les fragments et font la séparation en triant les morceaux destinés à constituer les diverses sortes et en balayant le reste dans un panier. Les tables rectilignes, moins employées, permettent d'occuper plus d'ouvriers dans le même espace ; mais la distribution du minerai est moins commode.

Les tables mobiles se divisent aussi en tables rondes et tables rectilignes. Avec les premières, les klaubeurs sont assis autour de la table tournante ; le minerai tout venant est versé par une trémie sur un point de la circonférence et passe devant chaque ouvrier qui enlève les morceaux d'une seule classe ; un racloir fixe, disposé en biais, arrête et déverse le résidu à l'extrémité de la course ; ce résidu est destiné à repasser au broyage. La forme circulaire présente l'inconvénient de ne pouvoir occuper beaucoup d'ouvriers, à moins de lui donner un très grand rayon, ce qui entraîne une grande surface et laisse un noyau central important sur lequel le triage ne saurait atteindre. Les tables rectilignes peuvent avoir une

longueur quelconque avec la largeur strictement nécessaire, elles s'installent dans des directions parallèles et utilisent bien tout l'espace. Elles sont formées
de chaînes de Gall sans fin, les maillons portent des
plaques de tôle indépendantes ou des sparteries. La
matière déchargée en amont par une trémie se trouve
entraînée en passant devant les yeux des ouvriers et
le résidu culbute à l'extrémité dans un wagonnet.
Indépendamment des sortes définies bon à fondre ou
à rejeter, le klaubeur distingue parmi les matières à
retraiter d'une part les fragments qui représentent
une dissémination confuse et d'autre part les fragments sur lesquels se trouvent des masses homo-
gènes juxtaposées dans de telles conditions qu'un
coup de marteau donné avec soin puisse utilement
les séparer les uns des autres ; ces morceaux vont
alors au triage au marteau.

Le triage au marteau ou *scheidage* (de *scheiden*,
séparer) se fait à l'aide d'outils assez simples : des
massettes en fer (fig. 7ª et 7ᵇ) de 1 kil. 50 à 2 kilog. avec
manche de frêne de 1ᵐ.10 de longueur : des marteaux
aciérés de 1 kilog. avec panne carrée, en tranchant
(fig. 9ª) ou en pointe (fig. 9ᵇ), enfin des raclettes (fig. 8)
destinées à gratter les morceaux pour en détacher les
mouches riches à l'état de menu. Les ateliers de scheidage sont généralement clos, couverts et chauffés en
hiver. Les scheideurs sont assis devant des tables
épaisses portant de petites enclumes placées au centre
de grilles sous lesquelles passe un courant d'eau qui
entraine les matières fixes où sont concentrées les parties les plus riches ; ces menus sont engagés dans la
série des opérations mécaniques, tandis que les morceaux sont classés.

En raison du renchérissement de la main d'œuvre,
les ateliers de travail à la main tendent à disparaître;

ces ateliers donnaient un travail effectué avec intelligence, que les machines malgré tous les perfectionnements apportés ne sauraient faire avec autant de précision. Avec des minerais pauvres et de composition complexe, où il faut de 25 à 30 tonnes pour obtenir une tonne de matière marchande, le triage à la main est rendu industriellement impossible.

Ateliers de travail mécanique.

On soumet la matière préparée à une action déterminée qui la classe en trois catégories, bon à fondre, matière à repasser et stérile à rejeter ; les opérations à effectuer se rattachent à une *classification* et à un *broyage*. La classification est par elle-même le but définitif de l'opération et le broyage est nécessaire pour opérer la séparation des éléments destinés à prendre des directions opposées. Dans la classification interviennent plusieurs opérations : le *classement de volume* qui ne porte que sur la grosseur des fragments sans souci de leur composition minéralogique ; le *débourbage* qui se fait par l'emploi de l'eau en mettant à profit l'influence du courant qui dissocie les grains agglutinés par l'argile, entraine les boues et rend nettes les surfaces ; le *criblage à la cuve* qui emploie l'influence exercée par la résistance d'un milieu liquide au mouvement des grains ; le *lavage sur les tables* dans lequel l'action du courant devenue force motrice pour les grains est contrariée par la résistance opposée par le frottement que le grain éprouve de la part d'une surface solide sur laquelle il se traine ; l'*emploi des secousses* dans lequel le grain éprouve au sein du liquide des secousses qui amènent des modifications aux résultats des procédés précédents ; enfin l'emploi du *classement magnétique*

très restreint et qui consiste à séparer de tous les
autres corps, celles des substances minérales attirables à l'aimant. Lorsque nous aurons passé en revue
ces divers moyens de mise en œuvre, nous indique-
rons les successions d'appareils qui conviennent le
mieux suivant les cas généraux qui peuvent se présenter dans l'industrie pour conduire le plus directement possible au but proposé. Nous parlerons d'abord
du broyage.

Broyage.

L'opération du broyage s'exécute soit pour dissocier
les minéraux dissemblables qui se trouvent juxtaposés,
soit simplement pour diminuer, en vue des convenances de la consommation, le calibre des fragments
d'une matière homogène. On ne doit jamais pousser
trop loin cette opération, sans quoi on donnerait lieu
à des menus et à des poussières donnant une perte
notable dans le lavage, car ce sont en général ces
menus qui contiennent les parties les plus riches ; il
n'y a pas de broyeur type, mais une série d'appareils
rationnellement échelonnée et répondant à des convenances distinctes.

Parmi le grand nombre d'appareils employés, nous
distinguerons trois catégories principales : 1° les *dégrossisseurs*, 2° les *concasseurs*, 3° les *pulvérisateurs*. Les dégrossisseurs s'attaquent aux plus gros
morceaux mélangés avec le tout-venant, on peut indiquer comme type la mâchoire américaine. Les concasseurs agissent avec une matière déjà calibrée qu'ils
doivent réduire à des dimensions moindres. Avec les
cylindres ou du gros et de fortes grenailles ; avec
les bocards de petites grenailles ou du gros sable. On
distingue ordinairement les minerais de bocard, des
minerais de cylindre, les premiers étant à gangue

dure et quartzeuse, les seconds à gangue plus tendre. Enfin, les pulvérisateurs réduisent au degré voulu de petitesse en vue de faciliter certaines réactions, ou encore en vue de mettre le degré de subdivision en rapport avec celui de l'extrême dissémination de la substance utile ; les appareils dont on se sert sont les désintégrateurs et les meules, les premiers agissent par choc, les seconds par pression continue.

La mâchoire américaine connue sous le nom de *concasseur Blake* (fig. 99) fonctionne comme une mâchoire humaine. Les joues et la carcasse de la machine sont de solides masses de fer ; le mouvement des mâchoires est obtenu à l'aide d'une simple bielle et d'une excentrique, mise en mouvement par un axe équilibré par deux puissants volants et recevant son action directement du piston d'une machine à vapeur portée par le bâti lui-même ou à l'aide d'une forte courroie. La matière est introduite par le haut entre les deux joues ou mandibules dont l'une est en constante motion mécanique et est rappelée en arrière par une tige à ressort quand elle n'est plus repoussée par le genou, tandis que l'autre est fixe ; toutes deux convergent vers la base de telle sorte que les morceaux introduits par l'orifice de chargement, à mesure qu'ils se brisent, glissent à un niveau inférieur et finissent par tomber sur le sol ou dans un crible à la dimension déterminée par l'écartement des mâchoires que l'on peut faire varier par un coin à vis qui déplace le point d'appui du genou et par suite l'extrémité de l'excursion de la mâchoire. On peut attaquer par cet appareil des matières renfermant des morceaux dont le calibre atteint 30 et 40 centimètres et en retirer une sorte dont la grosseur maximum s'abaisse jusqu'à 1 ou 2 centimètres. Certains dégrossisseurs avec une force de 10 chevaux, marchant à 150 tours par minute, cassent

80 tonnes par jour en faisant peu de menu. Dans la machine modifiée par Hall, les deux mâchoires sont conjuguées, les leviers qui rapprochent l'une servent à écarter l'autre. Dans le broyeur Huet et Geyler, la mâchoire mobile *roule et glisse à la fois* sur la mâchoire fixe ; l'une des bielles est formée de feuilles de tôle forte, susceptibles de plier et de céder s'il survient à un instant quelconque une trop forte résistance.

Les *cylindres broyeurs* étaient autrefois cannelés pour les minerais durs ; une caisse de tôle terminée en pointe (fig. 57) était appliquée à la partie supérieure des cylindres pour empêcher le minerai de glisser par-dessus ; les tourillons pouvaient se mouvoir dans des crapaudines de bronze fixées sur des barres de fonte dont l'une mobile permettait au cylindre de s'écarter si un morceau trop gros venait à se présenter entre les cylindres : un contrepoids suspendu à l'extrémité d'un levier faisait appuyer le cylindre mobile contre le cylindre fixe. Enfin le minerai qui avait passé par les cylindres tombait sur un crible *c* (fig. 59) en traversant un entonnoir conique *e* ; et le mouvement était communiqué à ce crible par deux tambours assujettis l'un à l'axe *A*, l'autre à l'axe *B*. Aujourd'hui on donne aux cylindres une surfasse lisse, formée d'un bandage d'acier assemblé à un noyau de fonte ou encore on les fait venir entièrement de fonte, en les moulant en coquille pour donner à la surface plus de dureté. On a établi des rouleaux très légèrement coniques afin que la composante latérale de la pression aide à mettre le grain au porte-à-faux et à le faire éclater. Autrefois les deux cylindres composant le train étaient reliés par des engrenages ; aujourd'hui ils se commandent mutuellement par l'intermédiaire du minerai lui-même ; l'un d'eux tourne autour d'une droite fixe, tandis que l'autre est

mobile sur un arbre porté par un châssis susceptible
de s'éloigner plus ou moins du premier. La distance
à laquelle on le maintient à l'aide d'un butoir réglé à
volonté, détermine le calibre maximum de la sorte
produite ; un ressort analogue aux tampons de choc
ramène le cylindre mobile en contact du butoir après
qu'il s'est écarté pour laisser passer un morceau trop
dur qui, en se coinçant entre les cylindres, provo-
querait une rupture. La longueur des cylindres ne
dépasse pas 0^m40 et le diamètre varie avec le résultat
à produire ; la vitesse varie en sens inverse de la
dureté.

Un *bocard* (fig. 43) est constitué par une batterie de
pilons qui sont successivement soulevés et abandonnés par les cames d'un arbre tournant agissant
sur leurs mentonnets ; on emploie pourtant au lac Supérieur des bocards dans lesquels l'arbre est supprimé,
les flèches étant soulevées directement par la vapeur
comme dans le marteau-pilon. Il est utile que les
parties destinées à la destruction la plus rapide soient
distinctes du reste de l'appareil et d'un remplacement
facile. Le fond de l'auge où s'effectue le broyage est
à cet effet formé d'une plaque de fonte ou d'enclumes
séparées ; la face antérieure et dans d'autres cas les
faces latérales sont constituées par une toile métallique ou une tôle perforée inclinée à 70 ou 75 degrés sur
l'horizon. Cette grille est destinée à laisser échapper
les grenailles dès qu'elles arrivent à un calibre en
rapport avec l'écartement de ses mailles. On facilite
en outre la sortie des grains à l'aide d'un courant
continu. Autrefois on classait les sables obtenus en se
servant de l'eau qui sort du bocard et en ajoutant un
labyrinthe (fig. 44), série de canaux d'écoulement dans
lesquels se faisait le dépôt des grains et où commençait même un premier enrichissement. Les matières

sortant du bocard étaient reçues dans un premier
compartiment creusé de 1 mètre et barré à son extrémité par des planches de 0^m60 de hauteur ; les gros
sables y restaient, tandis que les sables moyens conti-
nuaient leur course dans les conduits formant labyrinthe jusqu'à un autre barrage ne laissant passer
que les sables fins qui eux-mêmes étaient divisés en
sables fins riches et sables fins pauvres ou schlamms.

Le pilon se fait toujours en fonte ; il est assemblé à
une tige assez longue appelée flèche du bocard. La
hauteur est nécessaire pour donner aux guides fixes,
qui assurent le mouvement vertical, un écartement
capable d'empêcher l'arc-boutement. L'intensité du
choc est en raison de la force vive de chute, c'est à
dire du poids à la fois de la levée et du poids de la
flèche ; un pilon léger, tombant de plus haut, donne
un coup sec qui brise et éclate le morceau en donnant peu de farine, tandis qu'un pilon lourd, soulevé
moins haut, brise et pulvérise davantage et permet le
bocardage à mort. On emploie des poids de 100 à
150 kilog. ; dans le total desquels le sabot et la flèche
figurent également ; ils sont soulevés 40 à 70 fois par
minute à une hauteur de 0^m.20 à 0^m.30. Le minerai est
versé par un distributeur, généralement à ailettes ; le
travail est surveillé par un homme qui égalise la distribution et remue les minerais à la pelle pour faciliter la sortie des grenailles dans le bocard à la grille.
Avec le bocard à sec, qui est moins employé, l'ouvrier enlève de temps en temps les sables à la pelle
et les jette sur un crible. Chaque flèche de bocard
exige une force variant de 0,5 à 1 cheval vapeur ; la
production varie de 40 à 100 kilog. à l'heure pour un
minerai tendre, suivant que la grille est de 1 à 12 millimètres. La consommation d'eau est de 2,5 à 0,5 mètres cubes pendant le même temps. En vue de ne pas

laisser la force vive se perdre dans le sol sous forme
de mouvement vibratoire, on interfère les effets en
brisant les séries par une succession convenable
des travées : si, par exemple, on imagine un bocard de
15 flèches, on le répartira en trois séries de 5 pilons,
et dans chaque série on lèvera successivement les flèches impaires et les flèches paires.

Dans l'Amérique du Nord, on a modifié les bocards
de bien des façons, nous dirons quelques mots de
trois appareils très employés. Le *bocard* dit *éléphant*
ne présente plus ni tiges, ni dispositions où le frottement et l'usure ont si beau jeu. Deux sabots, de forme
ordinaire et frappant sur leurs dés respectifs, sont
attachés à deux leviers massifs reliés par des articulations à un demi-cercle et à un axe fixé au sol : l'ar-
ticulation supérieure est faite au centre de la corde
d'un arc constitué de ressorts puissants semi-circu-
laires en acier qui restituent une notable partie de la
force qu'ils emmagasinent, lors du choc du sabot contre le minerai, force perdue dans les autres bocards
en vibrations et en trépidations. L'arc est lui-même
accouplé sur une bielle attachée à une manivelle d'un
arbre moteur muni d'un volant et coudé à angle
droit, de façon que le mouvement des deux bielles qui
correspondent à chacun des sabots se trouve régula-
risé et équilibré sans points morts. En variant la
vitesse du moteur, on peut régler la mouture sur la
qualité du minerai ; la production est de 20 tonnes par
24 heures, et pour des minerais ayant la dureté du
quartz ordinaire, il faut une force motrice de 6 à
10 chevaux-vapeur.

Le *bocard à berceau rotatoire* se compose d'un
mortier ou auge formé d'un fond en fer forgé excessi-
vement épais et solide, faisant fonction de dé et de
parois cylindriques garnies d'écrans en toiles métalli-

ques ; il tourne autour d'un fort axe central et reçoit
pendant la rotation les coups d'un seul pilon vertical
mû par une disposition analogue à celle employée
pour les marteaux-pilons. La rotation de la base du
mortier se fait autour de l'axe central, incliné à 45 degrés, et sur un cône de friction placé sur un arbre
horizontal qui reçoit le mouvement d'une vis sans fin
mise en rotation à l'aide d'un petit cylindre oscillant
placé sur le chevalet de fonte en forme d'arc-boutant
qui supporte les deux mécanismes et est lié et bou-
lonné par le bas à de bonnes fondations.

Le *bocard pneumatique*, caractérisé par l'absence
de surfaces frottantes et une grande économie de
force, par suite de l'emmagasinement de l'air comprimé, qui annule les vibrations et restitue, au retour
du sabot, par son élasticité, une partie de la force
dépensée. L'appareil consiste en deux tubes creux,
situés l'un à la partie inférieure, l'autre à la partie
supérieure, remplis d'air comprimé ; l'auge est alimentée automatiquement par des secousses qui font
tomber d'un canal le minerai entre le dé et le sabot.
Le mouvement est donné par une bielle ajustée sur
un arbre court à volant et ayant la forme d'une fourchette. Ce pilon broie de 12 à 15 tonnes par 24 heures
et la pièce la plus lourde de l'appareil ne dépasse pas
le poids de 150 kilogrammes.

Les *meules* appartiennent aux deux types différents, vertical ou horizontal. On distingue dans le
dispositif horizontal, la meule gisante, qui est immobile, et la meule tournante, qui se meut au-dessus
d'elle ; on les repique quand les surfaces viennent à
s'user inégalement. Dans le type vertical, la meule
peut être conique et tourner avec son essieu autour
d'un axe vertical, et le plus souvent on lui adjoint
une autre meule diamétralement opposée qui accom-

plit sa révolution dans la même auge. Les meules peuvent être cylindriques et les sections toutes identiques ne peuvent plus se développer également sur les cercles concentriques qui remplissent le fond de l'auge ; il se produit donc des glissements de sens opposés dans les régions externe ou interne et la pulvérisation se fait en tordant en quelque sorte la matière sur elle-même. On peut rattacher au type des meules un appareil formé d'un rouleau écraseur qui est conduit par une bielle et une manivelle, de manière à rouler en ligne droite d'un mouvement alternatif.

Le *désintégrateur Carr*, aujourd'hui d'un emploi si répandu, se compose de deux arbres horizontaux tournant en face l'un de l'autre ; chacun d'eux porte un plateau, sur lequel s'implante une forêt de broches, disposées suivant des cercles concentriques. Les cylindres, dont elles dessinent les génératrices, pour l'un des plateaux, s'intercalent entre ceux du second, de manière à permettre pour les deux systèmes des rotations de sens contraires et très rapides. La matière à pulvériser est admise dans une trémie centrale et les grains sollicités par la pesanteur se mettent en marche vers le point le plus bas, mais ils rencontrent les broches qui les renvoyent de l'une à l'autre et ces chocs multipliés ont pour effet de briser les morceaux et de les réduire en poussière fine. Une enveloppe cylindrique retient la farine de minerai qui s'accumule à la partie inférieure d'où elle est évacuée au dehors. Cet appareil permet une grande production ; on peut pulvériser par heure 10 à 15 tonnes de minerai moyennement dur à raison de 100 à 300 tours par minute, avec 10 à 12 chevaux de force et de diamètres qui varient de 0ᵐ.90 à 1ᵐ.90. Les broches s'usent rapidement, on les a faites en acier, et même en fonte trempée en coquille.

Le *désintégrateur Vapart*, basé sur un principe analogue au précédent et qui est tout aussi répandu, se compose d'un arbre vertical portant des tourteaux échelonnés supportant des plateaux d'un diamètre sensiblement moindre que celui de l'enveloppe cylindrique de l'appareil. On y dispose, suivant huit rayons espacés à 45 degrés, des saillies en forme de cornières, dont la longueur s'étend au-delà du plateau lui-même, au-dessus du vide qui règne entre lui et l'enveloppe, sans cependant approcher trop près de cette dernière. L'arbre reçoit une rotation rapide et le couvercle, percé d'ouvertures, laisse introduire les matières. Au moment où il arrive au contact du premier plateau, le grain en reçoit une action horizontale tangentielle qui le force à s'éloigner du centre, en glissant le long de la cornière par un mouvement relatif. Quand il arrive à son extrémité, il se trouve abandonné et projeté violemment contre l'enveloppe munie de cannelures ; les grains se brisent et les fragments tombent le long de troncs de cône qui les font glisser vers le centre du plateau inférieur, pour y reproduire les mêmes effets. Un appareil tournant de 400 à 1.000 tours par minute et ayant 1 mètre de diamètre, peut broyer par heure, avec une force de 15 à 20 chevaux, une quinzaine de tonnes de pyrites concassées préalablement à 6 ou 7 centimètres.

Débourbage.

Un engin très simple pour le débourbage des minerais est une *grille*, sur laquelle on verse le tout-venant, en l'arrosant à l'aide d'un fort courant d'eau qui agit par entraînement sur les parties fines et légères pour les séparer des matières pierreuses qui sont retenues sur la grille. Pour venir en aide à l'opération, on râble à la main ou on donne des secousses à la grille ; les matières qui ont passé contiennent encore, en même temps que la boue stérile, des parties utiles qui sont enlevées dans des lavoirs à bras ou dans des trommels-débourbeurs.

Le *lavoir à bras* se compose de canaux dallés, légèrement inclinés de plusieurs mètres de longueur sur 1 à 2 mètres de largeur et $0^m.50$ de profondeur ; un fort courant d'eau traverse les matières que l'on charge en amont. Le départ des boues argileuses est facilité par un pelletage et le minerai, arrivé au bout, est convenablement nettoyé. Cet appareil, qui rend beaucoup, présente l'inconvénient d'exiger une main-d'œuvre élevée.

Le *patouillet* (fig. 45) est surtout destiné aux minerais de fer : il consiste en une auge demi-cylindrique qui présente une légère pente. Suivant son axe est disposé un arbre muni de palettes qui, par leur rotation, battent le courant boueux. Le minerai est recueilli à l'extrémité et les troubles sont emportés par le liquide.

Le *trommel-débourbeur* est formé d'un cylindre de 1 mètre à $1^m.50$ de diamètre ou d'un prisme quelquefois évasé en forme de tronc de pyramide. La surface est formée de tôles perforées dont les trous présentent 10 à 12 millimètres de diamètre. Le système tourne sur son axe qui est légèrement incliné sur l'horizon. Si le minerai est très argileux, il se trouve attaqué par des poignards normaux à la paroi qui le tranchent et facilitent son délayage, tandis que le courant d'eau qui le traverse emporte les parties argileuses. On obtient plus simplement le même résultat en donnant une forme spéciale au trommel ; la rotation relève suivant un parallèle les morceaux fixés par leur adhérence, qui atteignent ainsi une partie où l'inclinaison qui finirait par devenir verticale en allant assez loin, se trouve suffisante pour déterminer leur glissement. Les matières, ne revenant pas à leur point de départ, mais un peu plus bas, finissent par gagner de proche en proche l'extrémité du trommel, plus ou moins lentement, suivant l'angle adopté et la longueur du trommel qui varie en général de 1^m.50 à 3 mètres. Le temps pendant lequel les minerais subissent l'action de l'eau est suffisant pour que le résultat obtenu soit complet.

Classement de volume.

Le classement de volume n'a souvent d'autre raison d'être que de répondre aux convenances du commerce ou aux exigences des appareils destinés à traiter les minerais. Le principe très simple de l'opération consiste à déposer les matières sur une surface à claire-voie dont la grandeur des vides détermine le calibre maximum de la sorte qui les traverse et qui ne pourra présenter un seul grain plus gros. Malheureusement, on ne peut pas dire que le refus de l'appareil ne renferme pas de fragment moindre que la section des orifices et sous ce rapport l'appareil doit être plus compliqué qu'il ne semblerait au premier abord. L'organe de triage peut affecter trois formes différentes : la grille, le tissu métallique, la tôle perforée.

Dans la *grille*, formée de barreaux parallèles, l'écartement de ces barreaux détermine jusqu'à un certain point la nature des grains, mais à condition que la nature peu clivable des minéraux donne aux fragments une forme arrondie. Au contraire, s'ils peuvent prendre l'aspect de plaques minces, ce mode de classement est des plus mauvais, car un morceau de dimension presque quelconque, sauf l'épaisseur, pourra passer entre les barreaux.

Le *tissu métallique* (fig. 92) est formé de fils de laiton croisés dans deux sens rectangulaires ; ce triage est meilleur que le précédent, mais la maille carrée a l'inconvénient de présenter deux dimensions bien différentes, suivant que les fragments se présentent parallèlement au côté ou à la diagonale ; de plus, les fils peuvent se rapprocher les uns des autres en laissant béantes des ouvertures plus grandes que le calibre voulu. Il en est de même des tôles perforées de trous carrés (fig. 93).

Les *tôles perforées* de trous ronds (fig. 94) fournissent la meilleure solution ; le diamètre des trous est invariable. L'épaisseur des tôles doit être suffisante pour résister au service que l'on en attend suivant le poids des matières qui y sont passées ; cette épaisseur varie de $0^m.00075$ à $0^m.00300$. Malheureusement, ces tôles sont beaucoup plus chères que les organes précédents, ce qui en limite l'emploi.

Il ne suffit pas de déposer les minerais sur les surfaces criblantes, en effet certains trous se trouveraient bouchés par des morceaux trop gros pour y passer, il se formerait aussi des agglutinations obstruant une partie de la surface. On a établi des grilles à secousses ou des grilles recevant un jet de vapeur qui détruit les parties agglutinées. Enfin on construit des dispositifs d'ensemble se rattachant à deux types, les cribles ou tamis et les trommels. Les *cribles* sont des surfaces planes inclinées sur l'horizon pour faciliter la descente des matières et que l'on étage les unes au-dessus des autres de manière à obtenir des classements successifs en plusieurs sortes. Le *trommel-classeur* ne diffère du trommel-débourbeur, dont nous avons parlé, que par la suppression des poignards et parfois même l'absence du torrent d'eau. Cet appareil est préféré aux tamis, parce qu'il concentre dans une petite longueur un assez long parcours au contact de la surface criblante. Le trommel est constitué par une série de zones dont les parois sont formées de tôles à trous de diamètres croissants ou décroissants et dans quelques ateliers allemands on a introduit un trommel à double enveloppe (fig. 56) dont la tôle inférieure plus forte reçoit les gros morceaux, tandis que la seconde retient les grenailles et laisse passer les sables ; cette disposition évite de fréquentes réparations aux trommels à la suite de l'usure venant du frottement des gros morceaux. Un trommel peut passer de 30 à 35 tonnes par jour avec 6 ou 8 mètres cubes d'eau par heure et une force de 1 ou 2 chevaux, la vitesse étant de 8 à 12 tours par minute.

Criblage à la cuve.

Le criblage à la cuve, qui sert de base à un grand nombre de procédés d'enrichissement, repose essentiellement, comme nous l'avons dit, sur l'antagonisme établi entre l'accélération que la pesanteur tend à imprimer au grain du minerai, pendant sa chute à l'intérieur d'un milieu résistant et la réaction que ce liquide développe dans une proportion qui croît avec la vitesse. Le classement de volume est un préliminaire indispensable du criblage à la cuve, si l'on veut donner à cette opération toute la netteté dont elle est susceptible, au lieu de ne lui demander que des résultats tout à fait confus. Le criblage à la cuve a été réalisé à la mine de plomb de Carnoulès (Gard), en précipitant les matières à traverser de gigantesques *colonnes d'eau*, de 30 mètres de hauteur. Un autre exemple de la chute unique en eau profonde se trouve dans l'appareil très employé en Angteterre, surtout sous le nom de cuve ou *kieve*, consistant en un tronc de cône d'un mètre environ de hauteur et de diamètre moyen, dans lequel des palettes peuvent tourner autour d'un axe vertical. Ce récipient étant rempli d'eau à moitié, on y verse autant que possible vers la périphérie des matières schlammeuses, très tenues mais médiocrement classées et renfermant encore des grains moins fins. On fait tourner l'agitateur de manière à remettre les matières en suspension ; la rotation est alors arrêtée et on laisse le dépôt s'effectuer selon les règles de l'équivalence. Le liquide est décanté avec un siphon et à l'aide de raclettes l'ouvrier retire les couches successives qui se sont accumulées sur le fond.

Le principe fondamental du mouvement sur une certaine hauteur avec celui d'une remise en train perpétuellement répétée, se dégage bien dans un ancien appareil dont parlait déjà Agricola dans son traité : *De re metallica*, édition de 1621 ; c'est la *cuve* (fig. 50). Le crible consiste en une caisse de bois quadrangulaire de 1ᵐ20 de longueur, 0ᵐ60 de largeur et 0ᵐ30 de profondeur, munie d'un tamis en laiton à sa partie inférieure. Ce tamis, fixé d'une manière solide au bas de la caisse, est maintenu par six petites planches placées en travers au-dessous, qui servent à prévenir sa rupture sous le poids du minerai. Le crible est supporté par deux montants en fer assujettis à une barre de fer au milieu de laquelle est attachée une chaîne fixée à l'extrémité d'un levier en bois qui sert à plonger le crible dans l'eau et à l'en retirer. Le mouvement est communiqué au crible par un autre levier qui a une direction opposée à celle du premier ; ce levier est muni d'une fourchette dont les bouts saisissent les montants au moyen d'une clavette qui traverse la fourchette et la rainure des montants. Une charge de minerai bocardé étant placée dans le crible, on lui imprime un mouvement alternatif de haut en bas et de bas en haut; les parties les plus fines passent d'abord à travers le tamis et vont se déposer au fond de la cuve. Quant aux gros sables, le mouvement de l'eau qui entre par le fond et monte dans le crible à chaque oscillation, soulève le grain d'autant plus facilement que leur densité est moindre ; les plus légers montent donc à la surface, tandis que les plus denses gagnent le fond. Aussitôt que les couches en sont assez distinctes, l'ouvrier peut enlever successivement, à l'aide d'une spatule, les gangues pauvres qui viennent à la surface. Il concentre ainsi le minerai et n'arrête la séparation qu'au point où elle n'est plus assez facile pour éviter les pertes. Avec une habitude qui s'acquiert assez facilement, un ouvrier arrivera ainsi à enrichir les schlicks au point convenable pour le traitement. Dans quelques ateliers on a trouvé de l'avantage à donner aux caisses de criblage une forme conique: l'eau entrant par la grille y prend en effet une vitesse décroissante qui peut faciliter les séparations.

Cet appareil rudimentaire fait de bonne besogne, mais on ne peut économiquement opérer que sur de petites quantités de minerai d'une certaine valeur; indépendamment des ateliers anglais, on le rencontre en Sardaigne, au Laurium, dans le centre de la France, etc.

Les appareils précédents ne représentent dans l'industrie qu'une faible fraction du matériel employé pour le criblage à la cuve ; les solutions les plus fréquentes sont empruntées à une donnée différente. On est parti de cette idée que si, au lieu de s'assujettir à l'embarras d'agir sur la charge et de la mettre en liberté dans une eau stagnante, on actionnait directement le liquide, de manière à le pousser de bas en haut sous le minerai, le mouvement relatif serait le même que lorsque ce dernier y descend de haut en bas.

Cette idée si simple a conduit à établir les *bacs à piston*, qui se rangent en deux catégories : les lavoirs *continus* ou *discontinus ;* ces derniers, qui sont les plus anciens, exécutent des opérations successives et distinctes, leur jeu est intermittent. On y verse une charge, on lui imprime un nombre suffisant de coups de piston, on arrête le jeu de cet organe, on fait écouler l'eau, et l'on partage avec des raclettes la charge stratifiée de manière à séparer les diverses sortes qui sont versées dans des récipients distincts.

Dans les lavoirs continus l'action ne s'arrête jamais, si ce n'est lorsqu'il y a lieu à quelque séparation. Les matières y sont déversées sur un point convenablement choisi, à l'état de courant continu, alimenté par un distributeur approprié. Elles se classent et se stratifient en recevant un certain nombre de coups de piston pendant leur traversée dans l'appareil, dont la durée varie avec la longueur de ce dernier. La sorte la plus légère franchit un déversoir immergé sous le plan d'eau et se rend dans le compartiment qui lui est destiné, tandis que les parties les plus lourdes glissent sur le fond, passent sous un seuil et arrivent dans un autre récipient. Nous donnerons quelques exemples de ces appareils.

Le *bac continu* à piston de *Moresnet* à deux tamis est appliqué à la Vieille-Montagne. La lavée est donnée à l'aide d'une trémie dans la travée de droite, où elle subit un premier classement. Le plus lourd forme une couche sur le fond et s'écoule uniformément par l'orifice affleurant à la claie. Le débit est réglé à l'aide d'un petit registre placé à l'extrémité et d'après le degré d'inclinaison que l'on donne au tuyau de plomb d'évacuation. Une seconde matière riche constitue un horizon intermédiaire et alimente le second orifice placé à un niveau supérieur au premier : le surplus franchit le seuil proportionnellement au temps et s'étale sur le second tamis. Il y forme encore, sous l'influence du pistonnage, deux couches de moins en moins riches, que l'on évacue de la même manière, et le stérile s'écoule enfin par le déversoir. Le piston est actionné par un excentrique, dans un compartiment voisin, lequel est muni d'un clapet de fond, destiné à expulser, de temps en temps, les schlamms qui s'y accumulent.

Le *crible du Hartz* (fig. 100), à fond filtrant, présente le fond du bac formé d'une tôle perforée dont les trous présentent un diamètre un peu plus grand que celui des matières calibrées avec soin que l'on veut traiter. Dans ces conditions, il est clair que la charge entière filtrerait immédiatement, mais on a soin de transformer les trous en autant de soupapes d'évacuation ; à cet effet, on a soin, avant de charger les matières sur la claie, de recouvrir celle-ci d'une couche mince de grenailles trop grosses pour pouvoir la traverser et de densité légèrement supérieure à celle de la sorte la plus lourde ; ces grains formeront clapets. Lors du coup d'eau imprimé sous la claie par le pistonnage, les clapets se soulèvent pour donner passage à l'eau. Avec eux se trouve enlevée toute la charge. L'ensemble retombe aussitôt, pour se soulever de nouveau, de manière à produire le classement ; les clapets continueront à occuper le fond, seulement les derniers grains de la charge se glisseront au milieu des clapets de manière à aborder eux-mêmes les trous, ils chavireront et tomberont dans le fond de la cuve. Il s'opère une filtration continue portant exclusivement sur la sorte la plus riche et la plus concentrée, tandis qu'au contraire les stériles qui se réunissent à la surface sont évacués au déversoir. Lorsqu'une quantité suffisante du bon à fondre est accumulée au fond de la cuve, on soulève à l'aide d'une tige la soupape du fond et l'on donne une chasse pour recueillir les matières.

Le nombre de secousses varie depuis 60 coups par minute pour de gros sables de 2 millimètres jusqu'à 300 et même 400 coups pour des schlicks voisins des schlamms. Un lavoir peut, à raison de 100 ou 150 coups, passer de 6 à 8 tonnes par jour avec une consommation de 20 mètres cubes d'eau.

Les appareils que nous venons d'examiner sont à charge immobile, contre laquelle l'eau se trouve lancée avec des mouvements propres. Une autre série d'appareils consiste dans le fait d'envoyer à travers la charge un courant ascendant continu ; ce sont les *appareils à courant ascendant* ou wasserstromapparat susceptibles de nombreux dispositifs.

L'*Heberwasche* de la laverie de Mechernich fonctionne sous une pression importante. L'eau est reçue dans un compartiment central qui a 16 mètres de haut et passe dans un second compartiment à travers un tamis trop fin pour se laisser traverser par le minerai. La lavée, amenée par un courant de surface au-dessus de la cuve, y chavire, les parties lourdes tombant sur la claie, tandis que les matières légères sont relevées par le courant de fond et continuent leur chemin horizontalement. Lorsqu'une quantité importante de grenaille s'est déposée sur le tamis, elle en bouche les pores, amortit la force de l'eau et risquerait de troubler les conditions de l'opération. Mais cette résistance, en exigeant une plus grande pression, fait monter le niveau dans le compartiment à gauche ; elle y soulève un piston qui fait basculer un levier et enlève le bouchon du fond de la cuve. L'orifice ainsi ouvert livre passage à la charge, qui se dégorge par un tuyau d'évacuation ; après quoi tout recommence. Cet organe, d'une très grande activité, peut passer 140 à 150 tonnes en 24 heures.

Dans le *berceau* (fig. 60) se trouve à la tête un crible sur lequel on jette les matières et qui retient les plus gros morceaux. Une toile inclinée dirige les sables fins vers le sommet de la table, où commence l'écoulement. L'ensemble de l'appareil prend un balancement transversal analogue à celui d'un berceau d'enfant ; ce mouvement sert à brasser les matières pour dégager les parties lourdes de celles qu'elles ne doivent pas retenir.

Un mode d'action qui, malgré l'analogie apparente avec le précédent, présente au fond une différence fondamentale, consiste à lancer le grain horizontalement, avec une vitesse initiale et à l'abandonner, en cet état, à l'influence d'un milieu résistant. On a basé sur ce mode d'action divers appareils de classement.

Les *Spitzkasten* ou caisses pointues présentent la forme d'un tronc de pyramide quadrangulaire ; on les dispose à la suite l'une de l'autre et légèrement en cascade, avec des dimensions croissantes. Un courant d'eau règne de la tête au pied de l'appareil et le grain se trouve à chaque passage lancé horizontalement dans un milieu que l'on peut considérer comme stagnant. Parmi les fragments, les uns verront leur vitesse horizontale très amortie et la pesanteur aura le temps de les abaisser d'une quantité telle qu'il leur deviendrait impossible de gravir la contre-pente pour remonter sur le seuil suivant. Ils achèveront par suite de tomber au fond de la caisse. Les autres fragments à peine influencés par la gravité franchiront l'intervalle ; une seconde caisse détachera alors une nouvelle sorte, en raison de la différence de sa section avec la précédente qui produira une variation correspondante dans la vitesse. Le tirage continuera dans les caisses suivantes; tantôt on ouvre de temps en temps les caisses à l'aide d'une bonde de fond, que l'on soulève pour donner une chasse, tantôt le débit est continu et les matières sortent d'une manière incessante, **avec** une quantité d'eau que l'on cherche à réduire au strict nécessaire.

Les spitzkasten sont très encombrants ; on a réussi à condenser le même mode d'action dans le *classeur de Steinenbrück* (fig. 55). Les grains débouchent ensemble, avec une même vitesse initiale, dans une caisse parallélipipédique assez allongée, contenant les cloisons qui vont en s'abaissant. Les sortes vont s'engouffrer successivement dans chacun des compartiments formés par les prismes triangulaires qui garnissent le fond ; ils s'en échappent ensuite avec une certaine quantité d'eau, à travers les conduits ménagés à cet effet. On passe en dix heures, sur un semblable appareil, 20 tonnes de minerai métallique, avec une dépense de 1/3 de mètre cube par minute.

On a eu depuis longtemps l'idée d'employer comme force antagoniste un courant d'air ; le principe des appareils désignés sous le nom de *classeurs à vent* est analogue à celui du vannage que l'on applique aux céréales. Cette donnée a été appliquée à l'aide d'un mouvement continu pour des schlamms tellement fins, que le contact de l'eau les convertit en une pâte sur laquelle les divers modes de lavage demeurent impuissants. Un classeur a fonctionné autrefois à Engis, où il a été abandonné en raison des frais occasionnés par la dessiccation. M. Krom, de New-York, actionne à l'aide d'un arbre à cames, un piston à charnières, analogue à un soufflet; un ressort le ramène brusquement quand il est abandonné par la came, ce qui permet d'imprimer à l'air un mouvement saccadé de 500 pulsations par minute, de manière à pouvoir opérer avec des matières impalpables. D'autres trieurs à vent ont été imaginés et M. de Soulages, dans sa méthode de traitement des minerais, a introduit un ventilo-séparateur fonctionnant par la force centrifuge. Les matières amenées à un grand état de division et sortant encore chaudes d'un torréfacteur sont soumises à l'appareil.

Il nous reste à envisager une dernière classe d'appareils dans lesquels aux influences de la pesanteur et de la résistance du milieu, vient s'en adjoindre une autre, la *force centrifuge*, en raison de la rotation uniforme que l'on imprime à l'ensemble, autour d'un axe verticale. M. Bazin a trouvé pour le traitement des matières fines des appareils fort ingénieux. Le *laveur hydraulique centrifuge* se compose d'une cuve immobile pleine d'eau, munie d'un robinet de vidange à la partie inférieure. Elle contient une coupe en forme de calotte sphérique, susceptible de tourner autour d'un diamètre vertical. On y verse le sable à traiter et on fait commencer la rotation, les matières fines grimpent les premières par suite de la force centrifuge, sur les parois de la coupe et se déversent dans la cuve. On accélère peu à peu pour chasser des matières plus lourdes et l'on s'arrête quand on juge dangereux d'insister de peur de finir par expulser des substances utiles.

Lavage sur les tables.

Pour les matières très ténues devant être séparées, on a trouvé une solution dans l'emploi du frottement exercé par une surface solide. Avec ce principe, les grains sont mis en suspension dans l'eau au moyen d'un agitateur et la lavée s'écoule en lame mince sur

une surface légèrement inclinée. L'eau y acquiert en
un temps très court une vitesse constante telle que le
frottement qui dépend pour les liquides de la vitesse
arrive à compenser exactement l'influence de la pesanteur. fonction elle-même de l'inclinaison. L'action du
courant sera insuffisante pour ébranler les morceaux
trop importants par leur volume et leur densité : au
contraire il existera des matières assez fines pour être
entraînées au fil de l'eau. Il y aura comme limite une
catégorie précise de grains qui ne s'ébranleront pas
d'eux-mêmes, mais qui obéiront à la plus légère influence de nature à leur imprimer une vitesse, qu'ils
conserveront alors d'une manière uniforme. La longueur des tables est en général très limitée et les
grains se gênant mutuellement, on ne peut dans un
aussi faible trajet espérer une netteté suffisante pour
le classement ; on supplée à cet inconvénient en profitant de l'élimination partielle effectuée par le courant
sur ce premier parcours et remettant en outre tout
en question, un grand nombre de fois de suite, pour le
dépôt qui vient de se former. C'est ce que l'on réalise
au moyen du *râblage*. A cet effet, l'ouvrier muni d'un
râble refoule les matières à contre-pente, du pied vers
la tête de l'appareil et les grains recommencent dès
lors un nouveau trajet. Par cette manœuvre suffisamment répétée, on arrive à dégager le dépôt des matières légères que l'on a pour but d'éliminer et sans
que l'on doive pour cela craindre de voir entraîner un
seul des grains appelés par leur équivalence à se
déposer ; car le râblage ne fait que supprimer des
obstacles étrangers, sans introduire aucune force
accélératrice nouvelle.

On peut aussi remplacer le râblage par d'autres
moyens ; l'ouvrier sollicite doucement les matières
avec sa pelle pour les ébranler légèrement, des brosses

mobiles viennent en effleurer les surfaces, des pommes d'arrosoir y déversent une pluie qui entraîne les matières légères, en découpant la surface du dépôt le plus lourd.

Les *tables dormantes* ou tables jumelles, parce qu'on les accole ordinairement deux à deux (fig. 47), ont la forme d'un rectangle légèrement incliné ; à la tête se trouve un chevet en forme de triangle et d'une pente plus accentuée. Il reçoit la lavée sur son sommet et la répartit en lame uniforme par l'influence d'une série de brisants, constitués par des prismes triangulaires et destinés à diviser consécutivement la lame d'eau qui sans cela tendrait à couler directement par la ligne de plus grande pente. Au-dessus du chevet se trouve l'auge de distribution dans laquelle se meut un agitateur qui remet les matières en suspension. On doit par une allure modérée, chercher à éliminer d'abord le stérile ; on refond alors le résidu sur une seconde table pour le classer de nouveau, dans des conditions appropriées à son nouvel état. Quand la table est suffisamment chargée d'une matière bien classée, on arrête l'écoulement, et on nettoie la surface en enlevant à la pelle les zones successives.

Le *caisson allemand* (fig. 46) appelé aussi caisse à tombeau est une caisse rectangulaire d'inclinaison variable suivant la nature du minerai à laver ; elle est quelquefois nulle. L'extrémité de ces caisses est fermée par une cloison percée à diverses hauteurs d'orifices longitudinaux. L'eau arrivant par un conduit à la partie supérieure de la caisse, peut être écoulée à des niveaux plus ou moins élevés ; le minerai est placé sur une rive au-dessus de l'arrivée de l'eau. L'ouvrier, après avoir fait tomber dans la caisse pleine d'eau une certaine quantité de minerai à laver, l'agite avec un râble de manière à faire descendre les parties denses vers le fond ; puis il débouche le niveau supérieur situé par exemple à 0ᵐ30 de hauteur et pendant qu'il ne cesse d'agiter la masse, l'eau enlève les parties les moins denses. Bientôt il débouche un second niveau à 0ᵐ20 de hauteur et les parties d'une densité moyenne qui avaient résisté jusque-là sont entraînées ; enfin, lorsque le dernier niveau situé par exemple à 0ᵐ10 de hauteur est débouché, le bon schlick commence à s'isoler. Les dimensions ordinaires sont 3 mètres de longueur, 0ᵐ50 à 1 mètre de largeur et 0ᵐ40 à 0ᵐ90 de profondeur. Cet appareil très employé autrefois et qui est plutôt un éboueur qu'un classificateur a à peu près disparu aujourd'hui.

La table appelée autrefois *schaking-trunck* (fig. 52) consistait en une caisse de bois de 4ᵐ50 à 6 mètres de longueur et de 1ᵐ20 de largeur. Cette caisse inclinée de 6 millimètres par mètre était enterrée dans le sol et divisée en deux compartiments. Dans le premier était le minerai à laver recevant un fort courant d'eau et était remué fréquemment à la pelle. Les parties les plus pesantes restaient dans le premier compartiment, tandis que les corps ténus allaient se déposer par ordre de densité dans la section inférieure.

La table nommée *buddel* (fig. 51) consiste en une caisse de bois disposée en forme de tombeau, elle est enterrée dans le sol et présente les dimensions suivantes : largeur 0ᵐ91, longueur 2ᵐ45, longueur du compartiment où est chargé le minerai 0ᵐ41, profondeur près de la tête 0ᵐ53, profondeur au bout inférieur 0ᵐ61, pente 0ᵐ10. Le minerai est placé au-dessus de la caisse et l'eau arrive d'un niveau plus élevé ; on étend sur la partie supérieure au buddel une couche de minerai dans laquelle on trace de petites rigoles ; le courant d'eau qui doit être très faible suit ces rigoles et entraîne avec lui le minerai. L'ouvrier, debout dans la caisse, étend le minerai à mesure qu'il arrive. Un autre courant d'eau traverse la section supérieure et descend sur la tête de la table, le long de la petite cloison à laquelle on fait une entaille pour diminuer la force du courant. L'eau s'écoule par des ouvertures pratiquées à différentes hauteurs dans la planche qui forme la paroi inférieure de la caisse, d'où elle se rend dans un petit canal souterrain. Plus le minerai est pauvre, plus l'opération doit être conduite avec promptitude ; il faut environ 3 heures pour remplir la caisse.

La table nommée *trunck* (fig. 53) consiste en une caisse très peu inclinée de 2^{m}75 de longueur, 0^{m}90 de largeur et 0^{m}45 de profondeur ; une cloison placée à la partie supérieure de la caisse la divise en deux parties. Le minerai est mis dans le premier compartiment et remué à l'aide de palettes assujetties à un arbre horizontal supporté par deux montants en bois. Un levier fixé sur le milieu de cet arbre et mis en mouvement par une machine fait agir les palettes (fig. 54). Plusieurs caisses sont d'ordinaire placées l'une à côté de l'autre ; mais lorsqu'elles sont isolées, on ne se sert pas de palettes et c'est un homme qui remue le minerai avec une pelle. Si ce minerai est très visqueux, en tête des caisses est une autre caisse commune où l'on entasse le minerai. Des enfants le remuent avec des pelles, puis il se rend par des canaux dans les différentes sections des caisses où il est remué par des palettes (fig. 58) ; il est ensuite emporté dans le second compartiment où il se dépose par ordre de densité.

La table à bascule dite *rake* consiste en un plan incliné de 2^{m}75 de longueur et de 1^{m}37 de largeur, fixé à un châssis qui peut basculer au moyen de tourillons (fig. 48). Le minerai est placé avec une pelle sur la partie supérieure au plan incliné et communiquant avec lui au moyen d'une petite planche assujettie par des courroies, afin qu'elle n'empêche pas la table de basculer; on donne à cette table une inclinaison de 0m046 par mètre. Lorsque le minerai est bien étalé sur la partie supérieure, on laisse arriver un faible courant d'eau qui emporte le minerai dans la partie inférieure où on le remue avec un râble. En même temps l'on entraine avec elle la partie la moins riche et la fait tomber en c''; lorsqu'on a remué quelques instants on soulève le châssis presque verticalement et l'on répand sur la table une certaine quantité d'eau qui fait tomber le minerai dans les caisses c et c'. On obtient de la sorte trois produits : celui de la caisse c est du minerai riche, celui de la caisse c' du minerai médiocre qui est encore lavé une fois sur la même table et celui de la caisse c'' est retraité sur une table trunk.

Un ensemble de préparation mécanique se termine presque toujours par une dernière rigole dans laquelle s'engage définitivement toutes les eaux ; on cherche ainsi à prélever un dernier dépôt sur tout ce que ces eaux ont pu conserver de matières riches. On est dans l'habitude de replier ce couloir un grand nombre de fois sur lui-même en ligne brisée de manière à le faire tenir dans un espace modéré. De là l'expression de labyrinthe (fig. 44) qui sert à désigner ce dispositif. On commence par un, deux ou trois canaux très courts à contre-pente et de moins en moins inclinés destinés à retenir les matières les plus lourdes en raison de la difficulté qu'elles éprouvent à gravir ces rampes. Il est bon de terminer par deux grands bassins de plusieurs centaines de mètres carrés dans lequels la vitesse devenant inappréciable, les derniers schlamms peuvent s'arrêter.

Les *tables à toile* se distinguent en tables à *toile fine* et en tables à *toile sans fin*. Les premières sont des tables dormantes, sur la surface desquelles on a plaqué une grosse toile adhérente destinée à retenir dans son tissu les grains précieux susceptibles de s'y accrocher. Dans les toiles sans fin, la lavée s'écoule sur la toile qui remonte le courant sous l'empire de rouleaux tenseurs, animés d'un mouvement de rotation. On en règle la vitesse de manière que le mouvement différentiel dont le grain se trouve animé dure un temps suffisant pour assurer la netteté des résultats. Dans le *lavoir d'Uren*, employé pour les cuivres natifs du lac Supérieur, le courant est transversal à la table et le classement s'opère suivant des zones parallèles au mouvement, lesquelles arrivent ainsi d'elles-mêmes à se déverser, d'une manière continue, dans des compartiments distincts préparés pour les recevoir.

Les *tables circulaires*, très en usage en Angleterre, sont fondées sur la substitution d'un tronc de cône à la forme plane pour constituer l'aire du lavage. Il en existe deux types bien distincts, suivant que la petite base est située au-dessus ou au-dessous de la grande. Dans les *round-buddles* convexes (fig. 101), la lavée est amenée par un conduit à une auge centrale qui la distribue circulairement sur un chevet conique, d'où elle s'étale sur le tronc de cône en se classant comme sur la table dormante. Un renvoi de deux roues d'angle met en rotation deux bras, portant des brosses ou des bandes d'étoffe que l'on peut remonter à l'aide de manivelles au fur et à mesure que le dépôt s'élève lui-même ; ces brosses remettent les matières en suspension et égalisent les surfaces pour éviter qu'elles ne soient ravinées par les filets d'eau. L'eau et les troubles s'échappent par des trous pratiqués sur le pourtour du bassin.

Dans le *round-buddle concave*, beaucoup plus récent que le précédent, la lavée est répartie sur la circonférence supérieure au moyen d'un tuyau qui tourne avec les balais ; la boue s'échappe par le centre à travers les trous d'un manchon de fonte qui sert à maintenir les dépôts. La séparation, en principe peu nette dans les round-buddles, fait classer ces appareils parmi les dégrossisseurs. Le round-buddle concave peut passer 10 à 15 tonnes de sable par 10 heures, avec une consommation de 150 litres d'eau par minute, consommation triple de l'appareil convexe.

Les *tables tournantes* sont susceptibles de traiter des matières beaucoup plus fines que les *round-buddles ;* elles peuvent être convexes ou concaves, recevant la lavée par le centre ou par la circonférence. La lavée descend jusqu'au bas en se classant et la rotation lente de la table n'influence pas sensiblement ce mouvement suivant les génératrices. Cette circulation a seulement pour effet d'amener successivement toutes les parties de l'appareil devant un livreur, sous une gouttière donnant de l'eau pure pour laver les dépôts, devant un système de trois tuyères qui dardent leurs jets multiples, de manière à balayer tout ce qui se trouve sur la table. Le diamètre de la table augmente avec la pauvreté et la complexité du minerai ; cette dimension varie depuis 2^{m}50 jusqu'au double. L'inclinaison est de 5 degrés et la rotation très lente ne dépasse pas un tour par minute ; la quantité d'eau varie suivant les circonstances de 100 à 500 litres par minute, et la production sur les grandes tables peut atteindre 15 à 20 tonnes. Ces tables tournantes rendent les plus grands services pour le traitement des minerais très fins, principalement dans les contrées américaines qui ne sont pas dépourvues d'eau, et dans toutes les localités qui se trouvent dans une situation semblable.

Emploi des secousses.

Les *tables à secousses* sont des tables en bois suspendues à quatre poteaux au moyen de chaines. Deux de ces chaines sont inclinées (fig. 49) et appliquent la table dans sa condition normale contre un heurtoir ; de telle sorte qu'un arbre à cames étant disposé pour pousser cette table au moyen d'un système de leviers, elle revient elle-même frapper sur le heurtoir et secoue fortement les sables déposés à sa surface. Au sommet de la table est un tuyau ou chenal en bois recevant l'eau, et un distributeur composé d'une aire triangulaire ou chevet qui répartit uniformément cette eau sur toute la surface de la table. On peut à volonté amener sur la table de l'eau seule ou de l'eau entraînant les sables, de telle sorte que la table une fois réglée s'alimente d'elle-même. Les sables étant ainsi que l'eau distribués d'une manière uniforme et continue sur la surface de la table, le mouvement de celle-ci n'empêche pas l'eau d'entraîner les parties légères et ténues, tandis que les parties plus denses restent sur la table et sont ramenées à chaque secousse vers le chevet. Les tables à secousses ont ordinairement 3 à 4 mètres de longueur et 1^m30 de largeur. Les éléments variables y sont : l'inclinaison de la table, qui est de $\frac{1}{20}$ à $\frac{1}{25}$; son avancement, c'est à dire la quantité dont elle est poussée à chaque oscillation, qui est en moyenne de 0,20 ; sa tension, c'est à dire l'inclinaison des chaines ramenant la table à sa première position, qui détermine l'intensité du choc ; enfin le nombre de ces chocs, qui est de 30 par minute. Quant à la quantité d'eau dépensée et à la quantité de minerai traité dans un temps donné, cela est tellement subordonné à la nature du minerai à traiter, à sa ri-

chesse première, qu'il est impossible de rien préciser
à cet égard.

La table à secousses a, comme les bocards, l'inconvénient de faire un bruit assourdissant ; on peut lui
reprocher aussi une certaine confusion, en ce que, si la
classification effectuée par le mouvement remontant
procède d'après la densité, il subsiste dans la descente produite le long de la table par l'entraînement
du courant, une tendance au classement par équivalence. Cette imperfection a été écartée par M. Rittinger dans l'appareil qui porte son nom.

La *table de Rittinger* sépare les deux effets précédents suivant deux sens rectangulaires, au lieu de les
laisser se confondre dans la même direction. La lavée
est donnée sur une petite largeur horizontale voisine
de l'un des angles supérieurs de la table, dont un courant d'eau balaye toute la largeur ; les secousses sont
imprimées dans le sens transversal et les matières
parviennent à la partie inférieure par des trajectoires
plus ou moins tendues et tombent dans des auges disposées pour les recevoir. On les dirige vers les diverses
auges à l'aide de raclettes mobiles qui permettent de
choisir avec précision les limites de chacune des catégories que l'on veut isoler dans ces divers compartiments. La table de Rittinger est un véritable finisseur,
on y traite des schlamms très fins à l'aide d'un grand
nombre de secousses, jusqu'à 200 et 300 par minute,
quand c'est nécessaire. Les tables ont 2^m50 à 3 mètres
de long, sur 1^m50 à 1^m70 de large, et 3 à 6 degrés d'inclinaison. La consommation d'eau est de 10 à 12 litres
par minute, suivant la vitesse des schlamms. La production varie depuis 3 tonnes jusqu'au double. La
table de Rittinger est très employée depuis quelques
années et rend les plus grands services dans les ateliers qui ont à traiter des matières très fines.

Classement magnétique.

Le principe du classement fondé sur l'attraction par les aimants est très limité ; on ne peut agir que sur certains composés du fer, le fer et les divers alliages qu'il forme avec les autres métaux, le protoxyde de fer, les oxydes ferroso-ferriques, la pyrite magnétique, enfin un petit nombre de silicates ferreux. Le traitement convient principalement au fer oxydulé et aux pyrites magnétiques de fer et de nickel. Parfois le grillage, avec coup de feu, communique cette propriété au résidu de certaines espèces minérales qui ne la possèdent pas par elles-mêmes. A Przibram on grille la blende, on agit de même pour les minerais d'étain imprégnés de mispickel dans le Cornwall et à la Villeder (Morbihan).

La *trieuse Vavin* comprend deux cylindres tournants étagés l'un au-dessus de l'autre ; leur surface est formée d'anneaux alternatifs de fer doux et de cuivre. Les premiers sont en contact avec des barreaux aimantés, disposés suivant les rayons. Les anneaux de cuivre ou de fer du second cylindre correspondent inversement à ceux du premier. Les parties attirables adhèrent au fer en glissant sur le cuivre ; les autres tombent dans un récipient inférieur. Des brosses fixes nettoient les surfaces remontantes, chargées de particules ferreuses.

Dans la *trieuse de Sella*, employée pour les minerais de fer et de cuivre de Traverselles, une courroie de transport sans fin amène les matières à passer en couche mince, très près du point le plus bas d'une roue verticale formée d'électro-aimants. Des commutateurs permettent de recevoir le courant dans les bobines de la partie inférieure et de les désaimanter dès que la rotation les écarte de cette région. Elles se chargent donc de parcelles magnétiques pour les abandonner plus loin.

La maison *Bréguet* a établi un appareil comprenant une machine dynamo-électrique actionnée par transmission et envoyant le courant dans les électro-aimants entre lesquels les particules de fer sont polarisées. La lavée entre dans une cuve par des canaux et se trouve enlevée avec une pompe. La force absorbée par la machine n'atteint pas 60 kilogrammètres.

Organisation d'ateliers.

Dans les ateliers de formation récente, on a certaines tendances bien marquées, c'est d'abord la concentration ; au lieu d'une foule de petits ateliers disposés autour de chaque puits, on réunit en masses importantes sur des points attentivement choisis, à la fois les minerais et l'eau nécessaire à leur traitement. On tend à l'emploi des moyens de transport automatique ; s'il s'agit de descendre, on emploiera pour entraîner les matières des courants d'eau rapide ; pour le transport horizontal, on se servira de cordages en chanvre, de chaines de Gall, de vis sans fin en tôle ; pour remonter les matières, on fera usage de monte-charges ou mieux de norias ou de chaines à godets. Il est important de maintenir l'atelier à l'intérieur dans un état de propreté aussi complet que possible et d'y éviter tout mouvement trop actif de va et vient ; on rejette à l'extérieur de l'atelier tout le service relatif à la récolte et à l'enlèvement des produits fournis par le lavage. Le sol de l'atelier est alors à un niveau assez élevé au-dessus de celui de la cour, afin que toutes les matières évacuées par les cribles soient recueillies extérieurement le long des murs de l'atelier, et l'on établit autant de bassins de réception que de cases à chaque crible. Pour les stériles, on installe un système de voies ferrées qui permettront d'amener facilement et économiquement des wagonnets pour les enlever.

Dans la construction des appareils, on substitue autant que possible la tôle au bois ; on a des assemblages plus soignés et des réparations moins fréquentes. Mais, avant tout, on tâche de simplifier la marche des opérations ; moins la matière a de valeur, plus le traitement doit être rapide et simple. On attaque avec des dégrossisseurs, on termine avec des finisseurs sans perdre autant de temps, d'emplacement et de main-d'œuvre qu'autrefois, avec des appareils d'une efficacité insuffisante. Burat disait dans une de ses publications récentes : « Si l'on examine les nouveaux ateliers allemands, on reconnaît que le matériel y est composé d'appareils connus et tombés depuis longtemps dans le domaine public ; et l'on voit qu'il n'y a qu'un seul élément qui puisse expliquer les excellents résultats obtenus : la méthode. C'est, en effet, la succession précise et méthodique des procédés de classification et de lavage qui a déterminé le succès. »

On a des ateliers établis sur deux types bien différents : le *type allemand* qui domine sur le continent, et le *type anglais* qui ne s'y est guère introduit. Le premier se distingue par le fini des détails et la continuité recherchée pour le passage d'une opération à la suivante ; dans le type anglais, au contraire, on va droit au but par des moyens simples et imparfaits ; il peut y avoir gaspillage de la matière, et cette méthode convient plutôt aux minerais simples.

Diverses considérations pèsent d'une manière importante pour faire incliner vers l'installation d'un atelier avec le travail à la main ou avec travail mécanique ; le prix de la main-d'œuvre dans la localité, l'abondance de l'eau, la quantité de minerai à traiter. De plus, certain chiffre de production minimum est nécessaire pour supporter l'effet des frais généraux afférents à un atelier d'une certaine importance. On peut citer à cet égard les moyennes suivantes formulées par MM. Huet et Geyler, rapportées à la tonne et comprenant outre le prix de revient brut, c'est à dire les frais de main-d'œuvre, les frais généraux et l'amortissement :

Fer.........................	0 fr.	20
Manganèse...................	9	65
Galène en grenailles.........	7	20
Galène fine..................	9	65
Galène et blende en grenailles	12	10
Galène et blende fines	14	55
Cuivre pyriteux ou cuivre gris et pyrite de fer	12	05
Cuivre pyriteux ou cuivre gris et galène	17	00
Cuivre, galène et blende.....	25	00

Les frais sont naturellement très variables, suivant la richesse des minerais, la nature de la gangue et le degré de richesse auquel on pousse les schlicks ; ils consistent d'ailleurs, pour la majeure partie, en frais généraux d'établissement, d'entretien du moteur et du matériel, car les dépenses immédiates sont toujours très faibles. Le lavage des minerais cesse d'être avantageux lorsqu'on est arrivé à certain degré de concentration.

Pour fixer les idées dans la mesure du possible, nous citerons avec quelques détails la préparation mécanique dans plusieurs installations spéciales.

CHAPITRE XIX

Installations de préparation mécanique.

Minerais de fer de la Haute-Marne.

Les nombreuses exploitations de minerai de fer géodique tiré de la partie inférieure du terrain néocomien dans l'arrondissement de Wassy (Haute-Marne) donnent un minerai le plus souvent disposé en plaquettes cloisonnées contenant de nombreuses géodes remplies de sable et d'argile. La dureté est très variable, et le mètre cube, qui pèse brut 1,350 kilogr., atteint 1,550 kilogr. après une préparation qui le réduit à 45 pour cent de son volume. A l'état naturel, ce minerai ne rendrait que 22 pour cent de fonte, tandis que lavé, il donne 43 pour cent. Un atelier destiné à traiter 50 mètres cubes en 10 heures et ne travaillant que les quatre mois d'hiver pour éviter l'emploi des bassins d'épuration, emploie un volume de 1,200 mètres cubes par jour. Le moteur est d'une force de 30 chevaux ; les appareils sont : 1° deux piles ou bocards renfermant chacun huit pilons, dont la flèche et le sabot pèsent 50 kilog. Les cylindres en fonte de manœuvre portent 24 cames. Les grilles ont 50 millimètres du côté de l'arrivée de l'eau et 60 en aval. 2° Un patouillet ayant une huche de 4ᵐ 50 de longueur et 0ᵐ 70 de rayon de courbure pour sa section transversale. La sortie des eaux sales doit s'effectuer du côté de la pile, afin d'éviter de jeter du minerai dans la rivière.

Si l'on fait usage de bassins d'épuration, on en emploie deux ; un premier bassin de dépôt présente une longueur de 160 mètres sur 30 mètres de large. Un bassin de clarification qui lui fait suite en est séparé par une digue et se prolonge avec la même largeur, sur un développement longitudinal de 80 mètres. L'eau, profonde de 1^m 80, le quitte en passant sur un déversoir de 1 ou 2 mètres. L'opération du curage est très onéreuse et peut occasionner une dépense de 1 fr. 60 par mètre cube de minerai lavé. On en est arrivé pour cette raison à ne plus effectuer le curage dans beaucoup de cas : on loue des terrains suffisamment étendus et l'on relève avec des norias, les eaux aussi haut que possible et les dépôts surexhaussent alors les emplacements d'une manière progressive. On profite des collines ainsi produites artificiellement pour faire des plantations d'arbres de diverses essences.

Minerais de fer de Lot-et-Garonne.

Les terres argilo-sableuses qui recouvrent à Cuzorn et dans les environs les calcaires crétacés et tertiaires renferment des gîtes très nombreux de minerais de fer, et on peut évaluer, d'après M. Austruy, à 6,000 tonnes par hectare la quantité moyenne de minerai qui existe dans les terrains qui en renferment. Le minerai se présente toujours à l'état concrétionné ; ce sont quelquefois des géodes, plus habituellement des morceaux en forme de boules compactes, noueuses et feuilletées, et plus rarement des roches volumineuses ou des rognons à cassure massive non feuilletée. On les distingue en deux classes principales, les minerais doux et les minerais durs appelés caillavins ; les premiers se trouvent dans les terrains sablonneux, les seconds dans les terrains argileux. Par suite de leur mode de formation par concrétion au milieu de masses argileuses, les rognons sont recouverts d'une couche de terre, dont il importe de les débarrasser. Les exploitations donnent en moyenne un cinquième de gros et quatre cinquièmes de menu, cette catégorie comprenant tous les fragments qui peuvent passer dans un anneau de 8 centimètres. Le gros, exposé à l'air quelques mois, se dépouille suffisamment de la pellicule terreuse qui l'enveloppe, mais le menu a besoin d'être lavé ; il perd au lavage 30 à 35 pour cent. En raison de la forte proportion de menu, l'opération du lavage entre dans le prix de revient pour une part importante. Aussi est-il avantageux de faire économiquement cette opération. Le lavoir mécanique employé par M. Austruy à la forge de Cuzorn a résolu ce problème dans les conditions les meilleures ; il permet d'obtenir par heure dix tonnes de minerai lavé. L'approchage du brut de 100 mètres de distance coûte 0 fr. 20 la tonne ; le louage et la mise en wagons à 9 mètres de hauteur, 0 fr. 20 ; ensemble 0 fr. 40 pour la main-d'œuvre. L'entretien de l'appareil revient à 0 fr. 10 par tonne, et il faut une force motrice brute de six chevaux. Dans le lavoir débourbant, analogue à celui que nous avons décrit, les matières solides sont entraînées par la paroi sur laquelle elles reposent ; parties de la génératrice inférieure, elles s'élèvent dans un plan perpendiculaire à l'axe de rotation jusqu'à une certaine hauteur de laquelle elles retombent verticalement, ce qui produit leur avancement. Elles séjournent 8 à 10 minutes dans le lavoir et s'acheminent vers la sortie ou remontent le courant de l'eau qui descend en sens inverse. Le lavage produit est rationnel ; en passant sur des tôles perforées, les minerais sont purgés de leur sable et ils sortent de l'appareil parfaitement nettoyés.

Minerais de nickel de la Nouvelle-Calédonie.

Les minerais de nickel se trouvent principalement sur la côte nord-est de l'île; ils sont de plusieurs sortes : les minerais sulfurés, les minerais arséniés et les minerais oxydés, comprenant les hydrosilicates appelés garniérites, de beaucoup les plus nombreux. On a dans la garniérite une série dont la teneur en nickel peut varier de 2 à 20 p. %, et l'on arrive rapidement par la pratique à reconnaître la valeur approximative des minerais, grâce aux colorations diverses que l'oxyde de nickel communique aux masses minéralisées. Les gisements affectent deux formes bien distinctes ; les uns sont des gisements de surface, se présentant sous forme d'amas ou poches de peu de profondeur, disséminés sur de grandes étendues contenant le minerai à l'état de rognons dans une gangue d'argile ferrugineuse, le tout encavé dans les cavités des roches serpentineuses. Les autres gisements sont les filons, qui offrent cette particularité qu'à partir d'une profondeur variant de 40 à 50 mètres au-dessous de la surface, ils deviennent fortement quartzeux et diminuent en même temps de puissance.

Le minerai contient une grande quantité de matières stériles ; aussi est-il absolument nécessaire, avant de le descendre aux usines, de lui faire subir un cassage et un triage permettant de séparer les roches étrangères et les matières pauvres. Ce cassage et ce triage sont faits par les noirs, généralement des Néo-Hébridais, engagés au service des exploitants pour plusieurs années, et accidentellement par des Canaques des tribus voisines des mines. Le minerai sortant des chantiers est passé sur des cribles à mains, à mailles fines d'abord, et ce qui ne peut pas passer au crible de 1 centimètre de maille est porté sur des tables fixes, autour desquelles sont rangés les trieurs. Les cribles ont donné trois qualités, formant autant de tas distincts, qui sont traités à part. La première est la poudre de nickel, généralement peu riche, contenant 3 à 4 p. % de minerai, le reste étant des matières argileuses ou magnésiennes avec beaucoup d'oxyde de fer. Cette poudre est destinée à être lavée pour être débarrassée des terres avant d'être livrée au traitement métaliurgique. Les deux autres qualités provenant des cribles qui sont généralement les plus riches, sont triées sur place par des noirs rangés autour des tas. Les produits du triage sur les tables sont réunis aux deux qualités précédentes; les résidus sont laissés sur place.

Les produits de triage sont ensuite mis indistinctement dans de petits sacs pesant pleins 38 kilog., et expédiés à l'usine pour le traitement métallurgique.

Minerais de zinc de Welkenraedt.

L'atelier de Welkenraedt, qui appartient à la Vieille-Montagne, traite un mélange intime de galène, de blende et de pyrite dans une de ses sections, et dans l'autre des minerais calamineux à gangue très argileuse dont nous nous occuperons.

La calamine n'étant pas mélangée à la roche, on est dispensé du broyage et la formule du traitement se réduit au classement et à l'enrichissement. Une première séparation s'effectue dans l'intérieur de la mine et fournit deux sortes distinctes : le gros et le menu. Le gros est simplement trié à la main, sans cassage. Ce klaubage donne de la calamine et du stérile. Les menus sont versés sur une grille de 60 millimètres, avec un fort courant d'eau ; ce qui traverse se rend à un trommel débourbeur garni à son intérieur d'hélices à contre-sens du fil de l'eau, avec des baguettes longitudinales destinées à briser les boules d'argile. Il est suivi d'une autre travée à double enveloppe dont les trous ont 5 à 25 millim. de diamètre. La sorte intermédiaire entre 5 et 25 passe dans un trommel-classeur qui la répartit en cinq catégories ; les trois moindres sont traitées sur des cribles continus, les deux sortes supérieures sur des cribles à piston. La matière inférieure à 5 millimètres tombe dans un appareil à courant ascendant appelé *schlammpeter* : la partie entraînée est inférieure à 1 millimètre et l'autre portion se rend dans un trommel qui fait quatre sortes distinctes, dont les trois plus grosses sont passées au crible à piston, tandis que la plus fine est traitée dans les caisses pointues. Les trois premiers dépôts traités au crible continu, donnent trois natures de produits : calamine, mélangés, stériles. Les mélangés repassent au même appareil et les quatrième et cinquième sortes subissent sur les tables de Rittinger une subdivision avec passage des mélangés. Enfin les boues de la sixième classe se réunissent avec l'entrainement du schlammpeter inférieur à 1 millim. et s'engagent dans un labyrinthe où on les reprend pour les passer aux tables de Rittinger, de manière à les séparer finalement en calamine et stérile rejeté.

Minerais de mercure d'Idria.

Il y a quelques siècles la préparation des minerais d'Idria (Carniole) consistait uniquement en un scheidage, classant grossièrement le minerai de cinabre d'après sa richesse et sa grosseur. Les bocards à eau, introduits en 1696, ont été abandonnés en 1842 en raison de l'importance des pertes subies et on les a remplacés par le travail à sec. On fait dans la mine même deux catégories : le *erz*, qui comprend les minerais riches ou moyens ; le *scheidegang*, qui renferme les matières pauvres. Les scheidegangs sont jetés sur des grilles de 70 millim., mues par des excentriques, de manière à se pénétrer mutuellement ; en dessous sont des plaques perforées de 2 et de 10 millimètres. Le plus fin tombe dans un récipient spécial. La seconde et la troisième grosseurs sont reçues sur des tables sans fin et triées à la main. Les plus gros morceaux vont au concasseur américain, qui les réduit à 70 millim., pour repasser au criblage.

Les erze sont traités sur un crible à trou rond de 50 millim. ; le refus est dirigé vers le concasseur et une table tournante de klaubage. Le reste traverse un trommel de 20, de 10 et de 5 millim., qui donne quatre sortes. Les grains de 50 à 70 sont triés sur une table sans fin, où ils sont divisés en riches, moyens ou pauvres. Toutes les matières supérieures à 5 millimètres sont bocardées ou passées à un broyeur spécial pour être réduites au-dessous du diamètre de 5 millim. On obtient deux sortes de scheidegangs : 1° stufen gros et pauvre, de 20 à 70 millim., et d'une teneur de 1/2 % de mercure ; 2° griesen au-dessous de 20 millim., approchant de 1 % de métal. En outre, deux sortes de erze : mittelerze et reicherze, suivant le degré de richesse, qui varie de 20 à 30 % avec un diamètre inférieur à 5 millimètres.

Minerais de cuivre du Lac Supérieur.

On exploite le cuivre natif qui se trouve dans les filons avec des cuivres gris, pyriteux, oxydés noirs, carbonatés, silicatés, avec une gangue de calcaire, de quartz, de feldspath et de trapp. Un triage préliminaire isole les masses importantes de cuivre qui sont envoyées à l'usine métallurgique. Le reste, débarrassé autant que possible des gangues à l'aide du marteau, est envoyé à l'atelier de préparation et renferme une proportion de métal qui varie entre 1,25 et 5,50 %. On commence par une calcination effectuée en plein air et en grand tas, pour rendre les gangues plus friables. On effectue alors un cassage au marteau et les matières sont envoyées aux bocards. Les flèches de bocard sont associées par batteries de quatre ; elles pèsent 350 kil. avec une levée de 0m15 à 0m20. Devant chaque bocard se trouve un plan incliné triangulaire sur lequel coule la lavée ; les grenailles de cuivre s'y déposent avec les gros sables et enrichies aux cribles à bras atteignent une teneur de 75 à 80 %. Les sables entraînés par l'eau arrivent aux caissons allemands de 2m00 sur 0m40, avec pente de 6 degrés. Les sables les plus fins sont traités sur des tables dormantes de 2m de longueur au plus ; ce qui est entraîné est considéré comme stérile. On obtient ainsi deux sortes en repassant les matières sur les mêmes appareils ; le plus riche atteint 40 à 52 % ; le sable plus pauvre, seulement 25 à 30 %.

Minerais d'étain du Cornwall.

Le minerai d'étain est tantôt compacte, tantôt cristallisé ; au sortir de la mine, il est très pauvre et ne contient, suivant l'exploitation, que de 1 à 3 pour 100 d'étain. La gangue est quartzeuse et granitique et il faut une grande attention, même avec l'aide d'une loupe, pour y apercevoir les petites mouches d'oxyde d'étain qui se confondent avec le reste de la roche ; on y voit plus aisément les petites quantités de pyrites de fer et de cuivre et de mispickel par lesquelles le minerai est souillé. Le wolfram qui est presque toujours contenu dans le minerai, en plus ou moins forte proportion, suivant les mines, s'aperçoit aussi très difficilement. Tout le minerai est broyé finement au bocard, après avoir subi à la masse ou aux appareils à mâchoires un premier concassage grossier et après avoir passé au scheidage. On ne pousse le bocardage que jusqu'au point nécessaire ; il vaut mieux rester un peu en deçà et laisser des grains imparfaits que de dépasser le degré inévitable. L'essentiel est de dégager de sa gangue le grain d'oxyde d'étain sans le briser lui-même.

Les appareils de lavage ne peuvent qu'être fort imparfaits, car il s'agit de laver de grandes masses d'un minerai trop pauvre pour supporter les frais d'un lavage complet, mais coûteux. Il faut considérer qu'actuellement, malgré la concurrence de Malacca, la baisse du prix de l'étain et l'épuisement des mines, le Cornouailles anglais produit annuellement 15,000 tonnes de minerai riche, et comme il faut environ 50 tonnes de minerai brut pour fournir une tonne de riche, il s'ensuit la nécessité de broyer annuellement plus de 750,000 tonnes de minerai tout-venant. Les appareils se composent le plus habituellement de round-buddles de divers systèmes et de tables dormantes. Évidemment, ce système de lavage est très imparfait et laisse perdre une forte proportion de l'étain contenu dans la matière première, mais il rachète son imperfection par sa grande simplicité ; un chef-laveur et quelques jeunes garçons suffisent à tout le travail. Au fur et à mesure de la concentration de l'étain dans un poids moindre de matière, il y a aussi concentration du mispickel, des pyrites et du wolfram. Il est difficile d'isoler l'oxyde d'étain de ces minéraux nuisibles, à cause du peu de différence des densités. Pour y arriver plus facilement, on a recours à un grillage dès que la gangue pierreuse est suffisamment éliminée. Dans ce grillage, l'oxyde d'étain ne subit aucune altération ; il garde sa structure cristalline, tandis que les autres matières sont transformées en oxydes, sulfates, arsénites et arséniates. La continuation du lavage devient alors plus facile et constitue une sorte de simple débourbage. Le minerai est amené ainsi à une teneur moyenne de 66 pour 100 d'étain au moins, et expédié aux usines sous le nom de black tin. Le total de la dépense monte à près de 300 francs par tonne de black tin.

Minerais de plomb du Laurium.

L'abondance de ces minerais est immense, mais, par contre, ils sont d'une composition très complexe qui oppose au travail de séparation et d'enrichissement mécanique des difficultés qui ne peuvent être surmontées que par une grande habileté pratique. Avec de tels minerais, le triage à la main est rendu industriellement impossible, car pour obtenir une tonne de matière marchande, il faudrait en manier au moins 25 à 30 ; ces conditions, par trop onéreuses, ont expérimentalement démontré qu'il fallait renoncer à ce travail et se borner, soit au fond, soit à la sortie des mines, à un triage rapide ayant pour but d'éliminer les stériles, à faire quelques grandes catégories, lorsque cela est possible, pour blende et pyrite et à livrer le tout au broyage. Un triage plus complet avec cassage au marteau, en plus de son prix de revient trop élevé, a encore pour inconvénient majeur de faire perdre dans les rejets de 5 à 6 pour 100 de plomb. Or, comme les stériles rejetés par les lavages n'emportent au maximum que 1 pour 100 de plomb, il est évident que ce serait une véritable faute que de vouloir trier plus à fond par le travail à la main. L'outillage des laveries du Laurium est peu compliqué ; car en dehors des appareils de broyage et de classement, l'enrichissement s'opère uniquement, pour les grenailles et les sables, sur les cribles à grilles filtrantes, et des round-buddles ont servi jusqu'à ce jour pour enrichir les boues *qui sont fondues* sur place.

En raison de la grande variété des minerais et de la difficulté qu'oppose à la séparation mécanique leur *composition complexe, on devait prévoir, a priori*, qu'il était nécessaire de traiter séparément, non seulement les minerais en provenance des gîtes distincts, mais aussi que pour chaque gîte *il faudrait probablement* se résoudre à diviser les matières par un triage rapide en catégories, pour les laver à part et ensuite, par des repassages successifs, obtenir la séparation de la galène, de la blende et de la pyrite. Cette méthode, assez généralement suivie, présente de grands inconvénients auxquels on a voulu se soustraire au Laurium ; ces reprises sont coûteuses de main-d'œuvre *partout, et celle* dépense est rendue plus sensible dans un pays comme la Grèce où cette main-d'œuvre est très chère, en même temps qu'inhabile et peu soigneuse ; *de plus, la multiplicité du repassage est une* cause sérieuse de perte par entraînement, surtout quand les minerais contiennent de l'argent. Dans le but d'échapper à ces causes de pertes, on a *disposé* au Laurium les ateliers de lavage en vue d'obtenir, autant que possible du premier coup et avec le minimum de repassages, la séparation des minerais contenus dans la matière première livrée aux ateliers de lavage, dans lesquels toutes les manutentions s'exécutent mécaniquement, les unes à la suite des autres, sans aucun secours de la main-d'œuvre.

L'ensemble des usines qui peuvent recevoir et traiter au moins 100 tonnes de minerai brut par 24 heures se compose de deux halles distinctes : l'une destinée au lavage des matières telles qu'elles arrivent des mines, la seconde halle recevant les produits mixtes en provenance du premier lavage. La première laverie, dite laverie principale, occupe une surface de 1,215 mètres ; l'outillage y est groupé symétriquement de telle sorte que, au besoin, on peut y traiter parallèlement deux minerais de compositions différentes. Les manutentions s'exécutent mécaniquement, la main-d'œuvre se trouve réduite au minimum. Dans les laveries, on ne voit le personnel que juste nécessaire pour surveiller le fonctionnement des outils. Aucun service de roulage n'a lieu dans l'intérieur, tous les produits quels qu'ils soient, riches ou pauvres, se recueillent et tombent directement dans les wagonnets qui doivent en opérer l'enlèvement. Les riches sont roulés au magasin, les stériles aux remblais, tandis que les mixtes vont à la laverie qui leur est destinée. Cette laverie accessoire, construite dans le même esprit, reçoit ces matières, les soumet au broyage fin pour en extraire les derniers produits qu'on en peut tirer. Sa surface est de 970 mètres.

Comme il est très important de pouvoir maintenir l'atelier à l'intérieur dans un état de propreté aussi complet que possible, et d'y éviter tout mouvement trop actif de va-et-vient, on a au Laurium rejeté en dehors de l'atelier tout le service relatif à la récolte et à l'enlèvement des produits fournis par le lavage. Le sol des laveries a été fixé alors à un niveau assez élevé, au-dessus de celui de la cour, afin que toutes les matières évacuées par les cribles soient recueillies extérieurement. Le long des murs des usines, il a été établi hors de l'atelier autant de bassins de réception plus un, que de cases à chaque crible ; chacun de ces bassins correspond par un tuyau de fonte à la case à laquelle il est destiné. Entre l'orifice de ce tuyau de décharge et le bassin qui lui correspond, on a ménagé une hauteur suffisante pour y pouvoir présenter une petite brouette en tôle, dans laquelle le tuyau verse les matières solides avec l'eau qui les entraîne ; la brouette qui est à bascule, une fois pleine, est enlevée et immédiatement remplacée par une autre vide. S'il arrive que la brouette déborde, son trop-plein tombe dans le bassin et rien ne se perd. Pour les stériles, dont le volume est beaucoup plus considérable, un système de voies ferrées permet d'amener, sous le tuyau des stériles, un petit wagon à bascule d'une capacité plus grande que celle des brouettes.

Le personnel main-d'œuvre, employé pour le service complet des deux laveries, ne dépasse pas 30 individus, hommes et gamins. Le minerai soumis au lavage entre dans les ateliers de préparation à la teneur moyenne de 9 à 10 pour 100 de plomb environ et sort à une teneur moyenne de 60 pour 100 ; les blendes teneur en plomb, 2 à 3 pour 100. Les stériles rejetés emportent en plomb au plus 1 pour 100. Ce qu'il y a de plus intéressant dans cette méthode, c'est qu'elle permet d'enlever du premier coup, en galène riche, de 65 à 70 pour 100 du plomb, et jusqu'à 90 pour 100 de l'argent contenu dans le brut, tout en donnant des blendes marchandes et des pyrites galéneuses également très propices à la fonte.

Par suite de l'initiative française, la Grèce a été dotée, en l'espace de quinze années, d'une industrie puissante et remarquable par la création des usines métallurgiques de Laurium et surtout par la reprise et le développement des mines du même district. Cette industrie a donné naissance à la ville maritime d'Ergastéria, située au pied même de la montagne où s'exploitent les mines, et dont la population dépasse actuellement 7000 habitants.

CHAPITRE XX.

Prix de revient.

Les travaux souterrains ayant pour but d'obtenir au plus bas prix les matières exploitées, il sera toujours facile de calculer ce que coûtent dans une mine le roulage, l'extraction et l'épuisement des eaux ; il y a dans les conditions de ces calculs une homogénéité qui laisse peu de latitude à l'erreur. Mais il n'en est pas de même de l'exploitation proprement dite, la résistance des matières abattues est un élément des plus variables ; à chaque pas il faut calculer ce que coûte l'abatage, interroger la valeur des matières extraites et décider s'il y a convenance à cesser ou à développer les travaux dans telle ou telle partie de la mine. La question complexe du prix de revient doit donc être constamment interrogée dans les mines métallifères.

L'ingénieur d'une mine doit nécessairement fournir au bureau les éléments de la *comptabilité* et en suivre tous les comptes, de manière à connaître ses prix de revient. Dans toutes les exploitations, l'organisation est aujourd'hui à peu près identique ; l'ingénieur détermine les travaux à entreprendre, fixe les dimensions et formes des puits et galeries, indique les méthodes que doivent suivre les travaux souterrains, arrête toutes les dispositions du matériel. Le produit extrait une fois versé sur le halde du puits, la comptabilité pourra seule dire si ce produit est rémunérateur. Pour cela les dépenses de même nature doivent être réparties dans trois comptes :

1° Le compte de *main-d'œuvre* qui est représenté par la feuille de paye, et qui doit solder les travaux faits à la journée ou à la tâche ;

2° Le *magasin* qui délivre les consommations de toute nature : bois, huile, poudre, fers, outils, câbles, etc. ;

3° Le compte des *frais généraux*, qui non seulement s'applique aux dépenses générales telles que les honoraires des employés, consommations diverses, etc., mais qui comprend aussi le solde de certains travaux de recherche ou d'avenir qui ne sauraient être appliqués à l'exploitation proprement dite, ou dont l'amortissement peut être réparti en plusieurs mois.

Le cadre des chiffres une fois arrêté, il est facile chaque mois de dresser un état des recettes et des dépenses et d'apprécier par conséquent les résultats obtenus. Pour les mines métalliques qui nous occupent, ces résultats ne peuvent être certains que si la valeur des minerais obtenus peut être déterminée, condition quelquefois difficile. La richesse des minerais, c'est à dire le véritable chiffre de la production, ainsi que la proportion des travaux préparatoires sont tellement variables, que le prix de revient a en quelque sorte un caractère spécial pour chaque mine. A cet égard il est un préjugé que l'on ne saurait trop signaler, c'est celui de la *richesse* du minerai. Il semble généralement que quelques échantillons de minerais riches suffisent pour recommander un gîte et que tout soit résolu lorsque des galeries ont montré de beaux blocs. Ce qui fait en réalité la prospérité des mines métallifères, c'est moins la richesse que l'abondance et la régularité du minerai.

La grande influence des *travaux préparatoires* sur le prix de revient des minerais introduit beaucoup d'arbitraire dans le calcul de leur prix de revient. Il faut en effet amortir ces travaux et d'autant plus rapidement qu'ils doivent durer moins de temps, par suite du peu de puissance et de l'instabilité des filons. Les travaux exécutés en rocher pour l'exploitation des gîtes métallifères peuvent être divisés en deux classes : 1° les *travaux préparatoires*, consistant en galeries d'avancement ou de traverse, en bures extérieures, qui ont pour but de dégager un massif et de faciliter une exploitation ; ces travaux doivent être soldés par les produits du massif lui-même, et par conséquent être compris chaque mois dans le calcul du prix de revient du minerai ; 2° les *travaux de recherche* et de premier établissement, tels que puits d'extraction ou d'épuisement, galeries d'écoulement, constructions et matériel ; ils ne peuvent être utiles que pendant un temps limité, et doivent être progressivement amortis pendant ce temps.

Un gîte métallifère, fût-ce le filon en apparence le plus régulier, présente bien moins de garanties pour l'avenir qu'une couche de houille par exemple ; les galeries et les puits qui sont percés pour le reconnaitre peuvent être frappés de non-valeur par les chances défavorables de l'exploitation. La méthode des prix faits et des adjudications est très essentielle ; on calcule ensuite ce qui sort au triage, par mètre cube abattu ou par mètre carré de surface du filon. On peut apprécier ainsi, par les comparaisons des dépenses et des produits, quels sont les résultats de l'exploitation.

Un moyen d'arriver à fixer les prix faits, lorsqu'on a des ouvriers peu expérimentés, est de les payer d'abord par décimètre de trou de mine percé sous la surveillance d'un maitre-mineur, et de calculer l'effet des coups de mine en pesant les roches abattues. Les roches métallifères sont assez généralement des roches dures dans lesquelles on percera 0^m.75 à 1^m.50 de trou de mine par poste de dix heures, lesquels détacheront 200 à 500 kilogrammes de roches. Les exemples de prix de revient abondent ; mais ces exemples sont rarement comparables entre eux, parce qu'ils dépendent non seulement de la section des orifices, de la dureté, de la ténacité de la roche, mais encore des fissures qui s'y trouvent et d'une multitude de circonstances qu'on ne peut apprécier que sur les lieux. C'est donc seulement après un certain temps de pratique qu'on pourra apprécier les bases d'un prix de revient. Quelques exemples seront cependant utiles pour établir les proportions les plus ordinaires des dépenses.

A Saint-Bel, où l'on exploitait la pyrite de fer mélangée de pyrite cuivreuse, en veines dans des schistes durs, M. d'Hennezel a trouvé les moyennes ci-après sur plus de deux cents prix faits. Ces moyennes se rapportent assez bien aux conditions des filons métallifères faciles, et portent le prix du mètre cube à 8 fr. 60 de galeries et à 6 fr. 19 dans les tailles. Chaque mineur brûlait en moyenne 0 kil. 19 de poudre, poids correspondant à trois cartouches, dans des trous de mine de 0^m.40 à 0^m.50 de profondeur ; sa consommation en huile était de 0 kil. 125 et sa dépense en outils de 0 fr. 19 par jour. Le prix de la main-d'œuvre étant de 1 fr. 60 à la journée, ressortait à 2 fr. 38 à prix fait.

En prenant les moyennes dans neuf exploitations en Saxe et portant le prix de la poudre à 2 fr. 10 par kilogramme, on trouve que le mètre cube de travail en galerie ordinaire, de 2 mètres à 2 mètres et demi de section, coûte, éclairage non compris :

En main-d'œuvre...................... 12 fr. 80
En outils (forge et consommation) 5 94
En poudre, 2 kil. 07.................. 4 35

Total............ 23 fr. 09

Ce prix doit être augmenté de plus d'un tiers pour la main-d'œuvre, qui est de 0 fr. 90 en Saxe, tandis qu'en France elle descend rarement au-dessous de 1 fr. 75 à 2 francs. Soit 25 à 30 francs le mètre cube y compris l'éclairage. Il reste à calculer les prix de roulage, d'extraction et d'épuisement, calcul facile en appliquant les bases connues.

Enfin les données suivantes numériques sur le prix d'abatage en galerie ordinaire de 2 mètres carrés à 2 mètres et demi de section, des roches le plus souvent métallifères, complèteront cette connaissance préalable qui a toujours besoin d'être justifiée par la pratique. Ces données sont établies pour la Saxe, le prix du poste de mine étant 0 fr. 90, celui de la poudre 1 fr. 70 le kilogramme, la réparation des outils étant comptée à 0 fr. 33 soit pour forger la pointe de 60 pointeroles, soit pour reforger ou recharger 12 fleurets.

Prix d'abatage du mètre cube en galerie.

	Main-d'œuvre.	Poudre.	Outils réparés.	Outils consommés.	Sommes.
Quartz dur et tendre.	24 f. 65	8 f. 18	5 f. 87	2 f. 95	41 f. 63
Gneiss dur.........	20 55	6 84	5 70	2 85	35 94
Schiste argileux dur.	14 35	3 86	2 36	1 18	21 75
Calcaire cristallin...	12 70	1 38	1 40	0 70	16 58
Schiste argil ux traitable	9 83	2 28	1 28	0 64	14 03
Schiste argileux facile	7 38	1 46	1 01	0 50	10 35

Il ne faut appliquer ces données qu'avec beaucoup de réserve, faire la part des différences qui peuvent exister dans les prix de journée, dans celui de consommation et ne pas oublier que la section des galeries exerce une grande influence sur le prix de revient de l'abatage.

Les incertitudes que présente l'exploitation des gîtes métallifères nécessitent, ainsi que nous l'avons dit, un très grand développement de travaux préparatoires ; et lorsqu'on sait assujettir ces mines à une production régulière on est obligé d'avoir recours à un grand nombre de massifs dégagés à l'avance, de sorte que l'on puisse choisir et proportionner les chantiers d'abatage à l'extraction qu'on se propose d'atteindre. C'est ainsi que l'on procède dans les mines métallifères du Hartz et de la Saxe, dont le budget, dépenses et produits, est réglé chaque année à l'avance d'une manière à peu près fixe. Mais cette méthode ne saurait être suivie par les Compagnies d'exploitation qui n'ont que quelques filons et qui poussent les travaux d'abatage aussi vivement que possible, en vue du présent. C'est par cette raison que l'on voit souvent des mines donner une année de produits considérables et tomber ensuite à des extractions minimes.

Pour les mines métalliques, les résultats ne peuvent être certains que si la valeur des minerais obtenus peut être déterminée, condition quelquefois difficile. La richesse des minerais, c'est à dire le véritable chiffre de la production, ainsi que la proportion des travaux préparatoires, sont des éléments tellement variables, que le prix de revient a en quelque sorte un caractère spécial pour chaque mine. Nous n'avons pas à nous appesantir sur cet ordre d'idées, mais nous pensons que la comparaison de quelques exemples choisis de prix de revient de la tonne de minerais, pour diverses exploitations importantes, ne sera pas sans intérêt pour le lecteur.

Minerai de fer.

Le prix de revient du minerai de fer oolitique exploité à *ciel ouvert* à Hussigny-Godbrange (Meurthe-et-Moselle) s'établit comme suit ; avec 4 mètres de stériles à enlever et 5 mètres de minerai :

Enlèvement du stérile............	0 fr. 30
Abatage du minerai	0 70
Cassage et triage.................	0 25
Entretien du matériel............	0 10
Entretien de la voie	0 10
Surveillance et divers............	0 05
Fournitures	0 10
Amortissement du matériel	0 15
Amortissement de la voie	0 10
Total pour une tonne....	**1 fr. 85**

Le prix de revient du minerai de fer de Mazenay (Saône-et-Loire) exploité par puits et galeries est le suivant :

Main-d'œuvre intérieure.	Surveillance et boisage	0 fr. 10
	Abatage du minerai...............	2 19
	Abatage du rocher	0 13
	Roulage	0 52
	Epuisement	0 01
	Manœuvrages divers..............	0 07
Main-d'œuvre extérieure.	Surveillance et basculeurs	0 02
	Montage et recette	0 09
	Manœuvrages et chargements	0 06
	Forgerons et charrons	0 11
	Compte des chevaux, ferrages, etc.	0 03
	Travaux préparatoires et recherches	0 12
	Total de la main-d'œuvre...	**3 fr. 45**

Pyrite.

La Compagnie de Saint-Gobain établit comme suit, dans ses mines de Saint-Bel (Rhône), le compte de la main-d'œuvre et des fournitures pour la tonne de pyrite :

Abatage	1 fr.	084
Roches stériles	0	161
Boisage	0	288
Remblayage	0	357
Roulage	0	312
Surveillance intérieure	0	120
Frais divers	0	191
	2	513
Main-d'œuvre extérieure	0	467
Fournitures	1	544
Frais généraux et autres	mémoire	
Prix total	4 fr.	524

Plomb argentifère.

Le prix de revient de la Société des mines de plomb et de zinc argentifères de Pontpéant a été établi de la manière suivante en 1883 :

	Minerai brut.		Minerai préparé.	
Abatage	3 fr.	57	15 fr.	62
Remblayage	0	23	1	»
Roulage et entretien	1	20	5	25
Extraction	0	31	1	36
Epuisement	0	16	0	72
Travaux divers	0	15	0	63
Machinistes	0	65	2	81
Préparation mécanique	3	57	15	63
Atelier de réparation	0	35	1	56
Main-d'œuvre	10 fr.	19	44 fr.	58

	Minerai brut.	Minerai préparé.
Houille pour extraction....	1 fr. 43	6 fr. 27
— — épuisement...	0 60	2 63
Houille pour préparation mécanique..............	0 53	2 33
Métaux..	0 06	0 26
Bois...................	0 71	3 15
Graissage.............	0 22	0 90
Eclairage............	0 10	0 50
Explosifs............	0 70	2 92
Divers...............	0 46	2 08
Consommation....	4 fr. 81	21 fr. 04
Machines et pompes	0 20	0 fr. 88
Matériel	0 08	0 40
Préparation mécanique et outillage..............	0 52	2 25
Chemins...............	0 05	0 20
Divers...............	0 14	0 61
Entretien.....	0 fr. 99	4 fr. 34
Traitements............	0 fr. 38	1 fr. 68
Transports............	0 43	1 87
Frais généraux...........	0 72	3 12
Charges diverses.....	1 fr. 53	6 fr. 67
Prix total........	17 fr. 52	76 fr. 63

Minerai de cuivre de Rio-Tinto.

Main-d'œuvre......................	1 fr. 360
Poudres, mèches, etc..............	0 275
Outillage et wagons..............	0 290
Traction et animaux	0 282
Frais généraux	0 935
Excavation et abatage du stérile...	0 875
Total par tonne de minerai....	4 fr. 017

Mercure.

Dans la mine d'Almaden (Espagne) le prix de la tonne de minerai s'est établi de la manière suivante pour l'année 1875 :

Abatage	20 fr. 53
Boisage, muraillement.............	14 31
Epuisement........................	4 24
Aérage	0 12
Extraction, transports	5 09
Frais généraux....................	15 78
Personnel, frais de bureau........	8 00
Ateliers, hôpital, frais divers	4 35
Prix total..........	72 fr. 42

Le prix de la tonne de mercure s'est élevé à 1323 fr. 40.

En étudiant les différents exemples de prix de revient que nous avons donnés, on voit que l'on s'applique à distinguer toutes les opérations de l'exploitation et que l'on sépare : l'abatage, le roulage, l'extraction, le boisage, les dépenses générales et l'exhaure, dont l'ensemble constitue les dépenses immédiates de l'exploitation.

Dans la classification des dépenses de chaque chapitre on a soin de distinguer toujours la main-d'œuvre et le magasin. Vient ensuite la série des dépenses comprises sous la dénomination de frais généraux permanents, dans laquelle on a soin de conserver les mêmes distinctions.

Le prix de revient doit enfin se trouver complété par les frais de recherche, c'est à dire par tous les travaux préparatoires ou autres qui doivent être soldés immédiatement par les produits.

Pour embrasser les dépenses d'une manière tout à fait complète, il n'y aurait plus qu'à introduire dans ce calcul du prix de revient le compte des amortissements, c'est à dire les grands travaux de recherches et autres que l'on porte à des comptes spéciaux.

CHAPITRE XXI.

Institutions ouvrières.

Les exploitations métallifères sont très **souvent** situées dans des localités privées de toute **ressource** ; les propriétaires et les Compagnies doivent y **pourvoir** dans la mesure du nécessaire, et généralement, loin de s'arrêter à cette limite, ils ont tenu à honneur de veiller avec largeur et sollicitude sur le sort de l'ouvrier.

On peut distinguer trois sortes de créations : les institutions matérielles, morales ou économiques.

Institutions matérielles.

Un premier point à examiner est celui de l'*habitation* ; les solutions se rattachent à deux types distincts. Tantôt on construit un ou plusieurs bâtiments d'une longueur indéfinie, alignés parallèlement et fractionnés en logements individuels pour chaque famille ; on les appelle *corons* ou *casernes* ; ils forment des rues avec de petites cours sur la façade, et par derrière un jardin perpendiculaire à la rue.

Les casernes d'ouvriers ne présentent pas toujours une bonne solution pour le logement des mineurs, mais dans certains endroits où le terrain est cher, il n'est pas possible de faire autrement. Le principe n'est pas mauvais, mais en général la construction en est déplorable. Quoi qu'il en soit, il faudra établir les appartements de manière à ce que chaque ménage au moins puisse avoir ses privés, mettre les escaliers à

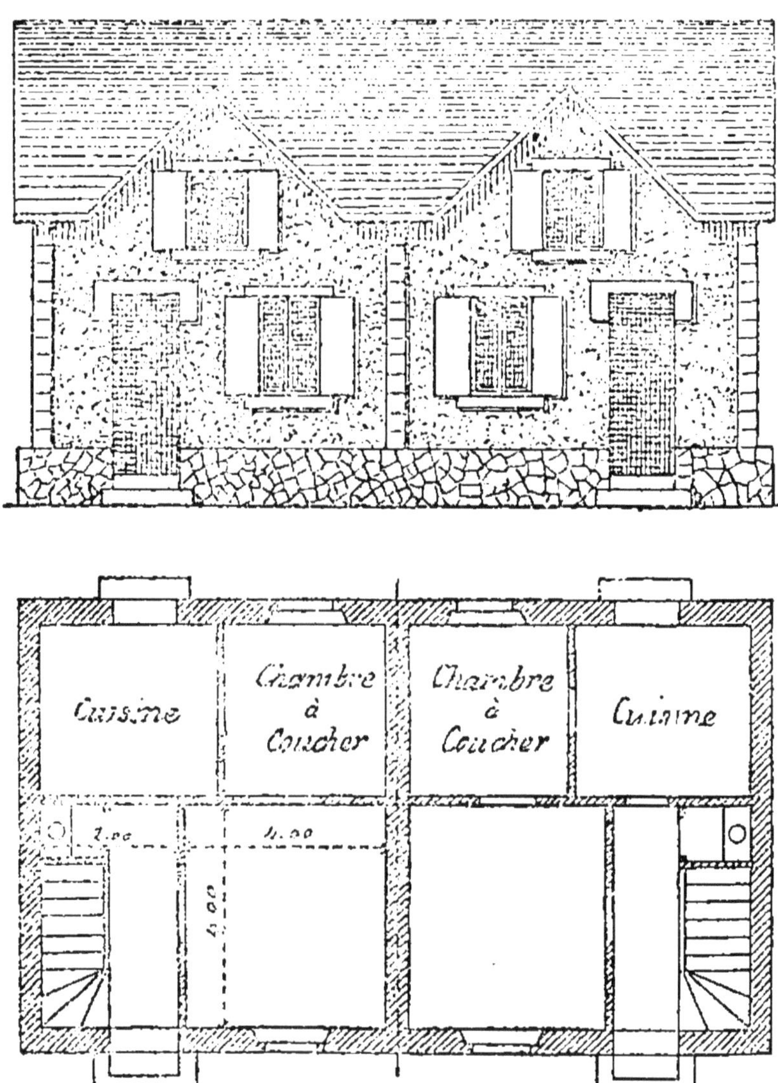

l'extérieur et les faire en pierre en cas de feu. Un escalier à l'extérieur par étage ouvert à tous les vents avec des balcons à chaque appartement donne une ventilation facile. Pour des maisons à deux étages, on rencontre souvent une disposition qui consiste à faire l'escalier à une extrémité pour le premier étage, et un autre escalier à l'autre extrémité pour le deuxième.

Quelquefois on préfère pour satisfaire aux goûts de l'ouvrier de petites maisons isolées chacune au milieu d'un jardin et affectées soit à une seule famille, soit au plus à deux ménages séparés par une cloison médiane et sans aucune communication comme le représente la figure ci-jointe. La Société perçoit pour ses logements un loyer ordinairement très faible de 4 à 6 francs par mois et par maison. L'ouvrier préfère en général cette combinaison qui le laisse en quelque sorte mieux chez lui. Certaines Compagnies élèvent un peu le prix du loyer, de façon que l'ouvrier, après un certain nombre d'années de location, devient propriétaire de la maison qu'il habite.

Certaines mines, par exemple Tharsis (Huelva), ont créé pour l'ouvrier célibataire, qui ne trouve chez lui, au sortir de la mine, aucune des nécessités de l'existence, des *hôtels garnis* où tout lui est fourni dans des conditions économiques. En Allemagne, on a institué des *schlafhaüser* (maisons-dortoirs) dans lesquelles il est défrayé de tout pendant la semaine, retournant ensuite à quelque distance passer le dimanche chez lui. Nombre de Compagnies établissent des *cantines* et des *boulangeries* qui livrent le pain au prix le plus réduit. L'*hôpital* et les *soins médicaux* constituent une nécessité de premier ordre pour une population exposée à tant de dangers. Les Compagnies y pourvoient par la construction d'un édifice approprié et l'organisation d'un matériel de secours et de transport, d'une *pharmacie* et d'un service de *médecins* ; dépassant en cela les obligations qui leur sont imposées à cet égard par les articles 15 et 16 du décret du 3 janvier 1813.

Institutions morales.

L'*école* a toujours été une des premières préoccupations des Sociétés de mines : écoles de garçons, écoles de filles, écoles d'adultes, écoles maternelles, ouvroirs, crèches, salles d'asile sont établies avec sollicitude. Certaines Compagnies font une condition absolue pour l'admission du jeune mineur, qu'il soit capable d'écrire sa demande séance tenante et d'une manière satisfaisante. On a institué des écoles professionnelles pour les ouvriers ou pour les contre-maîtres désireux d'acquérir un supplément d'instruction ; ces écoles sont nombreuses en Allemagne, on en voit à Essen, Klausthal, Siégen, Tarnowitz, Dillenburg, Sarrebruck, etc. Des *bibliothèques* instructives ont été créées et mises à la disposition des mineurs, prêtant des livres à domicile ou fournissant un local chauffé et éclairé. On a institué des collections techniques, fondé des *journaux* tels que l'*Ami du Mineur*, journal hebdomadaire de Sarrebruck, et des publications périodiques telles que l'*Almanach du Mineur*. Des *conférences* sont faites par les ingénieurs sur les questions techniques de la profession et sur des sujets intéressants de toutes sortes. Quelques Compagnies ont institué des *orphéons*, des *fanfares* et en font tous les frais. Enfin, on organise des fêtes spéciales pour les mineurs à la Sainte-Barbe.

Institutions économiques.

Les Compagnies minières ont créé un grand nombre de sociétés économiques pour l'utilité de leurs ouvriers. La *Société coopérative* est destinée à transformer complètement la situation des travailleurs ; on en connait le principe, élimination des intermédiaires

entre le producteur et le consommateur. Cette théorie
n'a pas pour but la suppression radicale et absolue
du marchand, mais seulement la faculté de se passer
d'intermédiaires dans les cas particuliers où cette mo-
dification est à la fois possible et utile. Le mérite de
la fondation des Sociétés coopératives revient à des
ouvriers ; c'est la ville de Rochdale (Angleterre) qui a
vu naître la première de ces Sociétés en 1844, et
depuis ce genre d'institution a pris un grand élan.

La Société coopérative procure au mineur la vie au
meilleur marché possible, en le faisant profiter de
l'achat en gros et des relations étendues que ne comporte pas au même degré le petit commerce. Tout se
trouve dans ses magasins, alimentation, vêtements,
ameublement, etc. La qualité des denrées est tellement bonne et les prix si réduits que les employés et
les ingénieurs s'y fournissent ordinairement en même
temps que les ouvriers. Certaines Sociétés vendent au
public, mais au comptant ; l'ouvrier seul a droit au
crédit ; on opère un bénéfice qui est distribué à fin
d'exercice aux mineurs proportionnellement aux sommes données par chacun d'eux en achats de marchan-
dises.

La *Caisse de secours*, dont l'idée remonte jusqu'au
règne de Henri IV, fonctionne à l'aide d'une retenue
obligatoire sur la paye, qui est ordinairement de 2 à
4 pour 100, et à laquelle la Compagnie ajoute le plus
souvent à titre gracieux une somme égale prélevée
sur les bénéfices ; souvent aussi elle alimente seule la
Caisse de secours. Cette Caisse assure les soins du
médecin, les médicaments gratuits, une paye journa-
lière au malade incapable de travailler, les frais funé-
raires en cas de mort, une pension aux veuves non
remariées, l'éducation des enfants jusqu'à l'âge de
quatorze ans.

En Belgique, chaque mine ou groupe de mines possède sa caisse de secours particulière, et l'ensemble des exploitations d'un district une *Caisse commune de prévoyance*, subventionnée par le gouvernement, les Compagnies et une retenue effectuée sur les salaires. Les caisses communes ont la charge des pensions temporaires ou viagères et des secours extraordinaires ; les caisses particulières restent chargées des secours momentanés et des frais de médecin et de médicaments. En Prusse, en Alsace-Lorraine, en Saxe, en Bavière, en Autriche-Hongrie et en Serbie, la création des caisses de secours et de prévoyance des ouvriers mineurs est obligatoire : leur mode d'alimentation, leur but, leur organisation sont déterminés par les lois sur les mines. Dans ces divers pays, sauf en Autriche-Hongrie, les exploitants de mines doivent participer aux charges des caisses pour une somme au moins égale à la moitié de la contribution des ouvriers. En Grèce, d'après la loi sur les mines, une somme d'un centime par drachme (on sait que le drachme vaut un franc) doit être prélevée sur le produit net de l'exploitation et être affectée à former un fonds destiné à secourir les ouvriers qui ont été victimes d'accidents, ainsi que leur famille. En Belgique, les caisses de prévoyance des ouvriers mineurs sont rendues obligatoires par le cahier des charges de concession de mines ; les exploitants de mines et les ouvriers y participent pour une somme égale aux charges de ces caisses. En Russie, la fondation des caisses de mineurs n'est pas obligatoire; mais si les particuliers veulent en établir, ils doivent les organiser conformément à celles qui existent dans les mines domaniales. Dans les autres pays d'Europe, les associations de secours et de prévoyance des ouvriers mineurs sont absolument libres.

L'utilité des caisses de secours est incontestable, mais tout ce qui est utile ne saurait être imposé par la loi. C'est de l'amélioration des mœurs, c'est de l'initiative personnelle et non d'une loi qu'il faut attendre la suppression de la misère des ouvriers devenus incapables de travailler, des veuves et des orphelins de ceux qui ont été tués dans les travaux. L'intérêt personnel sollicite suffisamment les concessionnaires des mines à créer des caisses de secours pour que l'Etat se dispense de rendre le don et l'épargne obligatoires dans les mines. En France, plus que partout ailleurs, l'action de l'Etat ne pourrait être que nuisible; il convient de s'y fier entièrement à l'initiative privée, en présence des efforts infructueux tentés par le gouvernement français pour organiser des associations de prévoyance communes à toutes les mines d'une même région.

En ce qui concerne les conseils d'administration des caisses, dont l'organisation a occasionné tant de conflits, on devrait, comme l'exige la loi prussienne, la composer d'un nombre égal de représentants de l'exploitant et de représentants choisis parmi et par les ouvriers au lieu d'y laisser les mineurs en minorité. Dans les quelques mines françaises où on a accordé aux ouvriers la majorité des voix dans le conseil, on n'a jamais eu à regretter de leur avoir octroyé cette prérogative. Ne pourrait-on pas également autoriser le conseil à choisir le banquier auquel il désirerait confier les fonds de la caisse, afin d'écarter une source de récriminations contre l'emploi que l'exploitant peut faire des fonds qui lui sont déposés, et afin d'établir une distinction salutaire entre les fonds de la caisse et ceux de l'exploitation. En Allemagne, toutes les amendes, ainsi que le produit des wagons refusés, sont versés dans la caisse de secours, ce qui

donne beaucoup de force à la Compagnie pour édicter
des punitions de ce genre, puisqu'elle n'en profite pas
et que le montant prélevé sur l'ouvrier répréhensible
revient directement à l'ouvrier souffrant. On refuse
parfois de rendre compte aux ouvriers de la gestion,
en arguant de l'impossibilité de rendre des comptes à
chaque ouvrier, alors qu'il serait facile d'éluder cette
difficulté en apposant à certains moments des affiches
sur lesquelles on mentionnerait la situation de la
caisse. Les statuts des caisses devraient être rédigés
avec plus de soin ; il conviendrait d'y déterminer nettement les droits des ouvriers aux allocations, les
causes de dissolutions, le mode de liquidation, et de
ne pas y insérer, ainsi que cela a lieu trop souvent,
des clauses entachées de nullité. En rédigeant les statuts, on devrait s'inspirer davantage des aspirations
des ouvriers, les leur donner à approuver ou plutôt
les faire rédiger par un comité mixte. Au lieu de remédier à tous ces vices d'organisation des caisses de
secours, au lieu de chercher à conserver par tous les
moyens possibles ces institutions éminemment morales, on les a supprimées dans quelques exploitations
et on les a remplacées par des caisses alimentées et
gérées par les exploitants, par des caisses que l'on
peut qualifier de bienfaisance, puisque les avantages
qu'elles procurent sont purement gratuits. Quelques
ouvriers peuvent crier à tort lorsque les concessionnaires exercent des retenues sur les salaires, mais on
a eu occasion de le constater souvent, ce n'est pas
tant sur les retenues obligatoires que sur la façon de
tenir compte des sommes retenues et de les adminis-
trer que portent les réclamations de la majorité des
ouvriers. Ainsi donc, le mode d'organisation des
caisses particulières de secours, généralement employé en France, est très défectueux, et les caisses de

bienfaisance par lesquelles on a cru parfois devoir les remplacer, sans réussir à rétablir l'harmonie, sont beaucoup moins morales.

La *Caisse de retraites*, lorsqu'elle est distincte de la caisse de secours, est destinée, comme l'indique son nom, à servir une retraite aux ouvriers qui sont restés pendant un temps déterminé au service de la Compagnie. Elle fonctionne à l'aide d'une retenue spéciale sur le salaire, à laquelle la Compagnie ajoute encore une somme égale. A Klausthal, on arrive à une retraite de 765 francs après quarante ans de service. Les retenues sont remboursées à l'ouvrier qui abandonne la Compagnie, si elles ont été versées pendant un minimum de cinq années ; une partie de la pension est réversible sur la veuve. En cas de second mariage, elle perd ce revenu, mais on lui accorde en dot une somme une fois payée.

La *Caisse de dépôts*, sorte de caisse d'épargne de l'ouvrier, reçoit ses économies et lui sert un intérêt qui est ordinairement de 5 pour 100, pour stimuler en lui le sentiment de l'épargne. On a même créé des caisses spéciales pour les enfants des écoles, afin de les dresser de bonne heure à l'ordre et à l'économie. Certaines exploitations instituent des *livrets de gratification :* lorsqu'un ouvrier a mérité une récompense de 50 francs par an, au lieu de la lui délivrer, on l'inscrit à ce livret. A partir de ce moment, elle devient productive d'un intérêt de 4 pour 100 ; il est de tradition parmi les mineurs que cette réserve n'est réclamée par eux qu'au moment où ils quittent le service, ou pour un besoin très urgent.

La *Caisse de prêts* fournit aux mineurs qui paraissent offrir des garanties suffisantes, les avances nécessaires pour les aider à devenir propriétaires dans le pays. Les Compagnies trouvent l'avantage de fixer sur leurs exploitations une population stable, plus sérieuse et plus tranquille que l'élément flottant et nomade avec lequel des désordres sont davantage à redouter ; ces avances sont souvent faites sans intérêt.

L'*Assurance sur la vie*, que contractent beaucoup d'employés et d'ingénieurs, leur est facilitée par certaines Compagnies, qui prennent libéralement à leur charge la moitié de l'annuité à servir, pendant le temps passé à leur service.

L'assurance est un mode d'épargne, mais tandis que, dans l'épargne ordinaire, le capital ne s'amasse que lentement, et que la mort peut à tout instant venir arrêter l'œuvre inachevée, ici, l'héritage se trouve tout constitué d'un coup. Au moment même où il verse sa première prime, l'assuré crée à sa famille un capital pour le cas du besoin.

CHAPITRE XXII.

Législation minière.

Loi du 21 avril 1810.

I. MINES. — *Art. 2.* — Sont considérées comme *mines* les masses de substances minérales ou fossiles connues pour contenir, en filons, en couches ou en amas, de l'or, de l'argent, du platine, du mercure, du plomb, du fer, du cuivre, de l'étain, du zinc, de la calamine, du bismuth, du cobalt, de l'arsenic, du manganèse, de l'antimoine, du molybdène, de la plombagine, ou autres matières métalliques, du soufre, du charbon de terre, du bitume, de l'alun et des sulfates à base métallique.

Les gisements de sel gemme ont été classés ultérieurement dans les mines.

Une mine ne peut être exploitée qu'en vertu d'un *acte de concession* délibéré en conseil d'Etat, acte qui règle les droits des propriétaires de la surface sur le produit de la mine concédée.

La concession institue une propriété nouvelle, distincte de celle du sol, délimitée d'après l'allure du gîte et les convenances de son exploitation future, sans égards aux divisions arbitraires de la propriété superficiaire. Cette propriété nouvelle est donnée à un concessionnaire, qui accepte les conditions d'un cahier des charges déterminé et qui a justifié des facultés nécessaires et des moyens financiers suffisants pour entreprendre et conduire les travaux, et pour satisfaire aux redevances et indemnités imposées par l'acte de concession.

La propriété ainsi créée est librement transmissible, sous la seule obligation pour le vendeur, d'indiquer à la préfecture du département son domicile et celui de l'acheteur. Toutefois, elle ne peut être ni réunie à d'autres concessions, ni fractionnée par lots, sans une autorisation préalable du gouvernement, donnée dans les mêmes formes que la concession.

Les mines sont *immeubles*, ainsi que les bâtiments, machines, et tous les travaux établis à demeure et les chevaux employés à l'intérieur, agrès, outils servant à l'exploitation. Sont *meubles*, les matières extraites et les approvisionnements.

Les *recherches* (galeries, puits ou sondages) ne peuvent être faites que du consentement du propriétaire de la surface ou avec l'autorisation du gouvernement, à la charge d'une indemnité préalable payée au propriétaire, et le propriétaire entendu. Dans aucun cas, les recherches d'une substance minérale ne peuvent être autorisées dans un terrain déjà concédé au point de vue de cette substance. Aucun impôt n'est dû sur les produits fournis par des travaux d'exploration, produits qu'on ne peut d'ailleurs vendre sans une permission spéciale du ministre des travaux publics.

Art. 11. — Nulle permission de recherches, ni concession de mines ne peut sans le consentement formel du propriétaire de la surface, donner le droit de faire des sondages et d'ouvrir des puits ou galeries, ni celui d'établir des machines ou magasins dans les enclos murés, cours ou jardins, ni dans les terrains attenants aux habitations ou clôtures murées, dans la distance de 100 mètres desdites clôtures ou des habitations.

L'occupation d'un terrain nécessaire à l'exploitation ne peut avoir lieu, dans l'intérieur du périmètre d'une concession de mines, si l'on n'a pas le consentement du propriétaire, qu'avec l'autorisation spéciale du préfet.

Art. 43. — Les propriétaires de mines sont tenus de payer les indemnités dues au propriétaire de la surface sur le terrain duquel ils établiront leurs travaux. Si les travaux, entrepris par les explorateurs ou par les propriétaires de mines, ne sont que passagers, et si le sol où ils ont été faits peut être mis en culture, au bout d'un an, comme il l'était auparavant, l'indemnité sera réglée au double de ce qu'aurait produit net le terrain endommagé.

Art. 44. — Lorsque l'occupation des terrains, pour la recherche ou les travaux de mines, prive les propriétaires du sol de la jouissance de revenus au delà du temps d'une année, ou lorsqu'après les travaux, les terrains ne sont plus propres à la culture, on peut exiger des propriétaires des mines l'acquisition des terrains.

Si le propriétaire de la surface le requiert, les pièces de terre, trop endommagées ou dégradées sur une trop grande partie de leur surface, devront être achetées en totalité par le propriétaire de la mine. L'évaluation du prix sera faite, à défaut d'entente amiable, par l'autorité judiciaire et le terrain à acquérir sera toujours estimé au double de la valeur qu'il avait avant l'exploitation de la mine.

Les *formalités* à remplir pour l'obtention d'une concession sont les suivantes : une *demande* simplement adressée au préfet, qui est tenu d'ordonner les publications et affiches dans les dix jours. A cette demande doit être annexé un plan en triple expédition à l'échelle de 10 millimètres par 100 mètres. L'*affichage*, pendant quatre mois, dans le chef-lieu du département et de l'arrondissement où la mine est située, dans le lieu du domicile du demandeur et dans toutes les communes sur lesquelles s'étend la concession demandée. L'*insertion* de ces affiches dans les journaux du département.

Les maires sont tenus de certifier les *publications*, faites le dimanche, au moins une fois par mois, devant la porte de la maison commune et des églises paroissiales, à l'issue de l'office.

Dans le mois qui suit, sur l'avis de l'ingénieur des mines, le préfet doit donner son avis et le transmettre au ministre qui prend l'avis du conseil des mines. Il est définitivement statué sur la demande, qu'elle soit admise ou repoussée, par un *décret* délibéré en conseil d'État.

L'*étendue* de la concession sera déterminée par l'*acte de concession* : elle sera limitée par des points fixes pris à la surface du sol, et passant par des plans verticaux, menés de cette surface dans l'intérieur de la terre à une profondeur indéfinie. Le *bor-*

nage aura lieu à la diligence du préfet, en présence de l'ingénieur des mines, aux frais du concessionnaire, dans les trois mois.

Art. 16. — Le gouvernement juge des motifs ou considérations d'après lesquels la préférence doit être accordée aux divers demandeurs en concession, qu'ils soient propriétaires de la surface, inventeurs ou autres. En cas que l'inventeur n'obtienne pas la concession d'une mine, il aura droit à une indemnité de la part du concessionnaire ; elle sera réglée par l'acte de concession.

Est réputé *inventeur*, celui qui fait connaître la disposition du gîte et démontre l'utilité de son exploitation. Indépendamment de l'indemnité spécifiée plus haut, le concessionnaire lui doit le remboursement des travaux utiles, c'est à dire des travaux ayant établi la concessibilité du gîte ou fourni des renseignements nécessaires à l'exploitation, ou des travaux applicables à l'exploitation.

L'exploitation des mines n'est pas sujette à patente ; mais les propriétaires de mines sont tenus de payer à l'Etat une *redevance fixe* et une *redevance proportionnelle* au produit de l'extraction. Cette redevance est imposée et perçue comme la contribution foncière, le contentieux en ressortissant, par suite à la juridiction administrative. La redevance fixe est de 10 francs par kilomètre carré concédé. La redevance proportionnelle s'établit sur le produit net fictivement obtenu en déduisant du produit brut, représenté par le résultat de la multiplication des quantités extraites par le prix de vente sur le carreau de la mine, les dépenses d'exploitation proprement dites, c'est à dire les dépenses en salaires, achat et entretien des chevaux, machines, outillage, voies de communication, bâtiments d'exploitation, frais de premier établissement et d'entretien, dommages payés, frais généraux convenables, etc. Cette redevance ne pourra jamais s'élever au-dessus de 5 pour 100 du produit net. La déclaration des exploitants, permettant d'établir la redevance proportionnelle, doit être déposée à la préfecture en mai de chaque année. La redevance tréfoncière aux propriétaires de la surface est réglée à une somme déterminée par l'acte de concession.

II. CARRIÈRES. — *Art. 4.* — Les carrières renfermant les ardoises, les grès, pierres à bâtir et autres, les marbres, granits, pierres à chaux, pierres à plâtre, les pouzzolanes, les trass, les basaltes, les laves, les marnes, craies, sables, pierres à fusil, argiles, kaolins, terres à foulon, terres à poteries, les substances terreuses et les cailloux de toute nature, les terres pyriteuses.

Les carrières appartiennent complétement au propriétaire du sol. Lorsqu'elles sont *à ciel ouvert*, elles peuvent être exploitées sous la simple surveillance de la police et avec l'observation des lois ou réglements généraux ou locaux. Lorsqu'elles sont *souterraines*, elles sont soumises à la même surveillance administrative que les mines, principalement au point de vue de la sûreté des hommes et des choses.

III. MINERAIS DE FER. — Depuis le 1ᵉʳ janvier 1876 (loi du 9 mai 1866), la catégorie de propriété minérale qui avait nom minière a disparu, avec les servitudes et les privilèges qui l'accompagnaient. Mais le minerai de fer jouit de cette particularité qu'il est rangé tantôt parmi les mines, tantôt parmi les carrières. Ce minéral appartient aux carrières, quand il peut être exploité à ciel ouvert ou par des travaux souterrains peu profonds. Une simple *déclaration* est exigée de l'exploitant quand la carrière de fer ne pourra jamais devenir mine ; une *permission* est obligatoire, quand il y a passage ultérieur de cette carrière à la mine, afin d'attribuer à l'administration le droit de prendre les mesures nécessaires. Le minerai de fer appartient aux mines, dès que l'exploitation par souterrains proprement dits est reconnue inévitable, ou dès que l'exploitation à ciel ouvert menace de rendre, au bout de peu d'années, celle-ci impraticable. Mais le concessionnaire des mines de fer est alors tenu d'indemniser les propriétaires au profit desquels l'exploitation du minerai avait lieu, dans la proportion du revenu qu'ils tiraient de leur carrière.

IV. Tourbes. — *Art.* 83. — Les tourbes ne peuvent être exploitées que par le propriétaire du terrain ou de son consentement. Mais la mise en exploitation d'une tourbière ne peut avoir lieu, même par un propriétaire, qu'après une déclaration à l'administration et sous la condition de se conformer, dans la conduite des travaux, aux conditions locales imposées par un règlement d'administration publique, dans l'intérêt général du bon aménagement du gîte.

Décret du 3 janvier 1813.

Police des mines. — *Art.* 4. — Il sera tenu, sur chaque mine, un *registre* et un *plan* constatant l'avancement journalier des travaux, et les circonstances de l'exploitation dont il sera utile de conserver le souvenir. L'ingénieur des mines devra, à chacune de ses tournées, se faire représenter ce registre et ce plan : il y inscrira le procès-verbal de visite et ses observations sur la conduite des travaux. Il laissera à l'exploitant, dans tous les cas où il le jugera utile, une instruction écrite sur le registre, contenant les mesures à prendre pour la sûreté des hommes et celle des choses.

Art. 22. — Les propriétaires des mines, exploitants et autres préposés, fourniront aux ingénieurs et aux gardes-mines tous les moyens de parcourir les travaux, et notamment de pénétrer sur tous les points qui pourraient exiger une surveillance spéciale. Ils exhiberont le plan tant intérieur qu'extérieur, et les registres de l'avancement des travaux ainsi que du contrôle des ouvriers ; ils leur fourniront tous les renseignements sur l'état d'exploitation, la police des mineurs et autres employés ; ils les feront accompagner par les directeurs et maîtres-mineurs, afin que ceux-ci puissent satisfaire à toutes les informations qu'il serait utile de prendre sous les rapports de sûreté et de salubrité.

ABANDON DES EXPLOITATIONS. — *Art.* 6. — Il est défendu à tout propriétaire d'abandonner en totalité une exploitation, si auparavant elle n'a été visitée par l'ingénieur des mines. Les plans intérieurs seront vérifiés par lui ; il en dressera procès-verbal par lequel il fera connaître les causes qui peuvent nécessiter l'abandon. Le tout sera transmis par lui, ainsi que son avis, au préfet du département.

Le préfet ordonnera les dispositions de police, de sûreté et de conservation qu'il jugera convenables, d'après l'avis de l'ingénieur des mines.

ACCIDENTS DE MINES. — *Art.* 11. — En cas d'accidents survenus dans une mine ou carrière, soit par éboulement, par inondation, par le feu, par asphyxie, par rupture de machines, engins, câbles, chaines, paniers, soit par émanations nuisibles, soit pour toute autre cause, et qui auraient occasionné la mort ou des blessures graves à un ou plusieurs ouvriers, les exploitants, directeurs, maîtres-mineurs et autres préposés sont tenus d'en donner connaissance aussitôt au maire de la commune et à l'ingénieur des mines, et, en cas d'absence, au conducteur.

Art. 15. — Les exploitants et directeurs des mines voisines de celle où il serait arrivé un accident, fourniront tous les moyens de secours dont ils pourront disposer, soit en hommes, soit de toute autre manière, sauf le recours pour leur indemnité, s'il y a lieu, contre qui de droit.

Art. 20. — En cas d'accidents qui auraient occasionné la perte ou la mutilation d'un ou plusieurs ouvriers, faute de s'être conformés à ce qui est prescrit par le règlement, les exploitants, propriétaires et directeurs pourront être traduits devant les tribunaux, pour l'application, s'il y a lieu, des dispositions des articles 319 et 320 du Code pénal, indépendamment des dommages et intérêts qui pourraient être alloués au profit de qui de droit.

Au moment de mettre sous presse, nous apprenons que la Chambre des députés vient d'être saisie d'un projet de loi tendant à obliger les Compagnies minières à employer à l'avenir les sommes déposées pour les caisses de retraite en rentes sur l'Etat ou en valeurs garanties par l'Etat, et à déposer ces titres à la Caisse des dépôts et consignations.

Nous mentionnons ici cette nouvelle disposition législative, ne sachant encore si elle sera adoptée ou rejetée, afin que ce chapitre soit aussi complet que possible.

FIN.

APPENDICE

Mines de tourbe et de bitume.

Mines de tourbe.

On évalue à 1,200,000 hectares l'étendue tourbière de la France, et à plus de 500,000 disséminés dans une cinquantaine de départements, le nombre de dépôts que renfermerait notre pays. Ces chiffres paraissent exagérés ; dans tous les cas, depuis trente ans, beaucoup de centres d'exploitation ont été abandonnés et la production a diminué d'un quart, soit par suite de l'appauvrissement des gîtes, soit plutôt à cause de la concurrence de combustibles de qualité supérieure. En 1873, 33 départements exploitaient la tourbe et donnaient 324,072 tonnes d'une valeur de 3,711,459 francs. Aujourd'hui, on ne compte plus que 28 départements producteurs et un rendement de 233.121 tonnes, représentant une valeur de 2,569,461 francs. Le département de la Somme s'est toujours maintenu au premier rang de l'extraction ; après lui, viennent les départements de l'Oise, de la Loire-Inférieure, du Pas-de-Calais, de Seine-et-Oise, de l'Aisne et de l'Isère.

Les tourbières constituent le dernier terme des formations de combustible dans la série géologique : elles s'accroissent encore à l'époque actuelle dans certains bas-fonds marécageux. Le gisement de la tourbe est en couches, presque toujours superficielles, dans des vallées où elle forme des bassins dont la surface humide est couverte d'une végétation vivace et active même dans les temps de sécheresse. Quelquefois elle est recouverte par des alluvions, d'autres fois enfin par des eaux dormantes. Les tourbes de la vallée d'Essonnes (près Corbeil), celles des vallées de la Somme, de l'Aisne, de la Loire-Inférieure résument les différents cas que peut présenter l'exploitation de la tourbe au-dessus et au-dessous du niveau des eaux. Quelques bancs de tourbe dépassent 5 mètres de puissance. Lorsque la tourbe est superficielle et au-dessus du niveau des eaux, comme c'est une substance toujours mêlée et facile à couper, on l'exploite en y creusant des fossés à petits gradins ayant pour hauteur celle de la bêche qui sert à les découper, par exemple $0^m.30$. Ces gradins sont séparés par une largeur d'au moins 1 mètre sur laquelle les ouvriers marchent à la suite les uns des autres, enlevant sur chaque arête une série de prismes de $0^m.12$ à $0^m.15$ d'épaisseur. Ces prismes sont aussitôt recueillis par les chargeurs qui suivent les découpeurs avec des brouettes. Enlever ainsi une ligne de prismes sur toute la longueur d'un gradin, c'est ce qu'on appelle enlever un *point* de tourbe. Les ouvriers peuvent se suivre sur le même gradin en enlevant des points successifs.

La tourbe extraite est portée sur des *aires de dessiccation* dans les endroits les plus secs et les mieux ventilés des environs; on y dépose d'abord les prismes de tourbe à plat comme des briques et superposés à une faible hauteur; puis quand ils ont pris assez de consistance on les emploie en pans de murailles à jour d'environ 1 mètre de hauteur qui forment une série de lignes brisées, afin qu'elles présentent de la solidité et que l'air y circule sans que le vent puisse les renverser. Ce n'est qu'après une dessiccation complète qu'on peut empiler la tourbe et en former des meules appelées haies et piles qu'on couvre de chaume avant l'hiver pour en empêcher la détérioration ; car si elle n'était pas bien sèche, la tourbe s'échaufferait et si au contraire elle atteignait un point de dessiccation trop avancé on éprouverait beaucoup de déchet par l'écrasement. Dans la dessiccation la tourbe éprouve un retrait de 60 à 70 % : on compte environ 1,000 pointes séchées dans un mètre cube, pesant suivant la variation des vides et de l'humidité de 250 à 450 kilogrammes. On compte 3 francs pour le mètre cube en place.

Si la tourbe est couverte d'eau et si l'on peut faire écouler ces eaux, on rentre dans les conditions précédentes ; mais bien souvent on est obligé d'exploiter sous l'eau après en avoir fait baisser le niveau par tous les moyens possibles, tels que les tranchées de dérivation, les puits absorbants et même les moyens mécaniques. La consistance de la tourbe étant très faible lorsqu'on vient de faire écouler les eaux, on emploie pour la retirer des outils appelés *louchets*, dont les formes ont pour but d'augmenter l'adhérence des surfaces tranchantes à la matière découpée. Le louchet le plus ordinaire est une bêche avec un aileron latéral faisant un angle avec sa surface (fig. 10). En deux coups cet outil peut détacher un prisme de tourbe dont sa surface angulaire facilite l'enlèvement. D'autres louchets portent une fourche à ressort qui vient serrer le prisme de tourbe contre la surface de la lame.

Si l'on doit exploiter au-dessous de l'eau et au delà de 0^m.50 de profondeur, les louchets ordinaires ne suffisent plus. On emploie alors le *grand louchet* (fig. 22*a*, 22*b*, 22*c*, 22*d*), composé d'une lame coupante entourée ainsi que le manche et sur une hauteur de 1 mètre, d'un châssis à jour composé de frettes carrées *c, c, c*, à jour qui forment la carcasse de l'instrument. Les frettes sont fixées au manche par des clous rivés traversant ce dernier. Le fer du louchet forme un angle très ouvert avec le manche qui le porte ; cette disposition est très utile pour faciliter l'entrée du solide de tourbe, dans le prisme creux formé par les frettes et les bandes verticales en tôle *d* et surtout pour retenir la tourbe quand on abaisse l'instrument en arrière pour le retirer de l'eau. La fig. 22*b* donne la coupe et la vue du louchet suivant *C D* de la fig. 22*d*, l'aileron est vu de profil ; la fig. 22*c* donne la coupe et vue suivant *A B* du côté *D* de l'aileron, on y remarque la forme trapézoïdale de ce dernier et la bande verticale en tôle *d* placée de ce côté, qui y est rivée, tandis que celle de l'arête opposée est plus longue et isolée. La fig. 22*d* donne le plan de l'instrument ; on y a figuré la coupe du manche *e*, les portions de douille qui l'entourent et les frettes carrées à jour, et l'aileron *h* qui a la même largeur que le fer du louchet. L'élasticité du bâti presse et maintient le prisme qui a été détaché dans toute sa longueur par un seul coup de louchet. L'outil est fixé à un manche de 5 à 6 mètres. Il se manœuvre par deux hommes auxquels des marques tracées sur le manche permettent de l'enfoncer au point convenable ; après quoi ils le relèvent en le faisant basculer de manière à maintenir le prisme coupé sur l'outil.

Quand on ne peut pas assécher les marais et que l'affluence des eaux est trop considérable, ce qui est souvent le cas en Hollande, on a recours au débourbage. On commence par extraire la surface au louchet ; mais à la deuxième opération, dans le sens de la profondeur, l'eau apparaissant, la masse s'épuise sous forme de bouillie, avec des *dragues*. Ces dragues consistent en un simple anneau de fer à bords coupants, dont le cadre est percé de trous suffisants pour recevoir les cordes d'un filet ou d'un sac d'étoffe dont est formée la panse de la drague. L'ouvrier qui manœuvre cette drague à l'aide d'un manche de bois ramène bien plus de tourbe et bien moins d'eau, celle-ci s'échappant aussitôt par le filet. Dans les fosses d'une faible largeur, le tireur à la drague se tient sur un madrier placé en travers de la fosse ; en cas contraire, il est placé dans un batelet, d'où il verse la tourbe dans un baquet où elle est piétinée en une masse homogène par un autre ouvrier qui la débarrasse avec un fourchet, de tous les débris de ligneux trop grossiers, de pierres, etc. La pâte bien brassée est étendue à la pelle par couche de 1 pied environ d'épaisseur et tassée plus tard à coups de batte sur une aire plane bordée de planches, le sol ayant été au préalable recouvert d'un lit de foin piétiné pour que la tourbe n'adhère pas et que l'eau surabondante puisse s'y infiltrer ou s'écouler en dehors. Au bout de quelques jours la tourbe étant raffermie, des femmes et des enfants marchent sur le tas avec des semelles en bois ou planchettes de $0^m.40$ de long sur $0^m.20$ de large attachée à la manière des patins. On achève de battre au moyen de larges pelles ou battes et l'on divise les briques à l'aide d'un louchet à angle très ouvert.

Il résulte de l'exploitation des tourbières des dépressions marécageuses qui rendent le pays malsain ; il importe donc de les combler le plus promptement possible, soit par des remblais, soit en y activant la végétation, soit enfin en y dirigeant des eaux courantes qui y déposent des alluvions sableuses ou limoneuses. L'extraction de la tourbe ne se fait que pendant l'été, époque à laquelle les eaux sont plus basses et les terrains marécageux plus consistants.

La *production* de la tourbe en France qui était en 1870 de 327,000 tonnes est descendue à 296,000 en 1878, et à 240,000 actuellement. On compte environ 867 tourbières principales réparties en 133 groupes naturels, outre des milliers de petites exploitations sans *importance. Les départements dont la production a* dépassé 10,000 tonnes sont les suivants :

Somme	83,920
Loire-Inférieure	28,500
Oise	26,900
Pas-de-Calais	25,219
Seine-et-Oise	14,836
Isère	14,728
Aisne	14,099

On peut estimer à 28,000 environ le nombre de personnes, hommes, femmes et enfants occupés à cette exploitation. Le prix moyen de la tourbe est actuellement de 11 francs et sa valeur d'ensemble sur les lieux d'extraction s'est réduite à 2,700,000 francs, tandis qu'elle avait en 1876 dépassé 4 millions.

Mines de bitume.

On connait des gisements de matières bitumineuses dans une quinzaine de départements. Sur quelques points, comme à Gabian (Hérault), et au Puy-de-la-Poix (Puy-de-Dôme), ce bitume visqueux ou liquide coule des fissures du sol; partout ailleurs il imprègne des roches diverses, particulièrement des calcaires, des schistes argileux et des grès. Les concessions bitumières *atteignent une superficie de* 227 kilomètres, mais la plupart ne sont pas exploitées d'une manière sérieuse: les plus importantes ont leur siège à Pyrimont-Seyssel, Forens (Ain), *Igornay, Poisot, le Ruel,* Ravelon, Hauterive, Dracy, Surmoulin (Saône-et-Loire), Chaveroche (Haute-Savoie), Pont-du-Château, Malintrat, Lussac (Puy-de-Dôme), Bastennes, la Bourdette (Landes), Boson, la Madelaine, Auriasque (Var), Buxière-la-Grue, Saint-Hilaire, les Plamores (Allier), le Bois-d'Asson, la Chabanne, les Plaines (Basses-Alpes), Vagnas (Ardèche), Servas, Cauvas, Saint-Jean-de-Maruéjols (Gard). En 1865, il y avait 31 mines travaillant et donnant 212,321 tonnes d'une valeur de 1,113,655 francs; il n'y en a plus que 27 dont la production est de 179,000 tonnes consistant en 149,200 tonnes de schiste, 24,200 tonnes de calcaires, 2,200 tonnes de sable bitumineux, et 3,700 tonnes de boghead. Le département de Saône-et-Loire fournit la majeure partie des schistes et tout le boghead, tandis que le reste a été tiré du Puy-de-Dôme et de l'Allier. Presque tout le calcaire asphaltique a été extrait de la Haute-Savoie ; la valeur des deux principaux produits a subi peu de fluctuations depuis 15 ans.

On peut résumer, par le tableau suivant, l'industrie extractive en France comme moyenne annuelle actuelle :

SUBSTANCES	Production en tonnes.	Valeur en francs.	Nombre des exploitations.	Nombre total d'ouvriers.
Tourbe....................	248	2.755	867	29.000
Asphalte, schiste bitumineux.	144	1.023	24	600
Minerais de fer...........	2.874	1.409	284	8.040
Pyrite de fer et de soufre....	133	2.144	8	620
Minerais métalliques.......	53	4.690	58	4.390
Sel gemme................	333	11.814	23	250
Marais salants............	367	6.719	422	8.800
Total pour la France...	4.152	44.024	1.686	51.760

EXPLICATION DES FIGURES

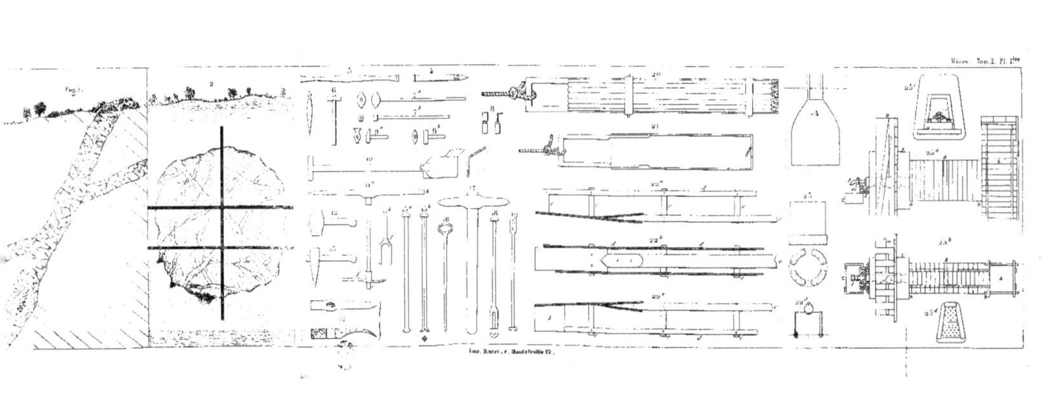

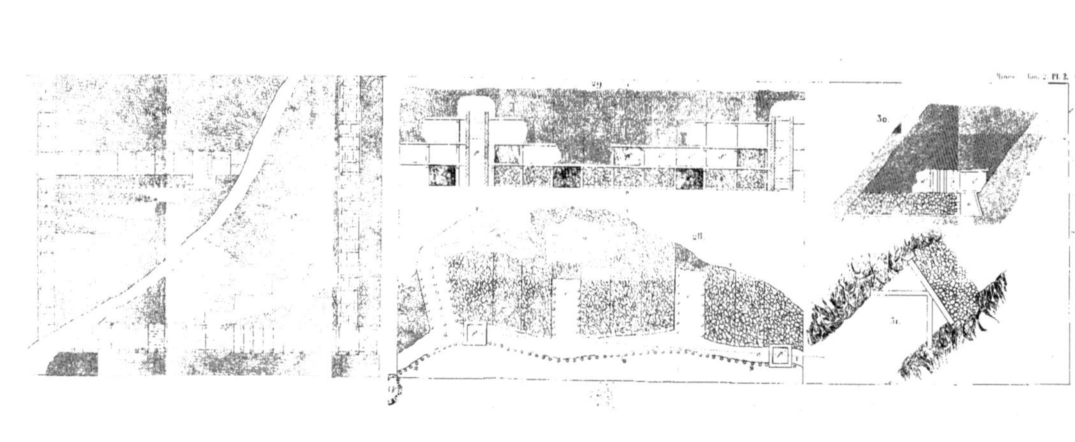

Mines. Tom. 2. Pl. 2.
29
30
31

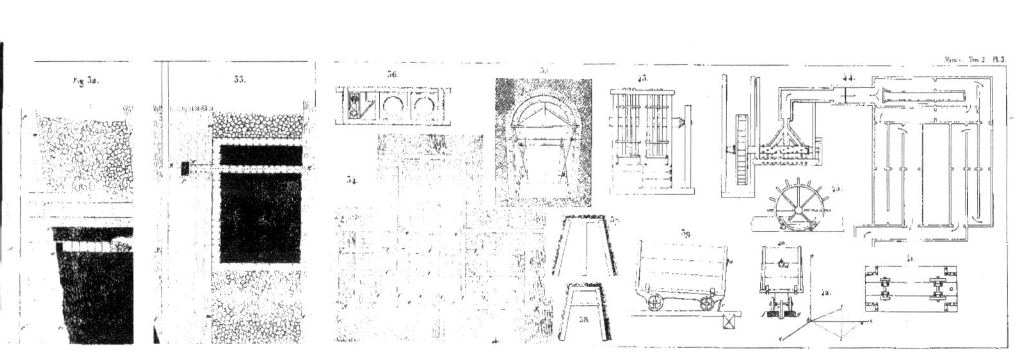

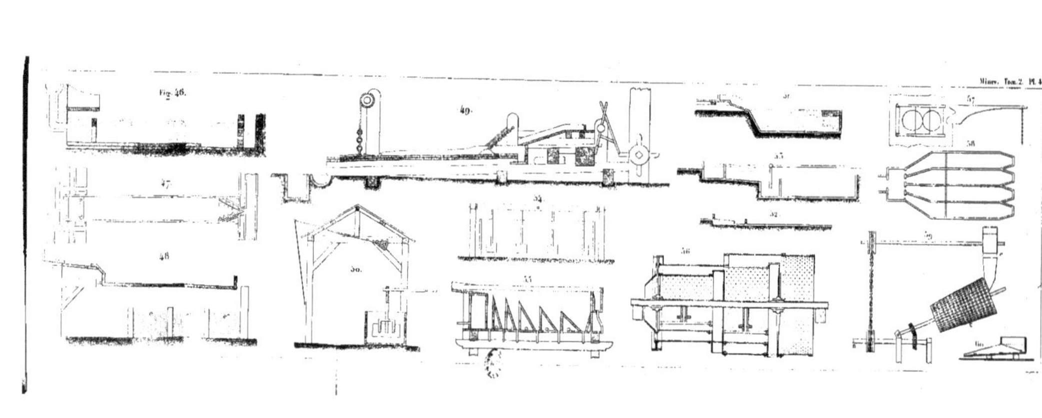
Miner. Tav. 2. Pl. 4.
Fig. 46.
47.
48.
49.
50.
51.
52.
53.
54.
55.
56.
57.
58.
59.
60.

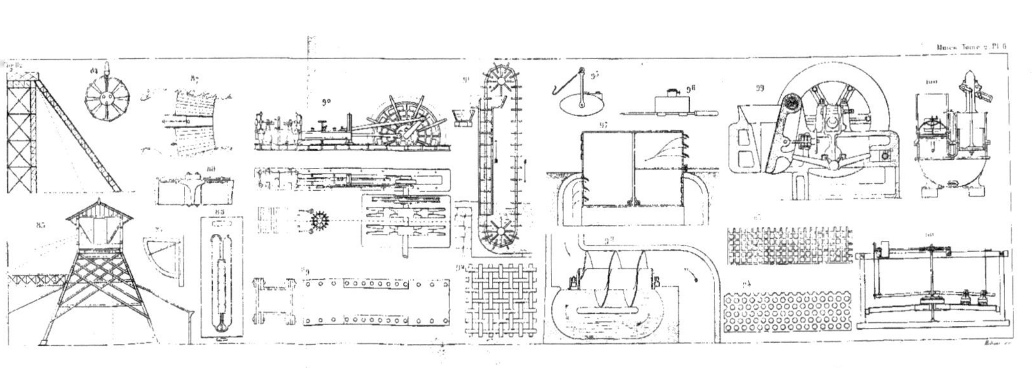

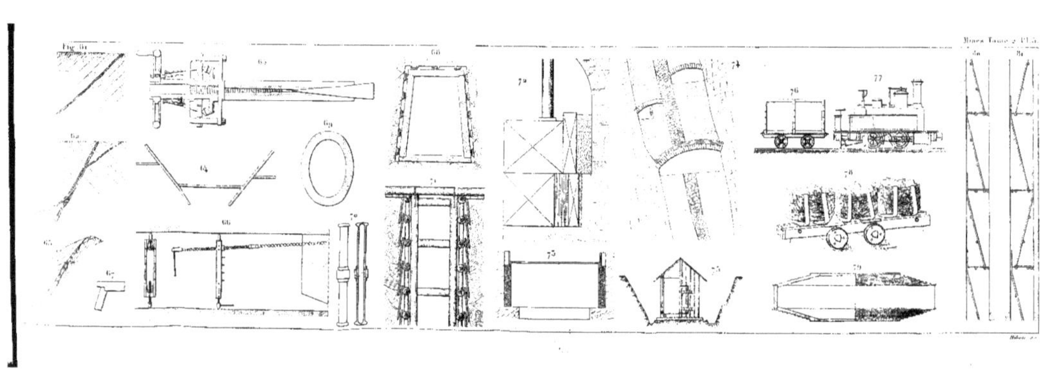

TABLE DES MATIÈRES

CHAPITRE III.

CHAPITRE IV.

CHAPITRE V.

CHAPITRE IX.

CHAPITRE X.

CHAPITRE XV.

CHAPITRE XVI.

CHAPITRE XVII.

CHAPITRE XVIII.

CHAPITRE XIX.

CHAPITRE XX.

CHAPITRE XXI.

CHAPITRE XXII.

DOLE. — TYP. CH. BLIND.

ENCYCLOPÉDIE-RORET

COLLECTION

DES

MANUELS-RORET

FORMANT UNE

ENCYCLOPÉDIE DES SCIENCES & DES ARTS

FORMAT IN-18

Par une réunion de Savants et d'Industriels

Tous les Traités se vendent séparément.

La plupart des volumes, de 300 à 400 pages, renferment des p'anches parfaitement dessinées et gravées, et des vignettes intercalées dans le texte.

Les Manuels épuisés sont revus avec soin et mis au niveau de la science à chaque édition. Aucun Manuel n'est cliché, afin de permettre d'y introduire les modifications et les additions indispensables.

Cette mesure, qui met l'Éditeur dans la nécessité de renouveler à chaque édition les frais de composition typographique, doit empêcher le Public de comparer le prix des *Manuels-Roret* avec celui des autres ouvrages, tirés sur cliché à chaque édition.

Pour recevoir chaque volume franc de port, on joindra, à la lettre de demande, un mandat sur la poste (de préférence aux timbres-poste) équivalant au prix porté au Catalogue.

Cette franchise de port ne concerne que la **Collection des Manuels-Roret** et n'est applicable qu'à la France et à l'Algérie. Les volumes expédiés à l'Etranger seront grevés des frais de poste établis d'après les conventions internationales.

Bar-sur-Seine. — Imp. SAILLARD.